오성 영농기술 시리즈 11

유망한 동·서양

약초재배기술

오성출판사

머리말

한 · 미 무역협정(FTA)의 타결로 인해 농산물 수입개방 문제는 농민이나 농정당국 모두에게 큰 동요를 일으키고 있다. 이러한 농업 정세 하에 벼농사를 둘러싸고 쌀의 고품질화와 단가 저렴화가 제창되어 대단위 기업농이 고려되고 있는 현실에서 다락논(계단식 논), 천수답, 휴경지 등의 처리문제도 고심거리 중 하나로 등장하고 있다. 땅의 새로운 활용방법 중 하나로 논을 밭으로 전환시켜 고소득을 올릴 수 있는 약용식물의 재배도 영농경영의 한 방법으로 권장하고 싶다.

한때 값싼 화학합성약품의 개발로 인하여 생약은 침체기를 겪는 듯 했으나 화학합성약품의 남용과 오용으로 비롯된 부작용과 약품공해(약화 · 藥禍)를 빚는 결과를 유발시켜 이 약해는 인간의 생명을 위협하는 독으로 둔갑하는 경우도 적지 않아 크게 사회문제가 되기도 했다. 이것은 비단 우리만의 문제가 아니라 세계적인 추세였다. 이로 인해 자연산인 생약에 대한 관심이 집중되고 있다.

이제까지 약용식물 재배는 전문 재배농가의 몫으로만 여겼으나 품종의 선택과 목적이 분명하면 전문기관에서 시험 재배와 실제기술과 오랜 기간 발굴한 우수사례를 토대로 하여 도전해 볼 가치가 충분히 있는 분야라고 할 수 있다.

다행히 우리나라에는 약효가 인정된 많은 약용식물이 전국의 산야에 산재해 있어 자생지에서 수집하여 생약재로 공급해 왔으나 자연산만으로는 자급이 불가능하거나 희소하여 자급을 위해 재배 생산하여 공급하게 되었는데 그 종류는 수십 종에 불과하고 대개는 수입하여 충당하고 있다. 가까운 중국에서 수입되는 생약들은 우리나라 기후조건에서도 재배가 가능한 것도 많이 있으므로 이 분야의 재배생산기술 정립과 보급에 힘쓴다면 어려운 문제가 아니며 수입의 자리를 수출의 패턴으로 바꿀 수도 있어 FTA로 활로를 모색하는 농민들에게는 전화위복의 계기를 만들 수도 있다.

생약재인 약용식물은 단가가 비교적 고가이므로 수확기까지 기간이 긴 것이라도 수요와 공급의 균형만 잡힌다면 큰 손해가 없는 작목으로 발전할 가능성은 충분하다. 약용식물은 생약 외에도 신약의 제조 원료도 되고 전량 수입에 의존하고 있는 향료나 염료 등을 우리 손으로 재배, 가공하여 부가가치를 높여 공급한다면 외화의 낭비를 줄이고 아울러 수출상품으로 발전시킬 수도 있어 농업경영의 다양화 내지 다변화에 한 몫 할 수 있는 약초재배라 할 수 있다.

과학의 선진화로 산업화 사회를 이룩한 선진국들이 이에서 파생된 공해문제로 인류의 생존권이 위협받게 되자 건강을 지키려는 노력이 1970년대부터 싹트기 시작하여 공감

대를 형성, 급속도로 전 세계로 확산되면서 서구인들은 그들의 오랜 전통인 허브에 관심이 집중되어 잊혀져가던 허브를 새롭게 인식하여 재배하고 이용하고 있다. 허브라고 하면 서양 약초를 말하며 약용 외에 향초, 향미료, 향신료 식물로 여긴다. 이와 같은 것은 우리나라 자연산 내지 재배식물도 적지 않다. 그러나 굳이 허브라고 하여 다루고자 한 것은 새로운 약용식물로서 국내에 도입된 것이 20년 남짓하나 대개가 관광 자원화 된 허브가든으로 발전했을 뿐 약용식물자원으로서의 대단위 재배가 없어 수요와 공급이 관상용에 머물러 있기 때문이다. 예를 들면 '에키나세아'는 미국이 원산지이나 독일로 가져가 면역부활제로서 상품화 하여 그 효능이 세계시장에 붐을 일으키고 있어 뒤늦게 미국에서도 상품화하고 있는데 그 수요는 놀랄 만하다.

그러나 우리는 도입 재배는 했어도 의약품~건강보조식품으로 상품화는 요원하다. 집단재배로 제약회사와 제휴하면 얼마든지 발전 가능한 품목이다. 허브티(茶)의 수요도 많으나 공급이 따르지 못하여 수입에 의존하고 있어 농민의 소득원이 잠식되는 느낌을 지울 수 없다. 영국의 경우, 허브티로 인기 있는 '캐모마일'을 대단위로 재배하여 손으로 꽃을 따는 수확기에는 휴교하면서까지 학생들이 수확을 도와 그 고을의 소득을 올리고 있다고 한다. 농민의 도전 없이는 발전도 기대할 수 없다.

이 책의 발간에 있어서 서구사회에서 인기 있는 허브와 함께 동양(한국, 중국, 일본 등)에 널리 알려지고 이용되는 생약을 한데 묶어 '동·서양약용식물'로 구성했다. 이름도 생소하고 실물도 본 적이 없다는 허브들을 원색화보로 보충했으며 허브의 역사를 앎으로써 그 약초의 가치를 알리려고 내력을 다루었다. 또한 식물들의 성상, 함유된 성분, 약효와 용도들을 자세히 적어 그 식물을 이해하는 데 도움이 되고자 했다. 아울러 재배법과 수확조제법을 기술하여 생약재로서 가치를 고양하고자 했다.

우리나라 식물명을 제목으로 하고 생약명을 별도로 표기하여 혼돈을 피하고자 했다. 농촌의 위기탈출과 가족의 건강보존을 위해 적극 재배를 권하고 싶다. 출판계의 어려움을 무릅쓰고 출간을 쾌히 승낙하신 오성출판사의 김중영 이사장님께 감사를 드리며 편집에 수고를 아끼지 않은 임직원에게도 사의를 표한다.

이 책이 우리의 건강을 지켜주는 작은 파수꾼이 되어주기를 기도하면서….

2008. 1
저자 **최 영 전**

목차

약용식물에 대하여

약용식물
이란?

약용식물(藥用植物)이라고 하면 식물 전체 또는 잎, 꽃, 줄기, 뿌리, 열매, 씨 등과 그 추출물(정유), 분비물(즙액) 등이 약으로 이용되는 식물을 말하며, 약용작물(藥用作物)은 약용식물 중 수요가 많거나 경제성이 높아서 약용으로 쓸 목적으로 재배하거나 수입에 의존하던 약재를 직접 도입 생산하여 약용작물로서 위치를 굳힌 것을 말한다. 약용식물이나 약용작물의 수확물은 건조되거나 간단한 가공 과정을 거치지만 천연물이기 때문에 생약(生藥)이라고 한다.

약용식물이 함유한 유효성분은 많이 함유된 부분을 생약 또는 제약원료로 이용하게 된다. 따라서 약용작물 재배는 유효성분의 함량을 높임과 동시에 수확량을 높이기 위한 품종선택, 재배방법, 수확 및 조제 등을 염두에 두고 계획생산에 임할 때 성공할 수 있다.

우리나라의 약용식물은 950종이 자생하는 것으로 보고 되고 있으나 약재로 생산 가능한 것은 300종 정도이며, 이 중에서 야생인 것이 140종, 재배종이 160종 정도라고 한다. 재배종 중 농가에서 재배하는 중요 약초는 43~47종 범위다. 외국에서 수입하는 약재도 50여 종이나 된다.

지금은 우리의 식생활도 서구화되어 육식 문화가 알지 못하던 많은 질병을 유발하고 있다. 이에 대비한 서구 약초(허브)의 도입도 시장성과 경제성을 가늠할 단계에 와 있으나 우리나라의 허브산업은 약용작물이 아닌 관광자원의 범주에 머물러 있어 집약적인 약용작물로서 서양 약초(허브)의 재배도 때가 늦은 감이 없지 않다.

약용식물의
유래

약용식물은 동서를 막론하고 아득한 옛날부터 쓰고 있었다. 약초라고 하면 동양의 전유물이고 서양에서는 화학약품(제품)만 쓰는 것으로 오해하기 쉬운데 전 세계 어느 나라에서든지 식물을 약용했고 또 지금은 개발 연구하며 쓰고 있다.

서양에서는 고대 이집트 시대부터 시작하여 그리스·로마 시대를 거치면서 몇천 년의 역사를 지녔다.

동양에 있어서는 중국의 상고 시대부터 4000년을 넘는 역사가 있는데 신농씨(神農氏)는 신견(神犬)을 데리고 다니면서 식물의 맛을 보여서 약용식물을 발견하였다는 전설이 있다. 〈신농본초경(神農本草經)〉은 신농씨가 쓴 약초를 기록한 첫 저서다. 그 후 남북조(南北朝) 시대 양(梁)나라 무제(武帝) 때 도인경(陶引景)이 위진(魏晋) 시대의 명의가 사용한 생약을 수록한 〈명의별록(名醫別錄)〉을 저술하여 본초학(本草學)의 기초를 확립했고, 그 후에도 많은 본초서가 나왔으며 명나라 때 이시진(李時珍)이 〈본초강목(本草綱目·1596년)〉을 지어 1,893종의 약물을 수록했다.

우리나라에 있어서는 〈삼국사기(三國史記)〉에 신라 효소왕(孝昭王) 원년 A.D692년에 '의관협사(醫官協士)'를 처음 두어서 관제에 약전을 설치하였고 경덕왕(景德王) 742년에 '약전(藥典)'을 '보명사(保命司)'로 고쳤다가 다시 '약전'으로 고쳤으며, 성덕왕(聖德王) 22년인 723년에는 당나라 사신에게 인삼을 보낸 사기(史記)가 있다. 고려 문종(文宗) 33년인 1079년에 송나라로부터 의관을 파견하는 동시에 약품 100종을 보내와서 약국을 두고 '동서대비원(東西大悲院)'을 설치하여 의관으로서 '태의(太醫)', '의학(醫學)', '국생(局生)'의 삼관(三官)을 두어 본초학이 크게 발전했다. 조선조 때에 이르러서는 〈경국대전(經國大典)〉에 왕가전용 의원인 '내의원'이 생겼고 일반인 의료기관인 '활인서(活人署)' 등의 관제가 있어서 본초학의 고시를 행한 기록이 있다. 〈세종지리지(世宗地理志)〉에 경기도 내에 내의원의 약초원이 생겼으며 의서로는 세종 때 윤준(尹准)이 지은 〈채집월령(採集月令)〉, 세종 때 〈향약본초(鄕藥本草)〉 85권을 수록하였다. 선종(宣宗) 1810년에 허준(許浚)이 〈동의보감(東醫寶鑑)〉을 완성하였고, 그 후 박세당(朴世堂)이 〈산림경제(山林經濟)〉, 강명길(康命吉)이 〈제중신편(濟衆新編)〉, 황도연(黃道淵)의 〈의종손익(醫宗損益)〉, 〈방약합편(方藥合編)〉 등이 저술되었다.

이렇게 발전을 거듭한 약용식물은 야생약초를 채집하여 충당하였으나 약 100년 전부터 부족분을 재배에 의해 충당하게 되었고 일제 강점기와 해방을 맞으면서 양의약(洋醫藥)의 도입으로 고대부터 전래된 동양의약은 초근목피(草根木皮)라고 하여 멸시 당하며 밀려오는 양약 때문에 생약 이용이 부진해졌다. 그러나 모든 의약품은 천연물에서 시작하여 화학제재에 이르므로 화학약품의 약해가 문제시 되면서 다시 생약에 관심이 쏠리고 한방의약에 대한 재검토가 이루어지고 있다.

1970년대 이후 국민생활의 향상과 1987년의 한방 의료보험의 실시 등으로 한약재의 수요가 급증하게 되어 FTA를 맞은 농민의 돌파구로 약용작물 재배는 매우 바람직하다.

서양에서도 화학약품의 약해로 인해 외면했던 전래의 허브로 관심을 돌리게 되어 지금은 큰 붐을 형성해가고 있다.

3 약용식물의 분류

약용식물은 농업적인 측면에서는 초본류(1~2년생, 다년초로 나누고 다년초 중에는 숙근초, 구근류, 괴근류가 있다), 목본류(상록수, 낙엽수, 교목, 관목 등)로 분류하나 생약의 분류는 이용 부위를 중심으로 나누는 경우가 보편적인데 나무류, 껍질류, 뿌리류, 근경류, 잎류, 꽃류, 과실류, 씨류, 전초류로 구분하고 있다. 예를 들면 구기자의 경우 열매, 잎, 뿌리가 각기 이름이 다르며 약효도 달라서 쓰이는 용도도 다르다.

약용식물의
재배 상
유의할 점

약용식물은 열대성인 것부터 한랭지에 적응하는 것까지 그 종류가 다양하므로 그 식물의 형태나 생리 및 생태적인 특성이나 약효 등이 다르므로 그 특성을 잘 파악하여 알맞은 환경, 재배법, 수확 및 조제, 저장법, 판로, 수익성 등을 파악해 두는 것이 매우 중요하다.

① 기상 환경

우리나라는 남북으로 길게 뻗어 있어서 기후에 상당한 차이가 있다. 소득성이 높은 약용식물이라고 해도 기상 환경이 맞지 않으면 재배에 어려움이 따를 뿐만 아니라 생약의 유효성분 함량에도 문제가 된다. 특히 생약재의 약효성분은 재배 지역의 기상 환경과 밀접한 관계가 있는 것으로 알려져 있다.

난대성 약초는 추운지방에서 온실이나 비닐하우스에서 난방함으로써 재배할 수 있으나 한대성 약초는 난대지방에서는 재배가 불가능하다. 또, 같은 내륙지방이라고 해도 평지와 산지는 차이가 있다. 그 지역의 기후와 토질에 맞는 종류를 선택하는 것이 바람직하다.

비교적 따뜻한 지역에서는 맥문동, 작약, 향부자, 치자, 패모, 율무, 회향, 목단, 산수유 등을 선택하고 고랭지나 준고랭지에서는 강활, 고본, 당귀, 황기, 천궁, 대황 등을 선택하는 것이 유리하다.

② 재배지 토양

많은 약용식물은 햇볕이 잘 비치는 곳을 좋아하나 한여름에 쨍쨍 내려 쪼이는 볕에는 약하므로 이때는 저녁에 물을 주고 뿌리 부분에 짚을 덮어주어 수분증발을 억제해준다. 반대로 그늘진 곳은 토양에 습기가 많으므로 여기에 적합한 황련이나 맥문동 같은 것을 심는다. 약용식물 중에는 산성토양을 즐기는 것과 아주 꺼리는 것이 있다. 우리나라는 산성으로 된 토양이 많으며 더욱이 화학비료를 다량으로 사용하기 때문에 한층 더 산성화되어 가는 상태에 있다.

특히 산림 등을 개간한 밭은 대부분 강한 산성토양이기 때문에 이러한 곳에 약용식물을 재배하려 할 때는 반드시 석회를 이용해 중성토양으로 개선한 후에 재배해야 한다. 산성토양에 강한 것에는 치자나무, 참나리, 쓴풀, 용담 등이 있다.

대부분의 약용식물은 산성에 약하기 때문에 중성토양에서 기르게 되면 문제될 것 없지만 알칼리성을 좋아하는 잇꽃, 사프란, 라벤더, 로즈마리, 감초, 세네가, 벨라돈나 등 유럽이나 미국산 허브가 많은데 산성토양에서는 발육이 나쁠 뿐만 아니라 유효성분의 함유량도 낮아진다. 산성토양의 중화에는 1㎡당 탄산칼슘(石灰)을 100g 정도 넣어 주면 중화되어 잘 자란다.

사질토에는 향부자, 방풍, 번행초 등이 좋고 사질양토에는 종자, 줄기, 잎 및 열매를 수확하는 약용식물이 적합하고 사질양토~식질양토에는 작약, 목단, 구릿대, 강활, 도라지, 더덕, 고본, 당귀, 황기 등 뿌리를 수확하는 종류를 선택하는 것이 좋다. 배수가 잘 되지 않는 땅에는 비교적 습해에 강한 구릿대(백지 · 白芷), 강활, 자소, 박하, 율무 등이 좋고, 습해에 약한 황기, 지황, 목단, 작약, 회향 등은 배수가 잘 되는 땅이 유리하다. 유기질 함량이 많고 비옥한 땅에는 그해 수확 하고자 하는 구릿대, 시호, 택사, 지황이나 도라지, 더덕, 작약, 목단 등을 재배하고 비옥도가 낮은 척박한 땅에는 형개, 구기자, 황기, 황금, 결명자, 율무 등을 선택하여 재배한다.

일반적으로 토지가 비옥하고 배수가 잘 되며 뿌리가 자라는 토층이 깊은 곳이 중요하나 제주도 같은 화산회토의 가벼운 토양에서는 굵은 뿌리가 적고 가는 뿌리만 많아지며 반대로 무거운 토양에서는 굵은 뿌리가 많고 훌륭한 것이 될 수 있으나 지나치게 점토질이면 배수가 나빠지며 장해의 원인이 되므로 좋지 않다.

약용식물 중에는 연작을 싫어하는 것이 의외로 많다. 인삼이나 대황처럼 10~25년까지 한 번 재배한 토지에는 다시 재배할 수 없는 것도 있다. 보통 이러한 것들은 2~3년부터 6~8년 간격으로 윤작하여 피해를 입지 않도록 하고 땅이 좋아 부득이 다시 같은 장소에서 재배할 때는 흙을 개토(客土)하여 바꾸어 주면 된다.

③ 약용식물 재배의 특성

처음으로 약용식물을 재배하는 사람은 소규모로 시작하여 차차 규모를 확대하여 가는 것이 바람직하다.

약용식물은 일 년 심어서 당년에 수확하는 것과 몇 년 걸려서 수확해야 하는 것 등 작형(作型)이 다르므로 값이 비싼 종류를 단일 재배하는 것보다는 시세의 등락을 감안하여 몇 가지 종류를 함께 재배하는 것이 유리하다.

약용작물은 그 수요가 한정되어 있으므로 재배 면적이 증가하면 과잉 생산으로 가격이 떨어지고 재배 면적이 감소하면 품귀로 가격이 급등하는 경우가 많다. 따라서 국내수요, 수출전망 등 수요와 공급의 동향을 살피면서 식물의 습성(수확 시의 소요기간)과 관리방법 등에 대한 체험을 얻은 뒤 판로와 시세 등을 고려하여 작목을 선택하고 재배 규모를 확대하는 것이 경영상 실패가 적다.

아무리 귀중하고 필요한 약재라 할지라도 판로가 없으면 손해를 보게 된다. 또 생약을 원료로 한 제품가격이 비싸다고 무턱대고 재배하였을 때 그 약품을 제품화하는 회사가 없거나 하나뿐일 경우 그 회사가 매입하지 않으면 실패로 돌아가므로 판로를 충분히 검토해가면서 종류를 선택 재배해야 한다.

그러므로 가격이 좀 낮더라도 국내 수요가 많고 수출도 많이 되는 안정적인 것을 선택하는 것이 실패를 면하는 방법이 된다. 바람직한 것은 가격변동에 대처할 수 있도록 주산단지화하여 공동생산, 규격화 포장 및 공동판매 등으로 대처하는 것이 바람직하며 이렇게 되면 계약재배도 유도할 수 있다.

약용식물 재배에서 주의할 것은 마취제 제조 원료로 사용되는 것은 법으로 재배가 금지되어 있다. 우리나라에서는 양귀비속(楊貴妃屬)을 재배금지하고 있으며 학술적 연구를 위하여 작은 면적에 재배할 때에도 관계당국의 사전승인을 얻어야 한다.

④ 종자 및 종묘의 선택

종자(씨)와 종묘의 좋고 나쁨이 생산성을 결정하게 되므로 매우 중요하다. 이의 선택이 잘못되면 엉뚱한 결과를 가져오게 되므로 특별히 유의해야 한다.

약용식물 중 약 60%는 종자로 번식하고 있는데 잘 여물지 않았거나 오래된 묵은 씨는 발아력이 저하 내지 상실된 것이 많으므로 발아연수를 숙지하고 씨를 구입해야 한다. 종묘는 믿을 수 있는 생약 종묘상에서 구하는 것이 가장 안전하다. 소량을 구입하여 재배자가 생산하여 종묘수를 늘려 자가생산해 가는 것이 경제적이다.

⑤ 비료

약용식물에 비료를 주는 것은 생육을 촉진하여 수량을 많게 함과 동시에 함유된 약효성분을 증가시키는 데 목적이 있다.

비료를 주는 데도 시비방법이 있다. 무턱대고 함부로 짙은 비료를 너무 주는 것은 좋지 않다. 그렇다고 전혀 시비하지 않으면 발육이 나빠져서 연약해져 약효성분도 저하되고 병충해에 걸리기 쉽다. 따라서 모든 식물에는 제각기 비료 주는 시기가 있다.

파종하거나 묘목을 심을 때에는 밑거름이라 하여 식물이 일 년간을 생육할 수 있는데 효력이 오래 지속되는 비료 즉 퇴비와 함께 질소, 인산, 칼리의 3요소를 포함한 깻묵, 닭똥, 골분 등 유기질비료 또 화성비료, 유안이나 과린산석회 염화칼리 등 화학비료를 주도록 한다.

시비량의 절반 정도를 밑거름으로 하고 나머지는 덧거름으로 2~3회에 나누어 주는 것이 일반적인 시비 방법이나 봄에 발아하기 전이나 발육이 왕성한 6월경, 꽃이나 열매가 달린 후에 주는 것이 보통이며 이때는 속효성인 화학비료를 준다.

목분류는 심을 때 밑거름을 주고 1년에 1회는 12~2월 사이에 퇴비나 깻묵, 골분 등을 한비(寒肥)로서 나무 주위에 얕게 파고 넣어 준다.

시비에서 주의할 것은 질소 과다는 수량이 늘어나도 잎은 녹색부가 많아지며 알칼로이드의 함량은 줄어든다.

⑥ 병충해

약용식물은 무농약 재배를 권장하고 있다. 농약에 오염된 것은 비록 적은 양이라도 약으로 이용하는 것이 불가능하다. 불가피하여 농약을 사용하는 경우에는 인체에 해가 없는 것으로 식물에 흡수될 위험이 없는 것을 사용해야 한다. 따라서 될 수 있는 대로 튼튼하게 길러야 병에 걸리지 않는다. 병에 걸렸을 때는 병이 멀리 퍼지지 않게 재빨리 안전한 농약을 뿌려 방지해야 한다.

병을 예방하는 데 있어 중요한 것은,

　㉠ 파종할 때나 묘목을 심을 때 병균이나 해충이 붙어있지 않은 것을 선택한다. 예를 들면 뿌리에 네마토다(혹뿌리선충)가 붙어 있는데도 모르고 심으면 번식해서 다른 식물에 피해를 주게 되므로 이때는 묘목을 소각시키고 클로르피크린으로 토양을 소독한다.

　좁은 면적일 때는 15분간 흙을 볶아(60~70℃)주면 흙 속의 병균이나 해충이 죽게 되므로 병에 걸리는 확률이 적다. 넓은 면적일 때는 클로르피크린으로 토양을 소독하면 네마토다나 토양선충이 다 죽게 되고 토양병균도 동시에 소독할 수 있다.

　㉡ 묘목을 기르는 경우에는 비료나 물을 너무 많이 주어 연약한 묘가 되게 하거나 장해가 되는 균이 생기지 않도록 한다.

　㉢ 병충해의 발생 원인이 되는 것을 제거해야 한다. 잡초가 무성하면 통풍이 나빠져서 병균의 전염원이 되므로 제초에 힘쓴다. 마른 풀, 마른 가지 등도 병균이나 해충의 알이나 번데기가 월동하는 집이 되므로 함께 태워버리는 것이 좋다.

　㉣ 같은 식물을 계속해서 재배하지 않는다. 연작피해도 식물을 쇠약케 한다.

　㉤ 목본류의 약용식물은 가지가 지나치게 자라면 개각충이 붙게 되므로 가지를 전정해서 바람이 잘 통하게 해준다.

5. 번식법

약용식물은 씨로 번식되는 유성번식과 꺾꽂이, 접붙이기, 포기 나누기 등 무성번식법이 있다. 1~2년초는 씨를 파종하여 번식시킨다. 봄 파종은 3월 하순~4월 하순경이 좋으나 열대나 아열대가 원산지인 것은 늦서리의 염려가 없는 4월 하순~5월 상순에 파종한다.

가을 파종은 9월 하순~10월 상순이 적기다. 목본류는 휴면하기 쉬우므로 채종 즉시 파종하거나 젖은 모래에 섞어서 월동시킨 후 봄에 파종한다.

포기 나누기는 다년초나 파종해도 발아가 잘 안 되는 것을 포기 나누기로 번식시킨다. 알뿌리류(구근류)는 그대로 두면 해마다 포기가 커져 분구되어 구근이 잘아지므로 종류에 따라 2~3년 또는 4~5년에 포기를 캐내어 2~3눈을 붙여 나누거나 1알씩 고쳐 심도록 한다. 시기는 이른 봄이나 가을이 좋다. 봄은 새싹이 자라기 전이 좋고 가을은 지상부가 누런 빛으로 변하여 휴면기에 들어간 것부터 포기 나누기를 한다.

꺾꽂이는 줄기나 가지를 꽂거나 눈꽂이에 의해 번식할 수 있다. 비닐하우스 내라면 일 년 내내 꺾꽂이할 수 있다. 노지일 때는 5~6월이 적기이며 9~10월에도 할 수 있다. 삽수는 5~15㎝길이로 잘라 밑쪽 잎을 제거하고 2~3시간 물올림 한 후에 모래나 진흙경단을 붙여서 모래에 꽂는다. 삽수가 곧게 서는 4~5일간은 해를 가려준다(차광). 상록성인 약용식물은 활착할 때까지 차광하거나 반그늘에서 마르지 않게 관리한다.

유망한 동·서양 약초

01 감초

과명 : 콩과
학명 : *Glycyrrhize glabra L. var glandulifera Regel. et Herdg*
영명 : Licorice, Liquorice
생약명 : 甘草
원산지 : 중국 북부 원산인 '감초' (*G. glabra L. var glandulifera Regel. et Herdg*), 남유럽과 중앙아시아 원산인 '스페인감초' (*G. glabra L.*), 시베리아와 몽고 원산인 '우랄감초' (*G. uralensis Fischet*) 등이 있는데 중국감초의 질이 제일 좋다.
이용 부위 : 주근과 횡주근(橫走根)

내 력 흔히 아무 일에나 끼여드는 사람을 "약방에 감초가 빠질 수 있나."라고 한다. 이는 감초의 맛이 달아서 교미약(矯味藥)으로서 많은 약에 들어가기 때문에 생긴 말이다. 〈천금방(千金方)〉에는 "감초는 모든 약독을 해소하는 것이 눈(雪)에 끓는 물을 붓는 것과 같다."고 말하고 있다. 그것은 구운 감초 1치(3cm)를 씹어서 그 즙을 마시면 만약 중독 되었다고 해도 곧 그 독을 토해 낸다는 것이다. 남만 지방의 토인(土人)들 사이에서는 충독(蟲毒)을 해소시키는 약을 상비약으로 준비할 정도였다. 또한 그들은 그 비법이 타국인에게 알려지는 것을 경계하여 대가(값)를 가지고 거래할 때 서로 통하는 은어가 있었으며 '소 삼백두의 약'이라든가 '은 삼백의 약'이라고 부를 정도로 소중히 했다. 감초를 얼마나 중요한 약재로 다루었는지를 짐작케 한다.

성 상 다년생초본으로 높이 1m 안팎으로 자라며, 잎은 호생하며 잔잎이 4~8쌍인 기수우상복엽이다. 꽃은 6~7월에 액생하며 담자색 꽃이 밀집하여 수상화서로 핀다. 꽃이 지면 원추모양의 콩꼬투리가 맺어지며 낫 모양으로 구부러진다. 씨는 흑색 광택이 있다. 우리나라에서는 씨의 결실이 어렵다. 뿌리는 밑으로 곧게 뻗는 주근과 옆으로 뻗어가는 횡주근(근경)이 있는데 이 근경에는 주근과는 달리 싹이 있어 번식용으로 이용된다.

약효와 용도

감초의 주성분은 글리시리진(Glycyrrhizin)인데 6~14%로 서당(庶糖)의 150배의 단맛이 있으며 포도당, 플라보노이드(Flavonoid) 등을 함유하고 있다. 해독작용, 진통작용, 진해 작용, 거담작용, 이뇨작용 등이 있어 기관지염, 인후염, 천식, 감기, 알레르기, 위염, 십이 지장궤양, 류마티스통, 각종 종양이나 염증 등에 치료약으로 쓰이며, 간장의 약물을 해독 하는 데 도움이 되어 간장병의 치료에도 쓰인다. 면역을 강화하여 부신(副腎) 기능을 활 성화시켜 이뇨·완화작용을 한다. 단, 고혈압의 경우에는 사용을 피한다. 근래에는 간장 (肝臟)과 '에이즈'의 치료약으로 주목받고 있다.

식품의 감미료로 음료수, 담배, 과자 등에 쓰이며 간장(醬)의 감미료로도 많이 쓰인다. 한 약이나 환약, 정제(錠劑)의 형성약으로도 쓰인다.

재배법

① **적지** : 해가 잘 들고 토심이 깊으며 배수가 잘 되는 비옥한 사질양토가 좋다.

② **번식** : 씨와 뿌리 나누기로 한다.

③ **파종** : 우리나라에서는 결실이 쉽지 않으므로 수입에 의한다. 파종 시기는 4~5월이며 밑거름을 충분히 넣고 배수가 잘 되는 파종상에 15cm간격으로 줄뿌림 한 후 1cm 정도 덮이 게 흙을 덮고 눌러둔다. 가을이면 30cm 정도로 자란다. 가을이나 다음해 봄에 정식한다.

④ **뿌리 나누기** : 수확 시에 눈이 2~3개 붙은 옆으로 뻗은 근경을 15cm 길이로 잘라 싹이 위로 가게 눕혀서 심는다. 심는 깊이는 6cm 정도 묻히는 깊이가 좋다. 심는 시기는 추운 지방이면 수확 시 잘라 모래에 가매장 했다가 봄 4~5월에 심고 더운 지방이면 가을 수확 시 곧 심는다. 심는 간격은 25~30cm가 좋다.

⑤ **정식** : 심은 지 2년째 봄에 유기질이 풍부하고 배수가 잘 되는 밭에 30~40cm간격으 로 정식한다. 7월에 덧거름으로 복합비료를 준다. 해마다 가을에 지상부가 마르면 잘라 준다.

수확 조제

감초는 심어서 3~4년째 가을에 수확하므로 재배기간이 긴 것이 결점이다. 수확 시기는 지상부가 마르는 늦가을에서 초겨울이 적기이며 뿌리가 깊게 또 널리 퍼지므로 수확에 다소 애로가 있다.

수확 시 지상부를 베어버리고 깊이 파서 뿌리를 수확한 후 약용할 직근이나 굵은 근경들 은 흙을 제거하고 햇볕에 말려둔다. 이때 뿌리의 코르크질 껍질을 벗긴 것을 '거피감초 (去皮甘草)'라고 하며 양질로 친다. 대개 10a당 100kg쯤 수확할 수 있다.

02 강남차

과명 : 콩과
학명 : *Cassia occidentalis L.*
영명 : Coffee Senna, Negro coffee
생약명 : 石決明, 望江南
일본명 : ハブソウ
원산지 : 열대 아메리카
이용 부위 : 씨와 콩깍지

내 력

강남차와 결명자를 혼돈하기 쉽다. 그러나 강남차는 잎이 우수우상복엽이지만 잔잎이 밤에도 그대로 편 채 있고 열매꼬투리가 다소 넓고 씨를 두 줄로 싸고 있으며, 씨는 원반형으로 한쪽에 작은 돌기가 있고 광택이 없는 것이 특징이다.

반면 결명자는 강남차보다 키가 커서 1~1.5m씩 자라고 역시 우수우상복엽이지만 소엽이 낮에는 펼쳐져 있고 밤에는 맞접은 수면운동을 하는 습성이 있다. 열매꼬투리도 가늘고 길며 씨가 한 줄로 싸여 있어 쉽게 구별된다. 씨는 마름모꼴로 짙은 갈색이며 광택이 있다.

여기서 강남차와 결명자의 식별법을 적은 것은 강남차를 결명자로 혼돈하는 경우가 많기 때문인데 이것은 일본에서 결명자를 '하부차(ハブ茶)'라 하여 강남차와 함께 씨를 차로 이용하는 것이 일반적이기 때문이다. 이것은 60년대부터 70년대까지 결명자 씨를 일본과 계약 재배하여 수출하기도 했기 때문이다.

강남차는 개성도 강하고 맛도 짙으므로 건강 증진을 위해서다. 따라서 외화를 소비하여 들여오는 보리나 옥수수 차 대신 강남차를 사용한다면 국가적으로 막대한 외화를 절약시킬 수 있어 크게 공헌할 것이라 믿는다.

성 상

강남차는 재배지를 가리지 않으며 개간지, 유휴지, 메마른 땅 등에 경작할 수 있고 오히려 비옥한 땅에서는 초세만 무성할 뿐 결실이 좋지 않으므로 재배에 있어 시비의 염려 없이 손쉽게 버려진 땅을 활용할 것을 권장한다.

강남차는 1년초로 잎이 호생하며 5~6쌍의 우수우상복엽으로 잔잎은 도란형이다. 꽃은 여름에서 초가을에 개화하여 짙은 노랑색이다.

약효와 용도

씨에 에모딘(Emodin), 오브투시폴린(Obtusifolin), 오브투신(Obtusin), 아우란티 오브투신(Aurantio-obtusin), 크리소 오브투신(Chryso-obtusin) 성분과 타닌, 다량의 점액질, 지방유 등을 함유하고 있어서 강장, 이뇨, 변비, 건위, 정장, 완화제로 쓰이며 눈병에도 쓴다. 잎, 줄기는 폐나 간장을 맑게 해주며 해충이나 괴에 물렸을 때 잎의 즙을 내어 바르면 특효가 있다고 하며 독사에 물렸을 때도 즙을 내어 바르면 해독된다고 한다. 씨는 볶아서 차로 이용하며 콩깍지도 동일하게 썰어서 볶아 차로 이용한다. 식물체는 녹비로 유용하게 쓰인다. 꽃이 3cm로 크기 때문에 꽃꽂이의 소재로도 쓰인다.

재배법

① **적지** : 지나치게 건조한 땅이나 지나치게 과습한 배수불량지만 아니면 어디에서나 재배가 가능하다.

② **번식** : 씨로 번식되며 파종은 4월 중순~하순경이 적기이며 파종이 늦어지면 가을의 수확량이 감소된다. 1a당 씨 2dℓ를 준비하여 60cm간격으로 줄뿌림 한다. 10일이면 발아하여 10cm쯤 자랄 때 솎아주고 10cm간격으로 세운다. 이때 복합비료를 덧거름으로 주고 60cm쯤 자라면 순을 질러 가지가 많이 나게 한다.

수 확 조 제

수량이 적을 때 10월 말경 잎이 누렇게 되면 익는 꼬투리를 차례로 따면 되고 많을 때는 잎이 누렇게 될 때 베어서 묶어 처마 밑이나 건조대에 걸어 말린다. 2주일 전후하여 맑은 날 탈곡하여 정선한 것을 다시 3일쯤 멍석에 펴서 말린다.

1a당 20~30kg 수확된다. 비배하면 10kg 정도 증수할 수 있다.

강남차는 차로 이용할 때 볶아야만 제맛도 나고 점액질이 없어진다.

과명 : 미나리과   **학명** : *Angelica Koreana Max, Ostericum Koreanum Max.*
영명 : Angelicae Koreanae Radix   **생약명** : 羌活   **원산지** : 한국   **이용 부위** : 뿌리

내 력 〈중국약전〉이나 〈일본약국방〉의 생약규격에는 *Notopterygium incisum TING* 또는 *Notopterygium forbesii Boiss*를 강활 또는 관엽강활(寬葉羌活)이라고 하나 우리나라의 〈대한약전〉의 생약규격집(보사부)에는 같은 미나리과에 속한 종(種)이 다른 *Angelica Koreana Max*를 강활이라 한다. 강활은 당귀나 구릿대(백지)와 비슷하나 중요 특성에서 차이가 있다.

성 상 강활은 경기도, 강원도, 충청북도, 경상북도 등지의 산골짜기나 계곡 사이에 많이 자생하는 미나리과의 2~3년생(다년생)초본이다. 줄기는 1~2m로 곧게 자라고 근생잎은 잎자루가 적자색이고 줄기잎은 33.5cm로 근생잎의 1.5배 길이다. 잎은 호생하며 기수재우상복엽(3회우상복엽)이다. 잔잎 조각은 피침상타원형으로 끝이 뾰족하고 거치가 있다. 꽃은 7월 말부터 9월에 걸쳐 원줄기와 가지 끝에 복산형화서로 백색 잔꽃이 뭉쳐 피는 것이 구릿대(백지)와 다르다. 열매는 9~10월에 암갈색으로 익는데 타원형으로 평평하며 둘레에 날개가 있고 분과한다.

뿌리는 직근성이며 짧고 굵다. 4년생 뿌리의 근두(根頭)는 지름이 2.5㎝, 주근의 굵기가 3㎝, 길이는 8㎝ 정도로 외피는 담황갈색, 속살은 유백색이며 측근이 22개, 새근이 4종렬로 착생한다. 꽃대가 올라오면 뿌리의 저장양분이 꽃대로 이동하면서 목질화가 진행되므로 채종주 외에는 꽃대를 제거하여 뿌리의 충실을 기한다. 향기가 강하고 충실한 것이 좋은 것이다.

**약효와
용도**

뿌리에는 쿠마린(Coumarin) 유도체인 오스톨(Osthol), 이소임페라토린(Isoimperatorine), 옥시퓨시다린(Oxypeucedanin) 등의 정유성분이 함유되어 있어서 발한해열작용, 진통작용, 항균작용, 항염작용 등이 밝혀져 있다. 한방에서는 완화진경, 진통제로 쓰며 감기, 신경통, 두통, 관절염 등에 쓴다. 민간요법으로는 뿌리를 술로 달여서 입안에 머금고 있으면 치통에 빠른 효과를 나타낸다. 약국방에는 교미완화제, 진해·거담제로 쓴다고 했다. 〈방약합편〉에는 약성이 따뜻하고 풍, 습, 신통(身痛), 근골통을 없앤다고 적혀 있다. 맛은 쓰고 맵다. 어린순은 나물로 먹는다.

재배법

① **적지** : 서늘한 기후를 좋아하므로 중·북부지방의 고랭지~준고랭지가 재배 적지다. 남부 평야지대에서는 한여름에 하고현상(夏枯現象)을 일으키므로 재배하기 어렵다. 토질은 표토가 깊고 보수력이 있는 부식질이 풍부한 사질양토나 식질양토가 좋다. 동북향의 약간 그늘진 곳이 좋다. 남향이나 습기가 적은 곳에서는 생육이 나쁘고 과습하면 뿌리가 썩는다.

② **번식** : 씨와 노두번식(蘆頭繁殖)으로 하며 파종은 직파재배와 묘판에서 육묘하여 정식하는 방법이 있다.

강활은 추대하여 개화하면 뿌리는 약용에 부적합하게 되므로 채종포는 따로 만들어서 채종한다. 채종포는 서북향으로 보수력 있고 배수가 잘 되는 사질양토나 식질양토로 주위에 일당귀나 구릿대(백지) 등의 재배가 없는 곳이 좋다. 교잡을 피하기 위함이다.

밑거름으로 퇴비, 깻묵, 재, 용성인비를 고루 섞어 뿌린 후 갈아엎은 뒤 1.2~1.5m의 두둑을 만든 후 이랑너비 50㎝, 포기 사이 20㎝로 묘두가 약간 보일 정도로 종근을 심고 포기 주위를 흙을 북 준다. 종근은 건실하게 자란 2년생으로 추대하지 않은 것이어야 한다. 중·북부라면 이른 봄에 심는 것이 좋다. 심은 후 가뭄이 계속되면 뿌리의 활착이 나빠질 수 있으므로 물을 주고 짚이나 건초를 덮어 건조를 방지해준다.

싹이 고르게 난 후와 5월 중순에 덧거름으로 질소질비료를 약간 준다. 9월 중~하순에는 종자가 결실되므로 떨어지기 전에 베어서 바람이 잘 통하는 그늘에서 말린 후 종자를 털고 정선하여 다시 그늘에서 건조시킨 다음 종이봉투에 넣어 바람이 잘 통하는 서늘한 곳에 보관한다.

③ **파종** : 10월 하순경 본포 10a당 묘판 33㎡(10평)을 준비하고 1.2m 두둑을 만들어 흩뿌림 한다. 엷게 복토한 후 짚을 덮어준다. 강활은 발아력이 약하다. 파종량은 33㎡에 6ℓ 소요된다. 가을 파종이 불가능할 때는 씨를 젖은 모래와 섞어 얕게 땅속에 노천매장 하였다가 봄에 파내어 파종한다. 육묘이식 재배는 파종, 육묘, 이식 등의 노력비가 많이 드는 단점이 있으나 잔뿌리의 발생이 적고 가는 묘나 추대의 위험이 있는 굵은 묘는 빼고 심게 되므로 뿌리가 크고 수확량도 높아 소득 면에서 가장 유리한 재배법이다.

마른 종자는 2~3일간 물에 담갔다가 물기를 뺀 후 48시간 정도 2~5℃에서 저온처리 한 후에 파종하면 발아율이 좋다. 파종 후 싹이 땅 위로 올라오기 시작하면 덮어준 볏짚을 제거한다. 제초는 초기에 철저히 한다.

④ **정식** : 파종은 그해 가을에 종근을 채묘한 직후인 10월 중순~하순에 대묘(지름 0.9㎝ 이상), 중묘(지름 0.6~0.8㎝), 소묘(지름 0.5㎝ 이하)로 구분하여 20본씩 묶어 밭에 묻어 저장했다가 이듬해 봄 3월 하순~4월 상순에 정식한다. 가을에 정식할 때는 묘를 굴취한 후 바로 심어서 뿌리가 활착된 후 월동시키는 것이 좋다. 소묘는 소묘끼리 중묘는 중묘끼리 심고 대묘는 추대하기 쉬우므로 심지 않는 것이 좋다.

식재 거리는 이랑너비 45㎝, 포기 사이 20㎝로 하고 10a당 11,000주를 심는 것이 적당하다. 골을 깊이 파고 한포기씩 세워서 뿌리 끝이 구부러지지 않게 심는다. 뿌리 끝이 구부러지면 뿌리가 제대로 뻗지 못하고 잔뿌리가 많이 나와 품질이 떨어진다.

⑤ **관리** : 퇴비, 인산·칼리비료는 밑거름으로 하고 질소비료는 덧거름으로 주되 8월 초순 이후에 생육상태에 따라 2회로 나누어 주어 뿌리의 비대생장을 돕는다. 생육 초기에 밑거름으로 질소비료를 시비하면 지상부가 무성하고 꽃대의 추대현상이 많아진다. 꽃대가 올라오면 뿌리가 목질화되므로 추대 즉시 잘라버린다.

**수 확
조 제**

정식한 그해 가을에 줄기와 잎이 누렇게 변하면 지상부를 10㎝ 남기고 베어버린 후 뿌리를 상하지 않게 캐내어 캔 뿌리에서 노두를 따두었다가 종근으로 쓰고 수확한 근주(根株)는 흙을 털고 물로 깨끗이 씻어 햇볕에 건조시킨다. 반 정도 건조되어 부드러워지면 잔뿌리를 원뿌리와 함께 곧게 정리하여 다시 바람에서 완전히 건조시킨다. 건조 도중 비나 이슬에 맞지 않도록 해야 한다. 강활은 겉은 황갈색, 속은 황백색을 띤다.

04 갯머위

과명 : 국화과　**학명** : *Farfugium japonicum Kitamura*　**영명** : Leopard plant
생약명 : 蓮蓬草, 石露　**별명** : 말곰취　**원산지** : 한국 제주도 남해안 도서지방, 울릉도, 일본, 대만,
중국 중부 해안　**이용 부위** : 잎, 잎줄기

내　력　생선인 복이나 가다랭이의 식중독에 해독제로 알려진 바다 가까이에 자라는 식물이며,
근래에는 광택 있는 짙은 녹색의 큰 잎이 그늘진 곳에서도 잘 자라므로 남부 지역의 조경
용 나무밑 식물로도 각광받고 있다.

성　상　상록다년초로 주로 남부지방 해안가에 자생하며 근경이 굵고 긴 잎자루가 있다. 상록의
잎은 근생하며 심장형~신장형으로 크며 두껍고 반들거릴 만큼 광택이 있다. 잎가에는 거
치가 있다. 꽃은 10~11월에 굵은 꽃대 끝에 노란색의 두화가 산방화서로 핀다. 꽃은 5㎝
로 크다. 높이 30~50㎝로 자란다.

**약효와
용도**　항균작용하는 헥세날이라는 성분과 세니시날산 등이 함유되어 있다. 중국에서는 감기,
인후통에 약용하며 해열, 해독, 활혈(活血)에 이용한다. 복이나 가다랭이의 식중독에 잎
을 생즙 내어서 먹으면 해독된다. 항균작용도 인정되고 있다. 옷 오른 데, 무좀 환부에 생
잎즙을 바른다. 치질에는 줄기를 건조시킨 것을 달여서 복용하며 그 물(달인)로 환부를
씻으면 통증이 진정된다고 한다. 갯머위 말린 것 10g에 물 100㎖를 넣고 달여서 쓴다. 민
간에서는 식중독이나 설사에 10~20g을 1일량으로 달여 복용한다. 종기나 습진 등 피부염

에는 신선한 잎을 간 즙을 바르든가 불에 구워서 부드럽게 하여 비벼 붙인다. 또 생잎 1장을 잎보다 큰 종이 1장에 말아서 불을 붙이면 타면서 익어서 부드러워지므로 이 잎을 팥 2개 크기만 하게 비벼 만들어서 부스럼이나 농이 낀 환부에 올려놓고 가볍게 누르면서 셀로판테이프나 반창고를 십자(+)로 누르듯이 붙여두면 고름을 빨아내고 통증도 줄여준다. 뒤탈이 없어 매우 좋은 방법이다.

잎줄기는 머위처럼 껍질을 벗기고 삶아 먹을 수도 있다.

재배법

① **적지** : 따뜻한 곳으로 반그늘 지고 지나치게 건조하지 않는 비옥한 땅이 좋다. 부엽토가 혼합된 다소 습한 땅(보수력 있는)이 이상적이다.

② **번식** : 포기 나누기로 번식되며 4~5월경 밑거름을 넉넉히 넣고 밭을 만든 후 포기를 캐내 쪼개어 심는다. 비교적 잘 자란다.

③ **수확** : 잎줄기째 잘라서 생잎은 약용하고 잎줄기는 식용한다. 상록이기 때문에 분포지에서는 연중 언제나 이용할 수 있다.

05 갯방풍

과명 : 미나리과 **학명** : *Glehnia littoralis Er, SCHN, philop* **중국명** : 珊瑚菜
생약명 : 北沙参(중국), 海防風 **원산지** : 한국, 일본, 사할린, 우수리지방, 중국, 대만 등 주로 바다
연안에 분포 **이용 부위** : 근경(약용), 어린 싹, 연한 잎줄기(식용)

내 력

방풍(防風)은 이름이 가리키듯이 36종의 풍증(風症)을 고치고 습(濕)을 제거시키는 선약(仙藥)이라고까지 일컬어진다. 따라서 감기 치료에는 중요한 약이다. 방풍은 원래 중국이 원산으로 우리나라에서도 재배는 되고 있으나 우리나라 해변 모래밭에 남에서 북으로 걸쳐 널리 분포하여 자생하고 있는 갯방풍은 앞에서 말한 방풍과 약효가 동일하므로 갯방풍이 방풍 대신 널리 이용되고 있다. 국산 갯방풍은 해외시장에서 품질이 우수하여 한약재뿐 아니라 목욕재로써의 수요도 많아 수출품으로 환영받고 있다. 해수욕장의 개발로 자연 산지가 오염 내지는 잠식당하여 소멸되어가고 있다. 유망한 약초이므로 적극 권장하여 재배로 전환시켜 간척지나 협소한 어촌, 한촌 영세어민의 어획 외 소득원으로 권장할 수 있다.

성 상

해안 모래사장에 자생하는 다년생초본으로서 지상부가 모래에 파묻혀있는 것처럼 보인다. 높이 20~30cm쯤 자라지만 뿌리는 굵고 땅속 1m까지 깊게 수직으로 뻗어 자란다. 근경이 모두 황적색을 띠고 주름져 있으며 향기가 있고 약간 매운맛이 난다. 근경은 다년생 초본에서 볼 수 있는 특징적 형식으로 줄기가 자란 자리가 해마다 남아있어 그 자리를 세어보면 나이를 알 수 있다. 잎은 2회3출복엽으로 호생하며 강한 햇볕에도 견딜 수 있도록 두텁고 광택이 나며 5월 하순경 줄기 끝에 흰색 잔꽃이 산형화서로 핀다. 7월경 꽃에 비해 큰 씨가 결실한다. 씨는 날개 모양의 능각이 발달해 있고 과벽이 코르크질로 되어 있어서 물의 침투가 어려워 완숙하면 발아가 어렵다.

약효와 용도

뿌리에 펠로프테린(Phellopterin), 펠로프테린산(Petroselinic acid), 베르가프텐(Bergapten), β-시토스테롤(β-sitosterol), 지방산 등의 성분을 함유하고 있어 해열, 진통, 진해, 거담작용이 있다. 감기에는 상승효과를 발휘하며 중풍에도 쓰인다. 피부질환, 두드러기에도 쓰며 목욕제로는 혈행을 좋게 하고 몸을 덥게 하며 감기 예방에도 좋다. 봄에 나오는 어린순과 연한 잎줄기는 생채로 생선회에 곁들이기도 하고 김치나 장아찌를 만들어 먹을 수도 있는 약미식품이다.

재배법

갯방풍은 한번 심으면 2년생부터 수확할 수 있고 육묘하면 재배가 아주 쉬우므로 다른 특용작물처럼 많은 노력이 필요치 않다.

① **적지** : 햇볕이 잘 들고 배수가 잘 되며 토심이 깊고 보수력 있는 사질양토나 부식질이 섞인 모래땅이 좋다.

② **번식** : 씨로 번식하며 씨가 완숙하면 발아가 어렵고 건조하면 발아력이 상실되므로 주

의한다.

③ 파종 : 파종은 7월 말에 씨가 익으면 따서 직파한다. 직파가 어려울 때는 젖은 모래에 가매장 하였다가 다음해 봄 4월에 뿌린다. 모래땅일 때는 부식질비료를 밑거름으로 뿌려 갈아엎은 후 35cm간격으로 줄뿌림 한다. 발아하면 솎아주고 8~9월에 덧거름을 약하게 시비한다.

수 확
조 제

2년생 포기부터 꽃이 피기 시작하므로 개화하면 뿌리가 목질화된다. 따라서 채종용 포기 외에는 3년생 이상 묵히지 않는 것이 현명하다.

수확 적기는 늦가을부터 봄 4월경이다. 대개 2년생근이 가장 좋다. 잎, 줄기 등을 제거한 후 캐내어 물에 씻어 햇볕에 말린다. 잘게 썰어 단시간에 말린다. 곰팡이가 생기기 쉬우므로 될 수 있는 대로 충분히 건조시킨다. 겨울에 채집한 것이나 3년 이상된 뿌리는 굳어서 품질이 나쁘다. 수확량은 직파한 것은 10a당 90~150kg이고, 봄에 묘상에 뿌렸다고 가을에 정식한 것은 다음해 초가을에 10a당 150~210kg 수확된다. 노력비가 소요되므로 직파하는 재배방법이 유리할 수 있다.

06

갯
상
추

과명 : 번행초과 **학명** : *Tetragonia tetragonides PALL.* **영명** : Newzealand Spinach
별명 : 蕃杏 **생약명** : 蕃杏 **원산지** : 남미, 호주, 뉴질랜드, 동아시아 온난대 지역, 제주도와 남부
도서해안, 중국 **이용 부위** : 지상부 전체

'갯상추' 라고 하나 '뉴질랜드 시금치'로 더 잘 알려져 있다. 제주도 해안에서는 흔히 볼수 있다.

영국의 탐험가 캡틴쿡쿠가 뉴질랜드에서 야생하는 것을 발견하여 1772년 영국의 큐식물원에 보내어 심은 것이 유럽에 알려진 최초라고 한다. 그 후 뉴질랜드 시금치라 이름하여 구미 각국에 퍼져 식용하게 되었다. 말레이시아에선 카박(Kabak)이라 하고 베트남에선 라우따이(Rautay)라고 하는데 어린 잎줄기를 식용하는것 외에 민간약으로 위장병에 썼다고 한다.

시금치의 열매 같은 것이 해류를 따라 널리 퍼져 가서 우리나라에도 제주도와 남부 도서의 바닷가에서 흔히 볼 수 있다. 우리는 밭에서 재배하는 것은 채소라고 하여 즐겨 이용하고, 산에서 나는 봄나물은 산채라고 하여 이용하나 바다의 것 중 바닷물속의 미역, 다시마, 톳, 김, 파래 등은 이용하면서 영양가 높고 훌륭한 약초인 갯상추는 무심코 넘겨 버리고 있다. 중국에서는 전초를 번행이라 하여 해독·해열제로 쓰며 암의 치료에도 쓰고 있다.

바닷가 모래사장에 자생하는 매우 튼튼한 다년초다. 서리에 약하므로 겨울에는 지상부가 말라서 1년초처럼 된다. 줄기는 포복성으로 땅에 기듯 퍼지며 70~100㎝씩 자란다. 줄기와 잎은 다육질로 두텁고 가지를 잘 치며 줄기 끝은 곧게 선다. 잎은 호생하며 세모꼴~마름모꼴인데 잎 표면에 거칠한 돌기가 있다. 잎은 섬유질이 거의 없다. 여름에 엽액에 황녹색의 잔꽃이 피는데 꽃잎은 없고 악편이 꽃으로 보인다. 열매는 핵과로 매우 굳으며 시금치 씨를 닮았다(뿔이 있다). 열매 속에 씨가 몇 개 들어있다. 자연 낙하하여 한 번 심으면 매년 돋아난다. 바닷바람, 짠물 등에 강하다. 병충해도 없다.

갯상추에는 카로틴(Carotin)이 시금치와 맞먹을 만큼 있고, 비타민과 미네랄 등이 풍부하여 채소라고 해도 손색이 없다.

유효한 특별성분은 아직 밝혀지지 않았는데 해독과 해열제로 쓰고 위암에는 잎, 줄기를 녹즙으로 만들어 1일 1컵씩 복용한다. 말린 것은 15g을 다려서 마신다. 갯상추는 위벽을 보호하는 점활제(粘滑劑)일 뿐 아니라 위의 자극을 완화하는 역할도 있다. 위궤양에도 녹즙으로 또는 다린 것을 이용한다. 채소로는 잎, 줄기를 데쳐서 시금치처럼 나물로도 먹고 국거리로도 좋으며 샐러드로도 먹을 수 있다.

① **적지** : 해가 잘 들고 배수가 잘 되는 사질양토나 부식질이 많은 땅이 무성하게 자란다. 반드시 모래땅이 아니어도 된다. 흡비성이 강한 식물이므로 비료와 수분이 부족하지 않

는 것이 좋다.

② **번식** : 씨로 번식하며 씨는 발아하는데 2주일에서 3개월을 요하므로 파종하기 전에 1주야(晝夜) 물에 담갔다가 파종한다. 파종 시기는 3~4월에 노지에 뿌릴 수도 있고, 비닐하우스 등에서는 10월에 파종하여 1~2월에 수확하는 방법과 2월에 파종하여 3~4월에 수확하는 방법이 있다. 두둑은 60~100cm의 평상에 다소 두텁게 뿌린다(1m²당 1~5ℓ). 흙을 덮은 후 짚을 덮어준다. 발아 후 본잎이 2~3장, 길이 10~15cm로 자라면 솎아서 수확할 수 있다. 포기 사이는 5~10cm로 하여 어린 부분을 딴다. 재배가 쉬운 식물이다. 질소와 칼리는 덧거름으로 시비하면 계속 새싹이 나와 늦게까지 수확할 수 있다.

수 확 조 제

새순이 어느 정도 자라면 따서 녹즙이나 채소로 이용할 수 있다. 계속해서 곁눈이 나와서 몇 번이고 수확할 수 있다. 다량일 때는 여름 개화기에 전초를 밑둥에 싹을 남기고 베어서 햇볕에 3~4일 말린다. 다즙질인 식물이므로 잘 건조시켜야 한다. 습기가 없게 보관한다.

07 결명자

과명 : 콩과 **학명** : *Cassia tora L.* **영명** : Oriental senna, Sickle senna
생약명 : 決明, 馬蹄決明 **원산지** : 열대아시아, 인도, 인도네시아, 말레이시아, 중국 남부, 대만
이용 부위 : 씨. 어린잎(채소)

내력 결명자는 씨가 눈을 밝게 해준다는 약효로 더 잘 알려져 있다. 결명(決明)이란 생약명도 그래서 생겨났다. 결명자와 강남차를 혼동하는 경우가 많은데 일본에서 강남차 씨를 '하부차(ハブチヤ)'라고 하여 이용하는데 결명자의 씨도 같은 이름으로 차로 이용하므로 혼동을 가져왔다. 결명자 씨는 눈을 밝게 한다고 하여 차로 널리 이용되고 있다.

성상 저목성초본식물이지만 우리나라에서는 1년초로 다룬다. 높이 1~1.5m로 자라며 전체에 짧은 털이 있다. 잎은 호생하며 소엽이 3쌍씩 우수우상복엽으로 나 있고 잔잎은 도란형이다. 이 잎은 낮에는 펴 있다가 밤에는 마주 접어서 수면운동을 하는 것이 특징이다. 꽃은 여름에 피며 5판화로 두 송이씩 쌍을 이루어 액생한다. 꽃빛은 노랑색이다. 꽃이 진 후 가늘고 긴 15~18cm의 협과가 결실하는데 콩꼬투리 속에 씨가 한줄로 나 있다. 씨는 마름모꼴로 짙은 갈색에 광택이 있다.

약효와 용도 결명자의 씨에는 루부로프사린(Rubrofusarin), β-시토스테롤(β-sitosterol), 오레익(Oleic), 리노레익산(Linoleic acid), 에모딘(Emodine), 알로에 에모딘(Aloe emodin) 배당체가 함유되어 있어서 강장작용, 이뇨작용, 완화작용 등이 있으며 안질에도 잘 듣는다고 알려져 있다. 또, 혈압강하와 항균작용이 알려져 있다. 황색염료로 쓰이며 커피나 차 대신 건강 차로 널리 이용된다. 어린잎은 채소로도 먹을 수 있다. 전채는 녹비로 환영받는다. 차로 이용할 때는 반드시 볶아서 사용해야 맛도 더 훌륭하고 점액질이 없어진다.

재배법 ① **적지** : 해가 잘 들고 심한 건조지나 지나친 습지만 아니면 어디서나 재배가 가능하다. 단, 산성토양은 좋지 않다.

② **번식** : 씨로 번식하며 4월 하순~5월 초순에 파종한다. 너무 늦게 파종하면 가을 수확기에 수확량이 감소될 우려가 있으므로 늦지 않게 주의한다.

재배관리 요령은 강남차와 동일하다.

밀식되지 않게 솎아주고 포기 사이는 30~40cm로 세우는 것이 좋다.

수확 조제 가을에 잎이 누렇게 되면 베어서 묶어 비에 맞지 않는 곳에 매달아 건조시킨 다음 씨를 탈곡하여 정선한 후 볕에 3일쯤 펴서 말려 보관한다.

과명 : 미나리과
학명 : *Angelica tenuissima NaKai*
생약명 : 藁本
원산지 : 한국
이용 부위 : 뿌리

08 고본

내력 고본은 우리나라 식물로 미나리과에 속해 있다. 그러나 중국에서는 *Ligusticum sinense*를 藁本 또는 古本이라 하고 *Ligusticum jeholense*를 요고본(遼藁本)이라 한다. 또한 일본에서는 *Ligusticum tenuissimum Kitagawa*를 藁本(ニォイウイキョウ)이라 한다. 통일이 요구되는 약초 중 하나다.

성상 고본은 다년생초본으로서 우리나라 충청남도, 충청북도, 경상남도, 경상북도, 강원도, 황해도 등 중부 지역의 깊은 산속에 자생하고 있다. 줄기는 60~80㎝로 곧게 자라며 굵기는 1㎝ 정도로 마디가 8개로 마디 사이가 10㎝ 길이다. 줄기의 속살은 황백색이며 바깥쪽 아랫부분은 암적색이지만 윗부분은 녹자색을 띤다. 잎은 뿌리에서 올라오는 근생잎과 줄기에서 나오는 정상잎이 있는데 기수재우상복엽으로 바늘 같은 짧은 잔잎이 많이 어우러진다. 전 포기에는 향기로운 사향이 풍긴다. 꽃은 원줄기와 가지 끝에 복산형 취산화서로 유백색의 꽃이 여름에 핀다. 열매는 10월 중~하순경에 암갈색으로 익는 타원형 분과(分果)로 쪼개지면 긴 반타원형이다. 뿌리는 비대하면 지름이 2㎝ 이상 되는 것도 있다. 겉껍질은 암갈색이고 속살은 황갈색이다. 뿌리는 부정근(不定根)으로 지표 가까이에 분포하는 천근성이다.

약효와 용도 근경을 말린 것을 고본이라 하고 노토스미르놀(Nothosmyrnol)이 함유되어 있으며 5%의 정유성분이 함유되어 있다. 진통작용과 항인플루엔자바이러스 작용이 있는 것이 밝혀져 한방에서 진통제, 진경제로 이용한다. 감기, 돈통, 관절염, 두통, 창상의 진통과 새살이 잘 나게 하는 데도 외용(外用)한다. 이때는 달인 물로 씻든가 짓찧어서 붙인다.
향기와 빛깔이 좋아서 고본 차나 고본 술로도 이용한다.

재배법

① **적지** : 서늘한 기후를 좋아한다. 따라서 고랭지 재배가 적합하다. 강원도 농촌진흥원의 지대별(해발 80m, 450m, 600m) 재배 시험결과 영서지방과 평야에서도 높은 수확을 올릴 수 있었으므로 재배 지역은 넓다고 할 수 있다. 토질은 토심이 깊고 부식질(유기물) 함량이 많고 배수가 잘 되면서도 보수력이 있는 사질양토나 식질양토가 좋다. 연작을 싫어하므로 윤작하는 것이 좋다.

② **번식** : 씨로 번식한다. 씨는 자생종을 채취하여 재배하고 있다. 채종주는 3년생의 건실한 포기에서 잘 여문 씨를 10월 중~하순경에 채종하여 직파하든가 가는 모래와 섞어서 배수가 잘 되는 곳에 충분히 관수한 후 노천매장 했다가 이듬해 봄 해동되면 꺼내어 파종한다. 채종하여 건조 보관한 것은 봄에 자루에 넣은 씨를 3~4일간 흐르는 물에 담가서 씻은 뒤 축축한 상태로 2~5℃의 냉장고에서 48시간 저온 처리 후 파종하면 발아가 촉진되어 발아율이 좋다.

재배 방법은 본밭에 직파하는 방법과 묘판에서 육묘하였다가 이식하는 두 가지 방법이 있다. 소득 면에서는 육묘이식재배가 유리하고 생력 면(노동인력)에서는 직파재배가 유리하다. 수확은 그해 가을에서 2년째 가을이면 뿌리를 수확할 수 있다.

③ **육묘재배** : 묘판은 본밭 10a당 3.3㎡(1평), 파종량은 3.3㎡당 500~600kg(3ℓ)이 기준이다. 잘 썩은 퇴비가루, 닭똥, 토양소독제 등을 고루 섞어 펴서 갈아엎은 뒤 넓이 120cm의 두둑을 만들고 10월 하순~11월 중순경 흩뿌림 한다. 그런 다음 씨가 보이지 않을 정도로 체로 쳐서 복토한 후 볏짚을 덮어 씨가 들뜨는 것을 방지한다. 짚은 봄에 싹이 트기 시작하면 걷어준다. 봄 파종은 될 수 있는대로 해동과 동시에 파종하는 것이 생육과 이식 후의 활착에 좋다. 대개 3월 하순~4월 상순이 적기다.

④ **정식** : 파종 한 해 가을에 줄기와 잎이 시들면 즉시 캐내어 모종의 크기로 구분하여 20대를 1단으로 묶어 땅속에 묻어 가식 저장하였다가 정식한다. 정식 적기는 10월 하순~11월 상순에 묘판에서 캐낸 즉시 정식하는 것이 좋고, 가식 저장한 것은 이듬해 봄 3월 하순~4월 상순에 정식한다. 초가을에 정식한 것보다 늦가을에 정식한 것이 수확량이 많다는 시험보고다. 식재 간격은 120~150cm의 두둑을 짓고 30cm간격으로 종근의 길이에 맞는 깊이로 골을 치고 10cm간격으로 다소 배다싶게 밀식되게 심는다. 이때 묘두가 보이지 않을 정도로 묻고 가볍게 다져준다. 가을 정식 때는 동해방지를 위해 다소 두텁게 복토해준다.

④ **관리** : 추대되면 뿌리의 비대생육이 정지되므로 추대시키지 말고 꽃대가 나오면 채종주 외에는 잘라버린다. 정식할 때는 흐리고 바람이 불지 않는 날을 택하고 심을 때 모가 건조되지 않도록 해야 활착이 잘 된다. 6월과 8월에 덧거름으로 골 사이를 파고 뿌리가 상하지 않게 질소비료를 주고 묻어주어 비료의 유실을 막아준다. 가뭄 때는 짚을 덮어 수

분증발을 억제하고 장마 때는 뿌리가 썩지 않도록 배수를 철저히 하여 습해(濕害)를 받지 않도록 한다. 김매기는 2~3회 하여 잡초에 지지 않게 제초에 힘쓴다.

수 확
조 제

수확은 정식한 그해 가을에 줄기와 잎이 누렇게 변하는 10월 하순~11월 상순에 할 수 있다. 한약시세에 따라 2~3년 후에 수확 출하할 수도 있다. 뿌리가 상하지 않게 캐내어 흙을 털고 지상부를 잘라버린 후 물에 깨끗이 씻은 다음 햇볕에서 건조시킨다. 이때 비나 이슬에 젖지 않도록 주의한다. 중간 정도 말린 후 뿌리가 부드러워지면 곧게 펴고 잔뿌리를 한데 모으는 뿌리손질을 한 후 다시 바람이 잘 통하는 곳에서 완전 건조시킨다. 이때 건조기가 있으면 60℃ 이하의 온도에서 건조시켜도 된다. 항상 건조하고 서늘한 곳에 보관한다.

09 고삼

과명 : 콩과
학명 : *Sophora angustifolia kitagawa, S. flavencens Ait.*
생약명 : 苦蔘
생약명 : 너삼
원산지 : 한국, 일본, 중국 북동부(만주)
이용 부위 : 뿌리, 줄기, 잎

내 력

고삼이라고 한 것은 약용하는 뿌리를 씹어보면 눈이 뱅뱅 도는 현기를 일으킬 만큼 맛이 지독하게 쓰기 때문에 붙인 이름인데 현초(眩草)라고도 한다. 옛날에 줄기껍질로 종이를 만들어 고삼지(苦蔘紙)라 했는데 좀이 슬지 않았다 하며 또한 화장실(옥외 변소)에 넣어 구더기를 없애는 데도 긴히 쓰였다고 한다.

| 성 상 | 쓴맛이 매우 강한 것이 특징인 다년초다. 뿌리는 굵고 방추형이며 줄기는 총생하며 곧게 선다. 높이 80~100cm로 자라며 잎은 호생하는 기수우상복엽으로 잔잎이 10~18쌍씩 붙는다. 꽃은 6~7월 초순경 줄기 끝에 연황색 나비 모양의 꽃이 긴 총상화서로 빽빽이 핀다. 열매는 원통형의 협과(莢果)로 콩꼬투리가 7~8cm길이로 속에 씨가 3~4개 들어있고 잘룩잘룩한 콩꼬투리가 염주 모양이며 끝은 뾰족하다. 뿌리는 노란빛을 띤다. |

성 상

쓴맛이 매우 강한 것이 특징인 다년초다. 뿌리는 굵고 방추형이며 줄기는 총생하며 곧게 선다. 높이 80~100cm로 자라며 잎은 호생하는 기수우상복엽으로 잔잎이 10~18쌍씩 붙는다. 꽃은 6~7월 초순경 줄기 끝에 연황색 나비 모양의 꽃이 긴 총상화서로 빽빽이 핀다. 열매는 원통형의 협과(莢果)로 콩꼬투리가 7~8cm길이로 속에 씨가 3~4개 들어있고 잘룩잘룩한 콩꼬투리가 염주 모양이며 끝은 뾰족하다. 뿌리는 노란빛을 띤다.

약효와 용도

고삼의 뿌리에는 마트린(Matrine), 옥시마트린(Oxymatrin), 소포라놀(Sophoranol), 아나기린(Anagyrine), 소포카르핀(Sophocarpine), 메틸시티신(Methylcytisine)이, 잎에는 루테오린(Luteolin), 글루코시드(Glucoside)가, 종자에는 지방유, 시티신(Cytisine) 등이 함유되어 있어서 한방에서 황달, 건위, 이뇨, 해열, 진통, 치루, 소염제 등에 쓰인다. 줄기와 잎을 다린 즙은 농업용 살충제로써 가축의 피부기생충 구제에 쓰이며 잎, 줄기는 구더기도 죽인다.

재배법

① **적지** : 해가 잘 들고 보수력이 있는 땅이 좋다. 산야나 들판에서 흔히 볼 수 있는 산야초다. 다습한 곳은 좋지 않다.

② **번식** : 씨와 포기 나누기로 번식되며 파종은 가을에 열매가 익어 꼬투리가 갈색이 되면 따서 직파해도 좋고 이듬해 봄에 뿌려도 잘 발아한다. 포기 나누기는 봄에 싹트기 전에 파내어 쪼개어 심으면 된다.

수 확 조 제

가을부터 초겨울에 걸쳐 지상부가 말랐을 때 지상부를 자르고 캐내어 물에 씻어 흙을 제거한 후 껍질을 벗기고 세로로 쪼개어 다시 5~10cm길이로 잘라 햇볕에 빨리 건조시킨다. 이 건조시킨 뿌리가 생약 고삼이다. '도둑놈의 지팡이(*Sophora fivescens Alr, var intermedia NAKAI*)'는 고삼과 성분도 비슷하고 생김도 비슷해서 고삼 대용으로 쓰인다.

10 고수풀

과명 : 산형과 **학명 :** *Coriandrum Sativum L.* **영명 :** Coriander **별명 :** Chinese parsley
중국명 : 香菜 **생약명 :** 胡荽實 **원산지 :** 지중해 연안, 시리아 **이용 부위 :** 잎, 씨

내 력

고수풀이라 하면 빈대냄새가 나서 몹시 역겹지만 중국에서는 향채(香菜)라 하여 죽에 약미(藥味)로 빠뜨리지 않고 넣는 허브다. '차이니스 파슬리'라는 별명도 얻은 식물이다. 인도에서는 카레에 넣고 태국에서는 수프에 향신료로 쓰고 있다. 잎에서는 빈대 냄새가 나지만 열매가 익어서 황갈색이 되면 단단해지면서 향기가 변하여 향신료 중에서도 가장 향기롭고 달콤한 향신료 중 하나가 된다. 일반적으로 영명인 코리안더로 통용되며, 재배 역사는 3,000년이 넘는다.

학명의 *Coriandrum Sativum*은 그리스어의 Koris 즉 빈대를 뜻하며 Annon은 아니스 씨 같이 향기가 있다는 뜻인데 잎이나 열매가 어릴 때는 빈대 냄새가 나고 열매가 익으면 아니스 같은 좋은 향기가 나기 때문에 로마의 박물학자 프리니가 합성한 이름이다. 종명 *Sativum*은 '재배의'라는 라틴어에서 유래하여 재배 역사가 오래된 것을 말해준다. 프리니는 가장 좋은 코리안더는 이집트에서 난다고 적고 있는데, 고대 이집트에서 의약품으로 또는 향신료로 이용했다. 〈구약성경〉의 출애굽기 16장 31절과 민수기 11장 7절에 '만나'를 설명하면서 '깟'(Gad · 코리안더 씨) 같다고 적고 있는 것으로도 알 수 있다.

프리니는 열매를 갈아서 부순 것을 상처나 농포, 부르튼 데 등에 꿀이나 건포도와 섞어 붙이면 잘 낫고 모든 종기나 화농을 고친다고 했으며 갈아서 부순 것을 식초에 넣은 것은 피부의 농양을 고친다고 했다. 씨를 물에 넣어서 마시면 배나 장의 출혈이 멎는다고 했으며 씨를 석류즙이나 올리브 기름에 넣어 마시면 장 안의 기생충을 구제한다고도 적고 있다. 고대 그리스나 로마에서도 가장 흔하게 쓰인 의약품의 하나였는데 히포크라테스도 그 약효를 칭찬하고 있다. 코리안더 씨는 탄수화물의 소화 작용이 뛰어나므로 고대 로마 때부터 빵이나 케익을 구울 때 함께 넣고 구웠다고 하며, 복통의 치료제로도 썼으며 빻아서 가루로 만든 씨의 향을 흡입(吸入)하면 현기증을 고친다고 했다.

중세에는 미약(媚藥)이나 최음제로도 이용했다. 중국에는 A.D600년에 장건이 서역(이란)에서 씨를 가져왔다고 전하며 이 씨를 먹으면 불로불사한다는 전설도 있다. 16세기에 스페인 정복자들이 라틴아메리카에 전했고, 미국에는 영국의 이주민이 전했으며 인도, 중국에는 실크로드를 따라 퍼졌지만 전 세계에서 가장 많이 쓰이는 향신료의 하나다.

성 상

1년초로서 높이 40~60㎝ 자라며 미나리를 작게 한 듯 하다고 보면 된다. 잎이 더 잘고 잘다랗게 찢어져 있다. 근출잎은 잎자루가 있으며 윤기가 난다. 여름에 흰색~분홍색의 꽃이 줄기 끝에 산형화서로 피며 꽃이 진 후 동그란 쌀알보다 큰 3~5mm 크기의 열매가 맺힌다. 처음에는 녹색을 띠나 익으면 황갈색이 된다. 열매 속에 씨가 2개 맞붙어 들어있는데 열매는 잘 부서지지 않는다. 잎, 줄기, 미숙과는 빈대냄새가 나서 역하지만 씨가 익으면 달콤하고 톡 쏘는 매운 맛이 아주 향기로운 풍미를 지녔다.

약효와 용도

코리안더의 씨에는 정유가 함유되어 있는데 주성분은 코리앤드롤(Coriandrol), 피넨(Pinene), 티몰(Thymol) 등을 함유하고 있으며 올레인(Oleine) 산 등 지방유도 함유하고 있어서 구풍작용, 흥분작용, 약한 항진·균작용도 있어 위액분비, 담즙 분비촉진작용도 하므로 건위, 소화, 설사 등에 쓰며 구풍, 진해작용도 있다.

유럽에서는 강장효과가 뛰어나므로 차나 스프로 만들어 병후의 환자에게 마시게 하고 있다. 건조시킨 씨는 스파이스로 모든 요리에 쓰이며 빻아 가루로 만든 것을 적포도주에 넣고 약한 불에 따뜻하게 데워서 와인의 부향제로 쓴다. 카레요리, 중국요리, 릭큘, 피클, 비스켓, 빵, 케이크, 향수, 캔디, 육류제품, 진 등의 부향제로 쓰인다.

재배법

① **적지** : 해가 잘 들고 배수가 잘 되는 비옥한 땅이 좋다. 논의 답리작도 가능하며 이때는 석회를 뿌려서 산성 토양을 중화해 준다. 두둑을 높여서 배수가 잘 되게 해주면 된다.

② **번식** : 파종 전에 열매를 종이에 펴놓고 널판지로 가볍게 문질러 열매가 둘로 갈라지

게 한 뒤 1주야를 물에 담가서 가라앉는 씨만 파종한다. 파종 적기는 봄 3~5월과 가을 9~10월이며 보리의 생육기간과 비슷하므로 보리 파종 시기보다 10일쯤 일찍 뿌리면 된다. 코리안더는 수입에 의존하고 있으며 계약재배만 이루어지면 보리농사보다 훨씬 수익성이 높기 때문에 답리작을 권하고 싶다.

직파할 수도 있고 지피포트에 뿌렸다가 이식해도 좋다. 직파할 때는 15cm간격으로 3~4알씩 점뿌림 한다. 발아온도는 15~20℃이면 10일쯤이면 발아한다. 불리지 않은 씨는 약 3주일 걸린다. 본잎이 3~4장 나와서 배게 되면 솎아주고 지피포트에 파종한 것은 이때 이랑너비 30cm에 20cm간격으로 정식한다.

③ **관리** : 과습하거나 채광량이 부족할 때 또 질소질 비료가 과다할 때는 웃자라서 연약하고 쓰러지기 쉽다. 질소질 비료는 적게 하고 인산, 칼리질을 많게 하여 많은 결실을 기한다. 가을에 파종한 것은 포기가 실하고 크게 자라므로 개화결실이 많아 좋다. 단, 가을에 파종한 것은 겨울에 볏짚이나 왕겨를 덮어주어 뿌리가 들뜨는 것을 막아준다. 봄에 늦게 파종하면 큰 포기로 자라기 전에 추대하여 개화 되므로 다수확을 기대할 수 없다. 과습, 광선부족, 밀식 등으로 꽃이 피어도 결실하지 않는 경우가 많으므로 채종이 목적일 때는 이런 점에 주의한다.

수 확
조 제 잎을 수확할 목적일 때는 20~30cm쯤 잎부터 수확하며 대량일 때는 30cm쯤 자라면 포기째 베어서 수확한다. 추대하면 잎이 굳어져서 상품가치가 떨어진다. 씨를 수확할 목적일 때는 잎을 따지 않도록 하여 결실을 도모하며 열매가 누렇게 변색하면 잎도 누렇게 되므로 이때가 수확기다. 맑은 날 이슬이 걷힌 뒤에 포기째 베어 넓게 펴서 볕에서 2~3일 말린다. 열매는 잘 떨어지므로 탈곡기에서 턴 후 다시 2일쯤 바싹 말린다. 건조 도중에 비를 맞든가 쌓아두어서 발효되면 열매가 검게 되고 곰팡이가 생기며 향이 없어져 상품가치를 잃게 된다. 빨리 건조시키는 것이 중요하다. 건조된 씨는 밀폐용기에 보관한다. 잎은 식초에 담가서 비네거를 만들 수도 있고 씨에서 정유를 뽑아 보존할 수도 있다.

11 고추나물

과명 : 물레나물과
학명 : *Hypericum erectum Thunberg*
생약명 : 小連翹
일본명 : 弟切草(オトギリソウ)
원산지 : 지중해 연안, 시리아
이용 부위 : 전초(지상부)

내 력

이 약초는 동생의 목을 베게 했다는 유래를 지녔다. 300년 전의 고서 〈화한삼재도회(和漢三才圖會)〉에 의하면 매사냥에 뛰어난 시뢰(時賴)라는 명인이 있었는데 매가 상처를 입으면 풀을 뜯어 비벼서 그 즙을 발라서 고치는데 그 풀의 이름을 비밀에 붙여 아무도 알 수 없었다. 그 동생이 비밀을 누설하게 되자 형은 대노하여 동생의 목을 베어 죽여 버렸다. 그 후부터 이 풀이 베인 곳에 묘약인 것이 알려지게 되자 동생이 목 베임을 당했다 하여 '제절초(弟切草)'라 했다는 것이다. 잎에는 흑갈색의 유점이 있는데 동생이 베임을 당할 때 핏방울이 튀어서 생긴 것이라고 한다. 그만큼 이 약초는 지혈이나 창상에 잘 드는다.

성 상

다년초로 높이 30~80cm로 자라며 잎은 대생하며 흑갈색 유점이 있다. 비비면 독특한 냄새가 난다. 7~9월에 걸쳐 지름 1cm의 선황색 꽃이 가지 끝에 몇 송이씩 집산화서로 핀다. 열매는 잘며 여름~가을에 익는다(완숙기는 10월). 전초(全草)에 타닌이 함유되어 있고 자외선을 강하게 흡수하는 하이퍼리신(Hypericin)이 있어 유독식물인데 소가 이 풀을 다량 먹고 햇볕에 노출되면 피부염을 일으켜 탈모된다.

약효와 용도

성분은 하이퍼리신(Hypericin), 타닌(Tannin), α-테르피네올(α-terpineol)이 함유되어 있어 지혈작용, 진통작용, 수렴작용, 방부작용, 항균작용, 항염작용 등의 효과가 있다. 따라서 자궁출혈, 화상, 창상, 타박상, 류마티스, 신경통 등에 쓰이며 목욕제로(약탕) 신경통, 류마티스, 냉증, 통풍 등에 효과가 있다. 또 전초를 달인 액은 세정소독제로도 쓴다. 전초를 알콜에 침적시켰다가 그 액을 습포 또는 도포제로 쓴다. 민간약으로 잎을 비벼서 상처 난 데 붙이면 효과가 있다고 한다. 어린순은 나물로 먹는다.

재배법

① **적지** : 해가 잘 들고 유기질이 풍부한 땅이 좋다. 자생지(산과 들)에서는 배수만 잘 되면 토질은 가리지 않는다.

② **번식** : 씨와 포기 나누기로 번식시킨다. 파종은 4월~5월 초순에 두둑을 지어 흩뿌림이나 줄뿌림 한다. 덮는 흙은 두터워지지 않게 살짝 엷게 덮는다. 발아는 잘 되는 편이다. 봄 싹트기 전과 가을에 파내어 싹을 붙여 쪼개어 심으면 된다. 재배가 쉽다.

수확 조제

열매가 익어갈 무렵 지상부를 베어서 햇볕에 펴서 건조시킨다. 마르면 4~5cm 길이로 잘라 습기가 차지 않게 건조하게 보관한다.

12 구기자나무

과명 : 가지과 **학명** : *Lycium Chinense MILL.* **영명** : Wolfberry, Matrimony Vine.
생약명 : 잎은 枸杞葉(Lycii Folium), 열매는 枸杞子(Lycii Fructus), 근피는 地骨皮(Lycii cortex Radicis) **원산지** : 한국, 중국, 일본, 대만, 동남아 **이용 부위** : 열매, 잎, 뿌리껍질

| 내 력 | 중국에서는 예부터 불로장생의 영약으로 여겼던 약초다. 지금은 한방약뿐 아니라 구기자 제품도 많이 개발되어 있으나 카페인이 없는 국민 차로 보급함직하며 유휴지나 다락논을 전환시켜 재배하면 수요는 크므로 다수익을 기대할 수 있다. |

내 력

중국에서는 예부터 불로장생의 영약으로 여겼던 약초다. 지금은 한방약뿐 아니라 구기자 제품도 많이 개발되어 있으나 카페인이 없는 국민 차로 보급함직하며 유휴지나 다락논을 전환시켜 재배하면 수요는 크므로 다수익을 기대할 수 있다.

성 상

낙엽관목으로 1m 높이로 자라며 줄기가 총생하며 가지를 잘 쳐서 길게 자라 휘어진다. 잔가지는 가시로 변형되어 있다. 잎은 장타원형으로 몇 장씩 뭉쳐나며 짙은 녹색이다. 꽃은 8~9월 엽액에 연보라색으로 피며, 열매는 액과(液果)로 1.5~2cm 크기의 장타원형이며 익으면 홍색이 되고 광택이 있고 생식도 가능하다.

약효와 용도

구기자에는 베타인(Betaine) 약 0.1%, 비타민A · B₁ · B₂ · C, 칼슘, 철, 색소, 제아크산틴(Zeaxanthin), 피사레인(Physalein) 등의 성분이 함유되어 있다. 열매의 수성진액에 콜레스테롤 및 간지방의 증가억제 효과가 있다. 이것은 함유성분 중 베타인 때문이다. 열매인 구기자는 고혈압, 현기증, 불면증, 빈혈, 간장질환, 신장질환, 당뇨병, 요통, 무릎통증, 두통, 소갈, 무력감 등에 치료제로 썼으며 예부터 일러오는 강장강정(强壯强精) 및 건위의 묘약으로 허약체질 개선에 어떤 체질에도 효과를 나타내므로 현대의학으로도 불가사의의 하나로 연구대상이 되고 있다. 또 술로 만들어 불로장생약으로 이용했다.

잎은 비타민C와 루틴이 풍부하게 함유되어 있어서 고혈압, 동맥경화증, 순환기질환에 뛰어난 효과가 있다. 차(茶)로 마시면 단백질도 풍부하고 자양강장제로 좋다. 건조시킨 잎 15g을 1일량으로 하여 다려서 식전이나 식간에 차대신 마신다.

뿌리(지골피)는 소염, 해열, 강장작용이 있어 당뇨병, 결핵성 해열, 혈압강하, 기침, 토혈, 다한증(多汗症) 등에 치료제로 쓰는데 효과가 있다. 구기자 전초(全草)는 다른 생약과 병용해서 근육성장을 촉진하며 젊은 백발이나 거친 살결, 얼굴의 색소침착 등을 예방하여 노화를 지연시켜 준다. 불면증에는 취침 전에 구기주를 소량 마시면 푹 잘 수 있다.

재배법

① **적지** : 산야의 잡초에 섞여나며 제방 둑이나 길섶 등에 나서 자랄 만큼 토질은 가리지 않는다. 해가 잘 들고 배수가 잘 되는 곳이면 언덕도 좋고 재배가 쉽다. 단 채과 목적의 재배일 때는 바람이 잘 통하는 곳이 좋다.

② **번식** : 씨와 꺾꽂이, 포기 나누기 등으로 번식된다. 파종은 가을에 익은 열매를 따서 물에 씻어 과육을 제거하고 씨를 직파하면 쉽게 발아한다. 일반적으로는 꺾꽂이가 쉽다. 4~5월경 가지를 15cm 길이로 잘라 모래가 섞인 밭 흙에 꽂으면 쉽게 활착한다. 자라면 60cm간격으로 정식한다. 포기 나누기는 봄 싹트기 전인 4월에 파내어서 쪼개어 심으면

된다. 재배가 쉬운 식물이다.

수 확
조 제
잎의 수확은 5월에서 가을까지 어린잎을 골라서 따서 물에 살짝 씻어 말린 것이 구기잎
인데 차로 쓸 것은 5~6분 쪄서 충분히 건조시킨다. 또 찐 것을 다시 덖어서 차로 쓰면 향
이 더 진하고 좋다. 단백질이 많은 자양차다. 약용할 구기잎은 봄~가을에 걸쳐 완전한 잎
을 골라 따서 햇볕에 말린다. 줄기가 섞였어도 무방하다. 늙은 잎은 칼리를 함유하여 나
트륨의 과잉습취를 중화시켜 준다(동맥경화 예방).

열매는 잘 익은 것을 따서 꼭지를 따고 바람이 잘 통하는 그늘에서 말려 표면에 주름이
생기면 햇볕에 단기간에 건조시킨다. 이것이 생약의 구기자다. 구기주를 만들 때는 잘 익
은 열매를 따서 물에 살짝 씻어 물기를 제거한 후 거즈주머니에 넣고 열매 양의 약 3배의
화이트리거(소주도 됨)에 담가 밀폐한다. 냉암소에서 2~3개월 숙성시킨 후 주머니를 꺼
내면 구기주가 된다. 마실 때 꿀을 넣으면 좋다. 뿌리는 가을~겨울에 파내어 물에 씻어
흙을 제거한 후 껍질을 벗겨 바람이 잘 통하는 그늘에서 건조시킨다.

13 구릿대

과명 : 미나리과 **학명** : *Angelica dahurica Benth, et Hook.*
생약명 : 白芷 **원산지** : 한국, 일본, 중국 등 평원 습지 **이용 부위** : 뿌리

내 력	구릿대의 뿌리를 백지라고 하며 중국산을 당백지(唐白芷), 국산을 상백지(常白芷)라 하여 구분한다. 구릿대는 당귀나 강활과 비슷하면서도 꽃 피는 모습이 좀 다르고 맛과 약효도 다르다. 백지는 자연산이 비교적 많았던 탓에 60년대부터 꾸준히 수출되어온 한약재 중 하나였다. 자연생의 남획으로 줄게 되자 재배약초로 발전했다. 수출 실적은 꾸준하여 기복이 적다. 백지는 그해에 수확할 수도 있어 다른 약초처럼 자금회전이 늦은 결함이 없는 대신 연작하면 생육이 나쁘고 수확량도 감소되며 병충해에도 걸리기 쉬우므로 윤작하도록 한다(2~3년간 다른 작물을 재배한 후 다시 백지재배를 한다).
성 상	다년초로 줄기는 1m 남짓 자라며 자주색을 띤다. 잎은 2~3회 3출복엽으로 잔잎은 난형이며 톱니가 있고 밑쪽은 희며 털이 없는 것이 강활과 구별된다. 꽃은 여름에 가지 끝에 5판화가 복산형화서로 피며 꽃이 잘고 흰색이다. 열매는 잘고 털이 없으며 납작한 날개가 있는 장타원형의 폐과(閉果)다. 뿌리는 짧고 굵은 방추상의 주근과 많은 곁뿌리가 있다. 길이 15~20㎝, 지름 2㎝ 정도로 태마디(輪節)가 있으며 와면은 암회갈색으로 연하며 독특한 향기와 매운 맛이 있다.
약효와 용도	뿌리에 안젤리신(Angelicin), 안젤리콜(Angelicol), 안젤리코톡신(Angelicotoxin)을 함유하고 있어서 한방에서는 진통, 진정, 지혈, 해독, 해열, 정혈제로 쓴다. 주로 감기, 두통, 안면신경통, 치통에 사용되며 산전산후, 통경 등에 쓰이고 코피, 혈뇨, 하혈 등을 멎게 하는 데도 쓴다. 또 치질이나 종창에는 목욕물에 삶은 백지물을 타서 목욕하면 효과가 있다고 한다. 목욕제로 '마트리카리아'와 혼용하기도 한다.
재배법	① **적지** : 강한 직사광선을 피한 서북향의 경사지로 다소 서늘한 곳이 재배하기 쉽다. 한해(旱害)를 입기 쉬우므로 지나치게 건조한 곳은 좋지 않다. 오히려 그늘진 곳이나 습한 땅에서 잘 자란다. 토질은 토심이 깊고 부드러우며 배수가 잘 되는 비옥한 양토나 사질양토가 좋다. ② **번식** : 씨로 번식하며 채종은 3년생의 충실한 포기에서 9월부터 익은 것을 따서 그늘에서 말린다. 파종은 봄 3~4월과 9월 하순경 두 번 할 수 있다. 이랑 사이 50㎝로 하고 발아 후 21㎝간격으로 솎아준다. 비옥한 땅이면 그해에 수확할 목표로 가을에 직파하는 것이 유리하다. 2~3주면 발아한다. 구릿대(백지) 재배에서 주의할 것은 꽃대가 올라오면 뿌리가 목질화하기 쉬우므로 꽃대가 올라오는대로 잘라주어야 한다. 비료는 밑거름을 주는 것보다 생육 상태를 보아가면서 덧거름을 2~3회 주는 것이 더 효과적이다. 구릿대를

재배하면 어릴 때는 잡초가 나지만 다소 자라면 구릿대의 세력에 밀려 잡초가 모두 죽어버리므로 개간하려는 땅에 직파해보는 것도 한 방법이다.

수 확
조 제
직파한 그해 가을에(11월) 지상부가 말랐을 때 지상부를 자르고 뿌리를 캐내어 물에 씻은 후 통풍이 잘 되는 그늘에서 건조시킨다. 반쯤 말랐을 때 멍석에 놓고 비벼서 뿌리를 펴 모양을 고르게 하여 묶어서 완전히 건조시킨다. 구릿대는 보리의 간작으로 도입할 수 있다. 좋은 상품(白芷)을 얻으려면 생육 2년째인 뿌리를 수확하는 것이 좋다.

14 금잔화

과명 : 국화과 **학명** : *Calendula officinalis L.* **영명** : Pot marigold
중국명 : 金盞菊 **원산지** : 지중해 연안, 이란, 남유럽 **이용 부위** : 꽃, 잎, 줄기

내 력
우리나라에서는 '칼렌둘라' 또는 '금잔화(金盞花)'로 불리는 관상용 화단초화이나 유럽에서는 칼렌둘라를 '마리골드'라고 한다. 우리가 마리골드라고 부르는 멕시코 원산의 '프렌치 마리골드(*Tagetes patula*)'나 '아프리칸 마리골드(*Tagetes erecta*)'는 앞에 프렌치나 아프리칸이라고 붙여서 부르며 이것들과의 혼동을 피하기 위하여 금잔화는 '포트 마리골드(Pot marigold · *Calendula offcinalis*)'라 불러서 구별한다.
이 식물은 유럽에서 옛날부터 약용과 식용으로 쓰였으며 고대 그리스 시대 이전으로 거슬러 올라가 인도나 아랍권에서도 안전하고 뛰어난 약용 허브로 정착했다. 학명의 *Calendula*는 라틴어의 달력을 의미하는 Calendae 또는 고대 로마에서 달(月)의 첫날을 Calendis라 하는 데서 비롯된 이름인데 달력에 적어 놓은 것처럼 매달 첫날에 반드시 꽃이 피기 때문에 '칼렌둘라'라 했다는 것이다. 또 달에 한 번씩 일어나는 월경과 연관된 여러 가지 증상을 개선하는 약효가 있는 것에서 비롯되었다는 설도 있다. 종명 *Officinalis*는 약초임을 뜻한다. 황금색 꽃의 중심부가 검은 관상화(꽃술)로 되어 있어서 황금색 꽃에 술잔을 올려놓은 것 같다 하여 금잔화(金盞花)라 한다. 그러나 오늘날에는 개량되어 꽃술이 노랑색인 것도 있고 겹꽃도 있다.

우리나라에는 중국을 거쳐 들어와 조선 시대 때 이미 가꾸어졌으며 중국 이름을 본 따 금잔화라 한다. 영명인 Pot marigold에서 pot는 먹을 수 있는 채소라는 뜻이고, 마리(Mary)는 성모마리아를 의미하며 성모와는 상관없지만 황금색 꽃판이 성모의 광배(光背)를 닮았다 하여 '마리골드'라 이름 붙였다고 민간어원 해설에서는 풀이하고 있다. 그래서 성모마리아에 바쳐지는 꽃이라 한다. 이 꽃은 아침에 피었다가 저녁이면 오므라져 접히므로 이 개폐운동을 일러 자오화(子午花)라고도 했다. 중국의 〈본초강목(이시진 지음)〉에도 금잔화로 기술되어 민간약으로 쓰였을 만큼 역사가 오랜 식물이다.

성 상　반내한성(-5℃)의 1~2년초로 높이 20~50cm쯤 자라며, 뿌리 쪽에서 큰 도란형의 긴 잎이 호생한다. 잎은 연록색으로 두터운 다육질로 연하며 약간의 털이 나 있다. 꽃은 가지 끝에 피는 두상화로 4~8cm 크기로 설상화는 오렌지색, 황금색, 노랑색 등이 있다. 꽃은 봄부터 가을까지 계속 피므로 개화기가 길다. 꽃에는 쌉쌀한 맛과 독특한 향기가 있다. 꽃은 노랑색의 착색염료(식용)로써 치즈의 착색염료로 쓰인 오랜 역사를 지녔으며 사프란이 고가이기 때문에 사프란 대용으로 쓰여서 '가난한 사람의 사프란'이라고도 불렸다.

약효와 용도　금잔화에는 카로티노이드(Carotinoid), 카렌토우린(Carentoulin), 피토스테롤(Phytosterol), 플라보노이드(Flavonoid), 카로틴(Carotin), 사포닌(Saponin), 고미질, 다당류, 정유 등의 성분이 함유되어 있어서 소염, 항균, 항진균, 항바이러스, 수렴, 통경, 이담, 소화촉진, 강장, 진경, 방부, 지혈 등의 작용이 있다. 잎이나 꽃을 허브 차로 먹으면 소화불량, 위궤양, 십이지장궤양, 황달 치료에 큰 효과가 인정되고 있다. 또 살균, 항염, 수렴, 지혈작용이 뛰어나서 피부의 염증이나 종기, 베인 상처, 화상 등 화농성염증에 치료 효과가 크며 상처를 잘 아물게 한다. 월경불순, 목의 염증, 구강염, 피부염, 습진, 멍든 데, 무좀, 햇볕에 탄 데, 위통, 임파절의 치료에 쓰며 간장을 활성화시켜 알코올 중독의 치료를 돕는다.

16세기 영국에서는 꽃을 증류한 물이 안약이 된다고 했는데 현재 연구로 눈의 황반변성(黃班變性)을 예방하여 실명을 예방하는 약이라고 인증되어 내복약으로 쓰인다. 생꽃잎으로 만든 허브티는 발한작용이 있으므로 감기로 열이 날 때 마시면 열을 내리는 효과도 있다. 또 월경 전에 마시면 월경통이나 출혈을 정상화시키는 진정효과도 있다. 벌에 쏘였을 때는 그 상처에 꽃잎을 비벼 문질러 주면 붓지 않고 진정된다. 사마귀나 티눈에는 생잎을 비벼서 환부에 습포제로 쓴다. 잎을 삶은 물에 발을 담그면 피로가 회복되는 효과도 있다.

꽃잎을 올리브유 같은 식물유에 담가 침출시킨 마리골드 오일(칼렌둘라 오일)은 외과용으로 베인 상처, 화상, 피부염 등을 치료하며 상처를 아물게 한다. 또 귀가 아플 때 면봉에 이 정유를 찍어 귓속에 바르면 신통하게 진정된다. 바이러스에 의한 대상포진(帶狀疱疹) 같은 발진성의 피부염에도 효과가 있다. 또 이 정유와 밀납으로 만든 연고는 입술 튼데나 주부습진, 피부상처, 모반(母斑) 등에 만능 연고로 쓸 수 있다.

미용에도 쓰이는데 허브침출액(티처럼 된)은 건조한 피부에 촉촉함을 주고 기미나 모공이 커진 것을 진정시켜 주기 때문에 얼굴크림이나 로션, 헤어린스, 머리염색에도 쓰인다. 꽃잎에서 황색염료와 진통작용이 있는 세안액이 만들어진다. 설상화(꽃잎)는 '호메오파티이(Homeopathy)' 요법에 쓰인다(이것은 과량을 사용하면 중독증을 일으키는 극독약을 환자에게 알맞게 사용하여 치료하는 치료법이다).

요리용으로도 쓰이는데 황색착색료로 쓰이며 꽃잎은 치즈, 버터, 고기스프, 오믈렛, 샐러드, 빵, 로스트치킨 등에 쓴다. 단, 이렇게 유용한 약초이지만 임신 중에는 차 등으로 사용을 피한다.

재배법

① **적지** : 해가 잘 들고 배수가 잘 되는 곳이 좋다. 토질은 산성을 싫어하므로 소석회를 뿌려 토양을 개량하는 것이 좋다.

② **번식** : 씨로 번식하며 씨가 비교적 크므로 묘상이나 밭에 직파한다. 파종 시기는 이른 봄과 가을 9월 중순~10월 중순이 적기다. 온실에서는 1년내내 재배할 수 있다. 대개 3~4알씩 점뿌림 하였다가 싹이 나면 솎아주고 30×30cm의 간격으로 세운다. 모종의 본잎이 5~6장 때 순을 쳐주면 곁가지를 많이 친다. 육묘 기간에는 10℃ 전후의 저온이면 마디사이가 째여서 곁가지를 많이 치고 꽃도 많이 핀다. 꽃이 진 가지는 밑쪽에서 2~3마디 남기고 잘라주면 새가지가 나와서 서리가 올 때까지 계속 꽃이 핀다. 건조할 때와 질소과다가 되면 병충해를 입기 쉽다.

꽃이 피면 곧바로 따서 건조시키는데 잘 마르지 않으므로 꽃잎만 따서 종이에 펴서 바람이 잘 통하는 그늘에 빨리 말려 건조하게 보관한다. 꽃은 냉동시킬 수도 있으므로 따서 냉동저장 했다가 필요에 따라 수확하여 생으로 또는 그늘에서 건조시켜 이용한다.

15 꼭두서니

과명 : 꼭두선이과 **학명** : *Rubi Akane Nakai, R. cordifolia L.* **영명** : Indian madder
생약명 : 茜草 **별명** : 가삼자리 **원산지** : 한국, 중국, 일본, 대만 등 동남아시아에서 히말라야에 걸쳐 분포한다. **이용 부위** : 뿌리, 잎, 줄기

내 력

꼭두서니는 예부터 황적색(오렌지색)의 염료로 쓰였으나 중국에서는 중요한 생약이다. 이시진(李時珍)은 〈본초강목〉에서 혈행을 좋게 한다고 적고 있다. 염색은 뿌리에 함유된 적색 색소를 끓는 물로 추출하여 얻은 염료색(染色)을 천이라 한다. 이 성분은 퍼프린(Purprin)으로 오렌지색인데 공기에 닿으면 암자색이 된다. 염색할 때 매염제로 쓰는 회분(灰分)이 많으면 적색이 많고 적으면 노란빛을 띤다. 타닌이 많아 곱게 물들이려면 여러 번 염색해야 한다. 서양꼭두서니의 학명은 *Rubi tinctorum L.*이라고 하며 영명은 European madder라 하는데 색소 성분이 알리자린(Alizarin)으로 진홍색이며 광택이

있어 고대로부터 중요한 염료식물이다. 지금은 꼭두서니보다 이 '마더'가 홍색계 자연 염료로 널리 쓰인다.

성 상

다년초로 줄기가 가늘고 약하다. 길게 자라며 가지는 잘 친다. 거꾸로 된 가시가 다른 식물에 엉켜서 무성해진다. 잎은 심장형으로 4장씩 윤생한다. 여름~가을에 걸쳐 원추화서로 연노랑색의 잔꽃이 핀다. 꽃을 내는 화반(花盤)이 있다. 열매는 흑색 액과이며 씨가 1개씩 들어있다.

약효와 용도

뿌리에 옥시안트라퀴논(Oxyanthraquinone), 슈도퍼프린 크실로글루코시드(Pseudopurpurin-xyloglucoside), 무니지스틴글루코시드 퍼프린(Munjistin-glucoside purprin) 등의 성분이 함유되어 있다. 예부터 한방에서 천초근이라 하여 활혈(活血)약으로 처방되는 중요한 생약이다. 지혈제로 각혈, 코피, 혈뇨 등에 약용하는 것이 전승되어 왔다. 또 월경불순에 통경제로 술에 삶아서 마시면 현저한 효과가 있다 한다. 해열, 강장제, 진해, 거담제로 평활근의 수축을 촉진하는 작용이 알려져 있다. 잎과 줄기도 동일하게 약용한다. 보통 건조시킨 뿌리 6~10g을 1일량으로 다려서 3회로 나누어 식후에 마신다. 강장약으로 쓸 때는 약술을 만들어 매일 마시면 좋다. 뿌리 300g을 소주 1,000㎖, 설탕 100g에 담가 1개월 숙성시키면 황적색의 아름다운 와인이 된다. 항종양작용도 주목되고 있다. 어린 싹은 식용한다.

재배법

① **적지** : 햇볕만 어느 정도 들면 토질은 가리지 않으나 비옥한 땅이 좋다. 평지나 구릉지에서 쉽게 볼 수 있다.

② **번식** : 씨와 포기 나누기로 번식된다. 파종은 가을에 씨가 익으면 따서 적파해도 좋고 이듬해 봄 4월에 뿌린다. 포기 나누기는 가을이나 봄에 할 수 있다. 재배는 쉬운 식물이다.

수 확 조 제

10~11월경 지상부가 마르면 잘라 버리고 뿌리를 캐내어 물에 씻어 흙을 제거한 후 바람이 잘 통하는 그늘에서 건조시킨다. 뿌리는 적황색으로 털뿌리가 굵은 것과 가는 뿌리가 많이 달려있다. 건조시킨 뿌리는 햇볕이 쪼이지 않는 서늘하고 그늘진 곳에 보관한다.

과명 : 꿀풀과 **학명 :** *Purnella vulgaris var. lilacina Nakai* **영명 :** Self-Heal
생약명 : 夏枯草 **별명 :** 가지골나물 **원산지 :** 한국, 중국, 일본, 시베리아, 동남아시아
이용 부위 : 꽃송이와 지상부

내 력

꽃에 꿀이 많아 꿀풀이라 하나 중국에서는 여름에 꽃이 마른다하여 하고초(夏枯草)라고 한다. 영명은 Self-Heal로 서양꿀풀도 있어 자연치유를 뜻하는 말인데 옛날부터 베인 상처의 응급치료에 쓰였기 때문에 붙여진 이름으로 잘 낫기 때문이라 한다.

성 상

산야에서 흔히 볼 수 있는 다년초로서 뿌리가 생기는 포복성 줄기가 20~30㎝로 곧게 서며 네모진다. 줄기는 무성하게 나며, 잎은 대생하여 장타원형으로 흰털이 있다. 꽃은 6~9월 꽃대 끝에 3~8㎝ 길이, 2~5㎝ 굵기의 꽃송이가 여러 송이 피는데 꽃빛이 청자색이다. 꽃에는 꿀이 많아 밀원식물로 훌륭하다. 여름 끝 무렵에 꽃송이가 암갈색으로 마른다. 그래서 하고초라고 한다.

약효와 용도

꿀풀에는 트리테르페노이드(Triterpenoid), 우루솔릭산(Ursolic acid), 배당체 프루넬린(Prunellin), 펜촌(Fenchone), 타닌(Tannin), 칼슘염 등의 성분이 함유되어 있다. 약리작용으로 꽃송이에는 해독작용, 소염작용, 이뇨작용, 살균작용 등이 있어 연주창(경부임파선 종양), 방광염에 효과가 있고 지상부는 수렴작용, 살균작용이 있어 상처를 아물게 하고 혈압강하작용이 있으며 인후염, 치근출혈, 치질, 월경과다 등에 치료제로 쓴다. 중

국에서는 살균작용이 있는 꽃송이를 간장과 담낭의 부활제로 생각하고 간장이 부조(不
調)로 인해 생기는 고혈압과 결막염 등의 치료에 쓴다. 또 유방암 등의 종양에도 효과 있
다 한다. 어린순은 강장약과 나물로도 먹는다.

재배법　아무 곳에서나 잘 자라며 보수력이 있는 비옥한 땅이면 더욱 좋다. 햇볕이 잘 드는 곳이
면 된다.

번식 : 씨를 뿌려도 되고 포기 나누기도 된다. 대개 채종하여 간수했다가 봄에 파종한다.
포기 나누기는 봄, 가을에 할 수 있다. 재배는 쉽다.

수 확
조 제　꽃이 아래로부터 위로 피어 올라가므로 위쪽 꽃이 마르면 지상부를 베어서 꽃송이를 따
고 줄기도 매달아 그늘에서 말린다. 바람이 잘 통하는 그늘에서 잘 마른다. 건조하면 대
개 20%로 줄어든다. 건조한 것은 습기 없는 서늘한 곳에 보관한다. 염화칼리를 주로 한
무기염류가 3.5% 함유되어 있으므로 민간에서는 이뇨제로 달여서 이용한다.

17 끼무릇

과명 : 천남성과
학명 : *Pinellia ternata tenore et Brett.*
영명 : pinelliae Rhizoma.
생약명 : 半夏
원산지 : 한국, 일본, 중국 등 동아시아의 온대~난대 지방에 분포한다.
이용 부위 : 근경

우리 이름은 끼무릇인데 일반적으로 생약명인 '반하'로 통용된다. 이것은 여름(夏)의 반(半)쯤에 꽃이 핀다 하여 붙여진 중국 이름이다. 끼무릇은 천남성과에 속한 다년초로 보리밭이나 들판, 길섶 등에 흔히 나 잡초 취급을 받던 약초이지만 한방에서는 구토나 입덧을 멎게 하는 중요한 약초다. 일본에서는 옛날에 며느리가 밭에서 김매기 할 때 반하(끼무릇)의 알뿌리를 주워 모았다가 약종상에게 팔아 은밀한 돈(비자금·Secret savings)을 만들었다 하여 '헤소쿠리(ヘソクリ)'라는 별명이 붙여 있다. 수집이 쉬운 약초를 굳이 재배할 필요가 있느냐 할지 모르나 농촌이 노령화되고 소득이 부족한 현실이고 보면 집약재배로 소득을 증대시키는 것도 FTA의 파고를 이기는 지혜가 될 수 있다. 수요에 공급이 따르지 못하며 수출 길도 열려 있다.

성 상

다년생 괴근식물로서 땅속에 1~2.5cm 크기의 동글납작한 구경(球莖)이 생기는데 이것이 반하다. 근경에서 가느다란 자루에 3장의 장타원형의 소엽이 붙는다. 구경(球莖)과 잎자루 밑부분 안쪽에 주아가 생기므로 영양번식에 이용된다. 6월경에 땅속 구경에서 20~40cm 높이의 긴 꽃대가 나와 주머니 모양의 황록색 꽃이 핀다. 화축 끝에 실처럼 가늘고 길며 화축에 둘러싸인 육수화서가 핀다. 열매는 장과다.

약효와 용도

반하의 성분은 호모겐티식산(Homogentisic acid), β-아미노 부티릭산(β-amino butyric acid), 에페드린(Ephedrine), 콜린(Choline), 피토스테롤(Phytosterol), 정유, 전분, 알칼로이드(Alkaloid), 회분 중에는 칼륨과 마그네슘도 함유되어 있어 뿌리껍질에는 아린 맛이 있다. 진토작용, 최토작용, 진정작용, 진해작용, 거담작용, 안압강하작용이 있다. 한방에서는 입덧(임신), 위염, 장염, 토혈(吐血)에 진정제로 쓰며 진토제, 거담제, 기침, 현기증, 두통, 인후염, 불면증 등에 쓰며 신선한 알뿌리는 생강과 짓찧어서 그 즙을 탈모증에 바른다. 배멀미에도 잘 듣는다. 잎, 줄기는 임파선종양에 외용한다.

재배법

① **적지** : 해가 잘 드는 곳이면 개간지나 간척지 등 어디서도 재배가 가능하다. 토질은 배수가 잘 되고 보수력이 있는 비옥한 사질양토가 이상적이다.

② **번식** : 자구와 주아로 번식한다. 덩이줄기를 심으면 2~3배로 크게 자라고 잎자루 밑 안쪽에 생긴 주아와 자구(子球)는 5~10개가 생긴다. 심는 시기는 3월 하순~4월 상순과 9월 하순~10월 상순경이 좋다. 가을에 심을 때 너무 늦어지면 동해를 입기 쉬우니 짚으로 덮어 보온한다. 봄에 심을 경우 가을에 종구를 거두어 얼지 않게 보관한다. 심는 요령은 120~150cm의 이랑을 만들고 밑거름으로 퇴비나 닭똥 등 유기질비료를 넣는다. 금비

는 절대로 쓰지 않아야 한다. 심는 간격은 10~15cm, 깊이는 5~6cm로 골을 파고 포기 사이는 5cm로 하여 심고 흙을 덮는다. 너무 얕게 심으면 여름가뭄의 피해를 받기 쉽다. 10cm 이상 깊이 심으면 생육이 부진하므로 깊어지지 않고 그렇다고 너무 얕게 심지도 말아야 수확량을 높일 수 있다. 끼무릇은 초장이 짧은 편이므로 잡초에 치이지 않게 제초를 부지런히 해준다.

수 확
조 제 정식 2년째의 10월쯤 잎이 누렇게 되면 캐내어 9mm크기의 얼개미를 이용, 크고 작은 것으로 구분하여 굵은 것은 생약재로 하고 작은 것은 증식용 종구로 쓴다. 생약재 반하로 조제 가공할 때는 껍질을 벗겨야 하는데 흙을 털고 굵은 모래와 9:1의 비율로 섞어 통에 넣고 물을 조금 붓고 20분쯤 막대기로 휘저으면 껍질이 벗겨진다.

생약용은 수확 즉시 껍질을 벗겨야 하는데 껍질이 마르면 육질과 붙어서 벗기기가 어렵다. 껍질이 벗겨진 알뿌리는 물에 깨끗이 씻어 모래를 제거한 후 24시간 동안 맑은 물에 담갔다가 건져 멍석에 펴서 햇볕에 빨리 건조시킨다. 반하의 건재는 흰가루가 생길 정도로 백색인 것이 상품이다. 갈색이거나 검은색을 띠는 것은 불량품이다. 소금물에 담가 껍질을 벗길 때는 5%의 소금물에 같은 요령으로 껍질을 벗긴 후 맑은 물에 24시간 담갔다가 염분을 제거하고 햇볕에 빨리 건조시킨다. 일주일이면 하얗게 마른다. 건조기를 이용해도 좋다.

18 녹나무

과명 : 녹나무과 **학명** : *Cinnamomum camphora S.* **영명** : Camphor Tree
생약명 : 樟木 **원산지** : 제주도, 일본, 중국 남부 대만, 인도네시아, 베트남 등 온대·난대 아시아에 분포한다. **이용 부위** : 잎, 가지, 줄기, 뿌리 등 나무 전체

내력　녹나무의 잎, 가지 등 나무 전체에 장뇌의 향이 있어서 장농 속의 방충제로 더 익숙한 나무다. 녹나무는 가볍고 가공이 쉬워서 가구재, 건축재, 조각재 등으로 널리 쓰였으며 내후성도 있고 내충성도 있어 목탁, 불상, 양복장, 악기 등을 만들었는데 목리(木理)도 곱고 색깔과 광택도 있으며 방충효과(장뇌향) 때문에 즐겨 쓰였다. 그러나 무엇보다 가지나 뿌리, 나무 조각, 잎을 증류하여 얻는 백색 결정체를 장뇌(캠퍼)라 하여 약용했다. 증류할 때 생긴 장뇌유(Oil)는 백색, 적색, 남색의 세 가지가 있어 용도가 조금씩 다르다.

성상　내한성이 없는 상록교목으로 15~25m로 자라며 둥근 수관을 이루고 가지를 잘 쳐서 약용 외에도 가로수나 분화초로 이용된다. 줄기의 지름이 70~80cm에 이르고 생육이 왕성하고 수명이 길다. 줄기의 수피에 세로로 잔금이 가 있다. 잎은 호생하며 긴 타원형으로 엷은 혁질이며 광택이 있고 녹색이다. 어린 잎은 적갈색이다. 나중에 짙은 녹색이 된다. 장뇌향이 있다. 새 잎이 나오면 묵은 잎은 전부 낙엽진다. 5~6월 새가지의 엽액에 원추화서로 연한 황록색의 잔꽃이 핀다. 열매는 구형이며 10~11월에 흑자색으로 익는데 속에 씨가 한개씩 들어있다. 씨에는 유지(油脂)가 함유되어 있어 밀납(蠟)을 얻는다. 나무 전체에는 장뇌(캄파)와 장뇌유(oil)가 있다.

약효와 용도　정유성분에는 캠퍼(Camphor), 피넨(Pinene), 캠펜(Camphene), 시네올(Cineol), 사프롤(Safrol), 라우로리티신(laurolitsine), 레티쿨린(Reticuline) 등이 함유되어 있다. 잔가지, 뿌리, 목질부의 조각들을 증류하여 백색 결정체 캠퍼(장뇌)를 얻으며 장뇌유(oil)도 생긴다. 이 결정체는 옛날에는 향, 향수, 시체의 방부처리 등에 쓰였다.

지금은 캠퍼(Camphor)를 강심흥분제로써 심장, 호흡기질환, 또는 아편중독증 및 급성 허탈증에 약용한다. 또 곽란, 감기 등에 거풍약으로 완화, 방부, 살균약으로도 쓴다. 캠퍼 오일(장뇌유)에는 진통작용, 살균작용, 혈행을 좋게 하는 작용이 있으므로 가슴이나 근육의 마사지 오일, 흡입약, 립크림으로 이용된다. 오일은 백색인 백유, 붉은색인 적유, 남색인 남색유로 나누는데 백유(白油)는 방취, 살충제의 용제(溶劑), 인조 향료의 합성원료로 쓰이며, 적유(赤油)는 비누향료, 방부제, 구충제, 남색유(藍色油)는 방부, 방취제, 마루바닥용 기름으로 쓰인다.

재배법　**① 적지 :** 동해(凍害) 및 한해(寒害)를 입지 않을 지방에 습도가 높고 해풍이 와 닿지 않는 경사지나 계곡이 좋으며 해가 잘 드는 곳이 좋다. 토질은 배수가 잘 되면서도 보수력이 있는 사질양토나 비옥한 사질토가 좋다.

② **번식** : 씨로 번식하며 10~11월에 열매가 검게 익을 때 따서 2~3일 물에 담갔다 꺼내면 해충도 죽고 껍질(과육) 벗기기가 쉽다. 씨는 한번 건조하면 발아력이 상실되므로 채종 1개월 이내에 적파하든가 젖은 모래와 섞어 땅에 매장했다가 이듬해 봄 3월에 파종한다. 파종 간격은 3cm로 흩뿌린다. 1~2cm로 흙을 덮어 관수 후 볏짚을 엷게 덮어 관리한다. 육묘기간 중 주의할 것은 직근성이므로 9월경에 뿌리를 잘라주는 것이 바람직한 처리방법이다(이식 시 유리하다).

캠퍼나 캠퍼 오일의 함량은 부위에 따라 다르고 수령에 따라서도 다르다. 수령이 높을수록 많고 뿌리줄기 쪽이 많다. 잎, 가지 목질부의 잘게 부순 조각들을 수증기 증류하여 냉각시켜 캠퍼와 캠퍼 오일을 추출한다.

19 당
귀

과명 : 미나리과
학명 : *Angelica gigas Nakai*(참당귀 · 한국),
Angelica Sinensis Diels (당귀 · 중국),
Angelica acutiloba kitagawa(일당귀 · 일본)
영명 : Angelicae gigantis Radix.
생약명 : 當歸
원산지 및 분포 : 한국의 산악지대, 중국 동북부(만주), 일본
이용 부위 : 뿌리

한약방에 들어서면 풍기는 냄새가 대개 당귀의 향내다. 당귀는 국내에서 소비되는 생약 중에 가장 많이 사용되는 약재인 동시에 가장 많이 재배되는 품목이면서 또한 수출 약재로도 인삼 다음가는 인기 있는 약초다. 당귀는 옛날 중국의 〈신농본초경〉에도 올라있는 오랜 전통을 지닌 명약의 하나다.

當歸라는 중국명에는 얽힌 전설이 있다. 옛날에 어느 곳에 뭇사람이 부러워한 의좋은 부부가 있었는데 그 부인이 부인병을 얻어 부부생활에 금이 가자 끝내 남편이 가출하고 말았다. 부인이 절망 속에 괴로워할 때 지나가던 식견 높은 한 노인이 그 사연을 듣고 산에 가서 향기 나는 풀을 가르쳐 주면서 달여 먹으면 낫는다고 일러주어 그 부인은 그대로 했더니 병을 고치게 되었다. 이 소문을 들은 가출했던 남편이 회개하고 되돌아와 용서를 빌고 옛 부부애로 되돌아 왔다하여 '당귀(當歸)' 라 이름 붙였다 한다. 전설처럼 부인병에 있어서 명약이다.

당귀에는 우리나라 참당귀는 토당귀(土當歸) 또는 한당귀(韓當歸)라 하고 일본 원산인 일당귀(日當歸)는 감당귀(紺當歸)라고도 하는데 수출할 때는 그냥 당귀라 하여 수출한다. 참당귀는 우리나라와 중국 동북부지방에도 자생한다. 일당귀에는 일본 북해도에서 개량된 북해당귀(北海當歸)가 있다. 재배가 쉽고 수확량도 많아 속기 쉬운데 향기나 약효가 일당귀의 1/3밖에 되지 않아서 일본에서도 문제시되고 있다 하니 북해당귀를 일당귀로 오해하여 재배하는 어리석음을 범하지 말아야 한다.

성 상

다년초로 참당귀는 높이 1~1.5m로 줄기는 지름이 2~3cm로 굵고 잎은 1~2회 3출소엽으로 잔잎은 3~5갈래로 중간에서 갈라져 잎가에 톱니가 있다. 꽃은 8~9월에 자주색 복산형화서로 피고 열매는 타원형으로 넓은 날개가 있다. 줄기는 짙은 녹색이다. 뿌리는 잔뿌리가 많고 맛은 쌉싸름하면서도 단맛이 있다. 일당귀는 높이 0.6~1m로 줄기 지름은 1cm로 가늘고 줄기 빛은 적자색이며 잎은 잎자루가 있는 작은 잎이 재분열한다. 꽃은 6~7월에 흰색 꽃이 복산형화서로 핀다. 참당귀는 뿌리에서 향기가 나지만 일당귀는 식물 전체에서 향기가 나며 잔뿌리가 적고 흰색도 더하며 단맛이 난다.

약효와 용도

참당귀는 정유와 데커신(Decursin), 데커시놀(Decursinol), 노다케닌(Nodakenin), 시토스테롤(Sitosterol) 등의 성분이 함유되어 있어서 자궁기능 조절작용, 진정작용, 진통작용, 이뇨작용, 항균작용, 사하작용, 비타민E 결핍증 치료작용 등이 있어 한방에서는 부인병의 산후복통, 진통, 진정, 건위, 보혈, 빈혈증에 치료제로 쓴다. 일당귀는 뿌리에 부틸리덴프탈라이드(Butylidenephthalide), 리구스틸리드(Ligustilide), 베르가프텐(Bergapten), 비타민B12, 시토스테롤(Sitosterol), 니코틴산(Nicotinic acid), 폴산(Folic acid), 팔케인디올(Falcaindiol) 등이 함유되어 있어 온성(溫性)강장약으로 빈혈치료, 산후진정 및 통경약으로 쓰며, 부인병의 냉증, 생리불순, 불임증, 히스테리, 갱년기장해, 보혈강장제로 쓴다. 아울러 진통, 진정작용도 있다. 비타민C와 E는 많이 함유하고 있다. 참당귀는 줄기를 생으로 먹을 수도 있고 어린 순은 나물로도 먹는다.

재배법

① **적지** : 여름에 서늘한 곳이 이상적이다. 주야의 온도차가 8~10℃가 생육에도 좋고 품질도 좋아진다. 참당귀 재배는 중·북부지방의 400m 이상의 산간 고랭지에서 재배하는 것이 유리하고 일당귀는 중·남부지방의 밭에서 재배하는 것이 적당하다. 토질은 표토가 깊고 배수가 잘 되는 식질양토나 사질양토가 좋다. 점질토나 배수가 나쁜 땅은 뿌리의 발육이 나쁘고 썩기 쉽다. 또 연작을 매우 싫어하므로 2~3년씩 윤작한다.

② **번식** : 씨로 번식하며 채종은 3년생된 충실한 포기에서 채종한다. 파종은 한약재용으로 재배할 때는 직파하면 2년차에 꽃대가 올라와 뿌리가 목질화되어 약재로 쓸 수 없게 되므로 육묘이식 재배하여 2년생을 수확한다. 묘상은 (33㎡)10평 정도로 하여 메마르지도 않고 비옥하지도 않는 중 정도의 사질양토나 양토에 너비 1.2~1.5m의 높은 두둑을 만들고 흩뿌리든가 5㎝ 간격으로 줄뿌림 한 후 잘 썩은 부엽토를 체로 쳐서 씨가 보이지 않을 정도로 덮은 뒤 충분히 관수하여 증발억제를 위해 볏짚을 덮어준다. 발아는 2주~1개월 걸리므로 2/3 정도 싹이 나오면 볏짚을 벗긴다.

참당귀는 땅이 얼기 전 늦가을이나 땅이 풀린 이른 봄에 파종하는데 가을에 파종한 것이 발아가 잘 된다. 봄 파종할 때는 마른 씨를 그대로 뿌리면 발아가 잘 되지 않는다. 따라서 파종 전 종피의 발아억제 물질을 제거하기 위해 면 주머니에 넣어 흐르는 물에 3일 이상 담가서 억제 물질을 제거한 후 가는 모래와 섞어 마르지 않게 보관하였다가 7일 이내에 파종한다. 묘상에서는 덧거름을 적게 주고 배게 세워 중묘와 소묘를 많이 생산해야 한다. 묘상에서 비배하면 무성하게 자라 밭에 정식하면 꽃대가 빨리 나오게 된다. 묘상에서 1년 기른 후 밭에 내어다 정식한다.

③ **정식** : 3월 하순~4월 하순까지가 적기다. 일찍 심는 것이 뿌리내림이 좋은 반면 꽃대 발생은 늦게 심는 것이 유리하다. 정식 거리는 45㎝이랑에 20㎝간격으로 심는다. 시비는 꽃대 올라오는 것과 관계가 있으므로 생육 초기에는 질소비료를 줄이고 생육 후기에 시비를 중점적으로 덧거름으로 준다.

수 확 조 제

수확은 정식한 그해 가을 11월에 잎이 누렇게 되면 캐내어 2~3일간 건조시킨 후 40~50℃의 물에 담갔다가 다시 60℃의 물에 5~6분간 담갔다 꺼내어 잎줄기를 1.5㎝만 남기고 잘라버린 후 그늘에서 말린다. 껍질이 황갈색이고 속은 황백색이며 부드럽고 향기가 강하다. 지름은 3㎝ 이상, 길이 20㎝ 이상이 상품이다. 열탕 처리한 것은 저장 중 벌레가 덜 생긴다.

20 대황

과명 : 마디풀과
학명 : *Rheum palmatum L.,*
R. coreanum Nakai., R.
officinale Baill.
영명 : Rhubarb, Medicinal
Rhubarb.
생약명 : 大黃, 錦紋大黃,
藥用大黃
원산지 및 분포 : 중국(四川,
雲南, 湖北, 陝西), 티베트,
히말라야, 한국(백두산,
함경북도 관모봉)
이용 부위 : 비대해진 근경

내력

대황은 〈디오스코리테스〉의 약물지에도 올라있는 유명한 약초로 고대 중국에서 유럽으로 수출된 몇 안 되는 생약의 하나다. 중국에서는 B.C 2,700년에 이미 알려져 있던 중요한 한약재였다. 옛날 양(梁)나라의 원제(元帝)는 가슴과 배에 지병(持病)이 있어 고생했는데 승리(僧理)가 대황을 써서 고치도록 일러주어 그대로 했더니 지병을 고칠 수 있었다는 고사도 남긴 긴요한 약초다. B.C 114년에 이슬람 상인들인 캬라반대상에 의해 중국에서 흑해를 거쳐 유럽으로 수출 되었으므로 Rha(카스비해의 옛 이름)라 칭하고 흑해의 토명(土名) Pontus를 붙여 Rha-pontus(Pontica)라 불렀다. 한편으로는 인더스강~홍해를 따라 고도 Barbarika를 경유하여 수출하는 남방 항로에 의한 것으로 Rha-barbarum이라 이름 했다. 남방 항로로 수출된 대황이 '금문대황(錦紋大黃)'으로 '스토르 스풋(Stor spot)'라 하여 무겁고 무늬가 있는 최상품으로 여겼다. 이 대황의 영명이 medicinal Rhubarb다. 시베리아 원산인 잎이 둥근 식용 대황은 Rhubarb라 하여 구분한다.
약용 대황은 11~12세기에는 이란(페르샤)을 경유하여 지중해 연안의 항구에 집하되어 다

유망한 동·서양 약초재배기술

시 유럽으로 퍼져갔으므로 터키 또는 페르샤 대황이라고도 했다. 그러나 그 후 육로무역으로 옮겨 16세기 고비북방에서 시베리아를 거쳐 모스크바를 거치는 무역길이 열려 1727년의 캬흐타조약 후 청나라와 러시아 사이에 왕성해진 캬흐타무역에 있어서 대황은 중국측의 중요 수출품의 하나가 됐다. 1860년 이후 광동을 비롯한 상해 기타 중국 도시의 개항에 의해 대황의 수출은 모두 해로를 통해 교역하게 되었다. 대황의 긴 무역 역사를 역설하는 것은 대황은 고도 1000~3000m의 고랭지에서만 재배가 가능하며 여름 평균기온(5~9월)이 10~18℃인 곳이 재배 적지이므로 유럽에서 긴요한 약재지만 수입에 의존하고 있다. 따라서 우리 농민이 고랭지에서 생산과잉으로 배추밭을 갈아엎고 한숨짓는 것에 대체작물로 권하고 싶은 마음이다. 필자가 몽고~바이칼호를 거쳐 시베리아로 식물자원 조사차 갔을 때 그곳에서 야생상태를 흔히 볼 수 있었으나 재배는 보지 못했다.

성 상

대형의 다년초로 높이 120~180cm로 자라며 근생잎은 난원형으로 긴 잎자루가 있고 폭이 30~90cm로 큰 잎은 장상으로 깊은 결각이 있다. 이 큰 잎이 총생한다. 여름에 긴(1~3m) 꽃대가 나와 가지를 많이 쳐서 홍자색의 잔꽃이 원추화서로 핀다. 꽃이 진 후 열매가 결실하는데 3개의 날개가 있다. 길이 1cm, 꽃은 꿀샘이 있는 충매화다. 뿌리는 비대해지는 근경으로 잔뿌리도 있다. 약용하는 것은 근경이다.

약효와 용도

성분은 인트라키노이드, 센노사이드(Sennoside), 레인(Rhein), 에모딘(Emodin), 알로에 에모딘(Aloe-emodin), 타닌, 전분, 점액, 당 등을 함유한다. 수산칼슘은 7% 이상이다. 대황은 소량을 쓸 때는 건위제가 되며 다량일 때는 완화제가 된다. 마제대황을 선호하는 것은 약효가 순하여 복통을 수반하지 않는 하제(설사약)이기 때문이다. 또 수렴성 효력도 함께 가지고 있다. 설사, 항균, 이담작용이 있어 다른 생약과 배합하여 상습변비, 세균성이질, 구내염, 후두염, 급성간염, 담낭염, 담석증, 여러 가지 급성출혈 및 월경조절에 쓰이며 또 소염, 해독작용이 있어 종기, 습진 등에 외과용으로도 쓰인다.

재배법

① **적지** : 여름 평균기온이 10~18℃(5~9월) 정도의 고랭지로 고도 1000m 이상이 바람직하다. 토질은 부식질이 풍부하고 다소 경사진 곳이 최적지다. 배수가 잘 되고 건조하지 않으면서도 습지가 아닌 추운 곳을 좋아한다. 석회질이 풍부한 땅이 좋다. 강풍이 부는 곳, 강우량이 많은 곳은 싫어하며 고온다습은 병해를 입어 말라 죽는다.

② **번식** : 씨와 포기 나누기로 번식된다. 씨는 교잡이 없는 것을 택한다. 발아 수명은 길어서 7년 저장한 씨도 52%는 발아하며 8년된 것도 24% 발아한다. 평지나 저지대에서도

발아는 가능하나 생육은 실패하며 간혹 결실해도 쭉정이가 된다.

파종할 포장은 퇴비, 부엽토, 소석회를 섞어 갈아엎은 뒤 포기 사이 60㎝, 이랑너비 90㎝로 하여 봄(고랭지에서는 5월 중순)에 깊이 2~3㎝ 정도로 파종하여 흙을 덮은 뒤 볏짚이나 왕겨를 위에 덮어 건조를 방지해주면 대개 8~12일이면 발아한다. 어린 모종일 때의 건조는 금물이다. 덧거름이 자람에 따라 유산암모니아, 과린산석회, 유산칼리, 소석회를 섞어 시비하여 튼튼한 모종으로 기른다. 발아 후 3년이면 꽃이 핀다. 4월 하순~5월 중순경 꽃대가 나오므로 추대하면 채종주 외는 꽃대를 잘라주어 근경의 충실을 기한다.

포기 나누기는 2년 이상 된 것을 수확할 때(대개는 3년생) 9~10월경 캐내어 비대한 근경에 반드시 측아(곁눈)를 붙여서 2~6개로 세로로 쪼개어서 자른 자리에 나뭇재를 충분히 발라서 근경의 싹이 위로 향하게 세워서 심는다. 겨울에 얼지 않게 보호해 주면(낙엽 덮는다) 이듬해 봄에 싹이 튼다. 밑거름과 포기 사이 이랑너비는 종자 번식요령에 준한다. 포기 나누기한 것은 2년째에 개화한다.

수확
조제

수확은 실생한 것은 3~5년생일 때, 포기 나누기한 것은 2년 이상됐을 때 수확한다. 수확 적기는 가을 생장이 끝난 때~봄 개화 전까지다. 땅속 지하부를 캐내어 비대해진 근경이 무겁고 담백색의 충실한 것이 우량 생약이다. 캐낸 뿌리는 넉넉한 물에 흔들어 빨리 씻어 측근과 뿌리의 머리 부분을 근경에서 잘라내고 코르크질 외피를 잘라 버리고 적당한 길이로 잘라 바람이 잘 통하는 실내나 바깥에서 완전히 건조시킨다. 물속에 담가 놓고 오랫동안 씻는 것은 썩는 원인이 되기 쉽다. 햇볕에서 6~8일이면 건조된다. 근경을 1㎝ 두께의 원반 모양으로 썰어서 말리면 빨리 건조된다. 뿌리(측근과 잔뿌리)도 약효가 뒤지지 않으므로 건조시켜 약용할 수 있다.

과명 : 두릅나무과 **학명** : *Aralia elata Seem.*
영명 : Angelica tree, Hercules-club, Devil's walking-strick. **생약명** : 楤木皮, 楤老鴉(중국)
원산지 : 한국, 일본, 중국 북부, 사할린, 아무르, 우스리 **이용 부위** : 수피, 근피, 어린 순(식용)

내 력

두릅이라 하면 이른 봄 향기롭고 귀한 산채로 누구에게나 사랑받는다. 두릅이란 두릅나무의 어린 싹을 식용할 때의 이름이며 예부터 두릅으로 만든 나물을 목두채(木頭菜), 문두채(吻頭采), 요두채(搖頭菜) 등으로 불렀는데 나물뿐 아니라 적을 만들어 먹었던 귀한 식품이었다. 우리는 나무껍질(수피)을 총목피라 하여 당뇨병, 신장염의 약재로 쓰며 중국에서는 날로아라 하여 강장, 신경쇠약, 당뇨병 등에 쓴다. 중국에서 총목피라 하는 것은 *Aralia chinensis L.*을 말하며 매 맞아 멍든 데(좌상)의 진통제를 쓰며 당뇨병에도 쓴다고 한다.

성 상

전국의 산과 들에 자생하는 낙엽저목으로 내한성이 강하며 극단적인 양수로서 그늘에서는 말라죽는다. 높이 2~4m로 자라며 수피 표면에 날카로운 바늘 같은 가시가 많이 난다. 자연 상태에서는 가지치기를 많이 하지 않고 외대로 곧게 자란다. 잎은 1m에 달하는 2회우상복엽으로 크며 잔잎은 난형으로 거치가 있다. 잎은 줄기 위쪽에 모여 호생하며 잎자루에도 날카로운 가시가 있다. 잎의 뒷면은 흰색을 띤다. 꽃은 8월경 흰색의 5판화가 줄기 끝에 대형의 산형화서로 잔꽃이 많이 핀다. 열매는 잘고 둥글며 가을에 검게 익는다. 뿌리는 호기성(好氣性)으로 잔뿌리가 지표면에 많이 분포하고 있다.

두릅나무의 수피와 근피에는 β-시토스테롤(β-Sitosterol), α-타랄린(α-Taralin), 올레
아놀산(Oleanolic acid), 프로카테추인산(Protocatechuic acid), 콜린(Cholineol), 잎에
헤데라게닌(Hederagenin)이 씨에는 페트로셀리닉산(Petroselinic acid), 팔미트산
(Palmitic acid) 등의 성분이 함유되어 있어서 당뇨병, 신장병, 신경쇠약, 관절염 등에
약용하며 강장제로도 쓰인다. 두릅 싹은 영양가 높은 산채로 단백질, 당질, 지방, 칼슘,
인, 철분, 회분, 비타민B$_2$·C, 나이시린, 섬유질 등이 함유되어 있어 약용 못지않게 식용
식물로 더 잘 알려져 있어 나물 외에 살짝 데쳐서 말려두고 묵나물로도 쓴다.

샐러드나 튀김도 하며 볶음도 하고 무쳐 먹기도 하며 초고추장에 찍어 먹는 강회는 일품
이다. 일본에서는 촉성재배로 연화시켜 소금 절임, 장아찌, 병조림이나 통조림 제품까지
만들어 관광 상품화 하고 있는 인기 농산물의 하나가 되고 있다. 우리도 근래 촉성재배
가 본격화 되었으므로 상품화를 고려한 복합영농도 시도되어 인기를 얻고 있다.

① **적지** : 해가 잘 드는 것이 가장 중요하다. 들판이나 벌목한 뒤 터, 경사진 골짜기의 풍
해가 적은 곳이 이상적이다. 토질은 배수가 잘 되고 보수력이 있으며 유기질이 풍부하고
비옥한 사질양토나 식질양토가 좋다. 약산성토도 좋다. 두릅나무는 뿌리가 호기성으로
잔뿌리가 지표면에 나 있지만 표토는 깊은 곳이 좋다. 지하수가 높은 곳, 물이 차 있어서
질펀한 곳, 반대로 너무 건조한 곳, 점토질의 땅, 강풍이 와 닿는 곳 등은 생육을 저해하
므로 피한다.

② **번식** : 씨로도 번식되나 주로 뿌리 나누기나 뿌리꽂이로 번식시킨다. 뿌리꽂이 할 시
기는 자연적으로 싹트기 직전이 적기다. 선별한 포기의 뿌리를 상하지 않게 캐내어 굵기
가 4㎜ 이상인 것을 15㎝ 길이로 자르는데 아래위의 구별을 주어 위쪽은 바르게 아래쪽
(뿌리 끝쪽)은 비스듬히 잘라 50본을 단위로 단을 묶어 마르지 않게 땅에 묻어두었다가
싹트기 직전인 4월 중순~하순이 좋다. 너무 늦어지면 활착이 나빠진다. 45㎝ 너비의 두
둑을 만들고 포기 사이는 20~30㎝ 간격으로 깊이 7~10㎝로 홈을 파서 뿌리꽂이 할 삽
수를 비스듬히 혹은 곧게 세워 흙을 덮는다. 덮는 흙의 두께는 5㎝ 정도로 한다. 뿌리꽂
이 후 40일쯤이면 싹이 나온다. 어릴 때는 잡초에 지기 쉬우므로 제초에 힘쓴다. 뿌리꽂
이 한 것은 가을에는 30㎝ 정도로 자란다.

③ **정식** : 정식은 낙엽 후~싹트기 전이 적기다. 겨울의 기온이 많이 내려가는 곳이면 이
른 봄에 정식하는 것이 안전하다. 모종은 다소 깊다싶게 심으면 바람에 넘어지는 것을 막
을 수 있다.

④ **관리** : 2년째부터 포기에서 많은 싹이 틔게 하기 위하여 전정한다. 시기는 5월 하순

경, 지상부 30cm에서 잘라주어 가지가 3대 이상 되게 해주고 다음해부터는 가지의 밑쪽에서 10cm 높이에서 전정하여 키가 낮고 가지를 많이 쳐서 새순(두릅)을 많이 수확할 수 있게 만든다.

수 확
조 제

두릅은 정아(頂芽)가 싹트므로 싹이 10cm 쯤일 때 수확하면 곁눈에서 계속 싹트므로 식용으로 두릅을 수확할 수 있다. 약용의 수피수확은 전정한 끝부분을 이용해보는 것도 바람직하며 아직 약용이 활발하지 않으므로 가을에 채취하여 건조시킨다. 가시가 적은 품종이 다루기 수월하다.

촉성
재배법

두릅나무의 촉성재배로 두릅을 수확하는 일이 성행되고 있는데 두릅나무는 휴면기가 길므로 삽수를 채취하여 일정한 추위를 만나게 해야만 휴면이 타파되므로 후렘이나 비닐하우스에서 촉성재배 한다. 휴면타파 기간에 세워놓으면 건조하기 쉬우므로 눕혀서 쌓아 공석이나 가마니를 덮어 얼지 않게 시트를 덮어준다.

삽수는 싹을 하나씩 붙여 5~7cm 깊이로 빼곡히 꽂고 3~4일에 한 번씩 관수하며 낮에는 20~25℃로 관리한다(5℃ 이하로 내려가지 않도록 한다). 대개 1월에 꽂은 것은 30~40일이면 수확하여 출하할 수 있다.

22 디기다리스

과명 : 현삼과 **학명** : *Digitalis purpurea* **영명** : common Foxglove
생약명 : 디기다리스 **원산지** : 지중해 연안 서부, 헝가리, 루마니아, 발칸반도 제국 **이용 부위** : 잎

디기다리스는 강심제의 약초로 널리 알려져 있으나, 디기톡신(Digitoxin)이라는 독소를 함유한 독초로 명성이 높아서 약초지만 일반인의 사용은 금지되어 있다. 다만 꽃이 화려하여 화단초화로 흔히 가꾼다. 이 꽃은 거꾸로 하면 유럽에서 쓰는 골무 같다 하며 독일명은 'Fisgerhut(골무)'이며 학명의 *Digitalis*는 이에서 비롯되었다. 폭스글로브(Foxglove)라는 이름은 '요정의 장갑'이라는 말의 사투리라 하며 사람의 눈에 잘 띄지 않는 깊은 계곡에 자생하여 요정이 이 꽃을 집으로 사용했기 때문이라 한다. 노르웨이에서는 '폭스벨'이라 하고 아일랜드에서는 '죽은 자의 골무'라고 한다는데 꿀벌은 이 꽃을 좋아하나 다른 동물은 본능적으로 위험을 감지하는지 어떤 동물도 이 식물은 먹지 않는다.

성 상

내한성이 있는 2년~다년초로서 높이 1~1.5m로 자라며 잎이 흡사 콤푸리 잎을 닮았으므로 심을 때는 가까이에 심지 않도록 주의한다. 자주색을 띤 줄기에 타원형의 주름이 많은 잎이 핀다. 잎가에 잘다란 거치가 있다. 여름에 긴 꽃대가 30~60㎝로 종 모양의 핑크색에 담갈색을 띤 꽃이 총상화서로 밑에서부터 피어 올라간다. 꽃의 안쪽은 짙은 자주색 반점이 있다. 잎에는 불쾌한 냄새가 있다. 원예종에는 자주색, 흰색, 노란색, 분홍색 등의 꽃이 피어 화려하다.

약효와 용도

잎에는 강심배당체 프르프레아 글리코시드(Purpurea glycoside)A·B가 함유되어 있는데 효소작용에 의해 분해되어 디기톡신(Digitoxin), 기톡신(Gitoxin) 강심배당체를 만든다. 심장병의 전통적인 약으로 울혈성심부전증에 쓰는 것 외에 부정맥 치료에 쓴다. 산소의 소비를 증가시키지 않고(흥분제로 작용) 심장의 수축력을 증가시켜 심박수를 정상화 시킨다. 독성이 강하므로 연속투여 시에는 축적성이 있으므로 사용에 주의해야 한다. 과다복용 시에는 구토, 두통, 부정맥, 심부전 등을 일으키므로 함부로 쓰면 안 된다. *Digitalis lanata* 종은 독성은 적고 효능은 4배나 되므로 이 품종이 약재로 재배되고 있다. *Digitalis lutea*는 효력이 축적되지 않으므로 위험도가 낮아서 간질병이나 종양에도 처방된다고 한다. 디기다리스는 유독식물이므로 전문가 외에는 사용해서는 안 된다.

재배법

① **적지** : 해가 잘 드는 곳을 좋아하나 반그늘에서도 자란다. 토질은 배수가 잘 되는 곳을 좋아하며 산성토양에 강하다. 보수력 있는 비옥한 사질양토나 식질양토가 이상적이다.
② **번식** : 씨로 번식하며 채종주는 잎을 따지 않아야 결실이 잘 된다. 꽃이 반쯤 피었을 때 그 끝 쪽을 잘라버려 결실을 촉진하며 꼬투리가 벌어지기 전에 채종한다. 파종은 봄 4~5월과 9~10월에 직파한다. 씨가 잘기 때문에 가는 모래와 섞어서 뿌린다. 추운 곳에

서는 파종용 지피포트에 뿌렸다가 이식하는 것이 안전하다.

씨는 호광성(好光性)이므로 파종 후 덮는 흙을 얇게 하든가 볏짚이나 건초를 덮어 건조를 방지한다. 발아하면 덮은 것을 제거하여 도장을 방지한다. 파종 1년째는 잎이 로제트형으로 퍼지며 꽃이 피지 않고 2년째에 꽃이 핀다. 꽃이 피면 자연히 씨가 떨어져서 다음해에는 파종하지 않아도 될 만큼 잘 퍼진다. 겨울에 얼지만 않으면 재배는 쉽다. 포기를 세우는 간격은 두둑 사이 60cm, 포기 사이 30cm로 한다.

수 확
조 제

가정용으로는 수확하지 않는다. 약재로 재배할 때는 가을에 밑거름을 충분히 준다. 잎을 수확하므로 비로 인해 흙이 잎에 튀어 더럽히지 않도록 포기 밑에 볏짚을 덮어주어 방지하며 아울러 건조도 방지된다. 수확 시기는 6~7월경 햇볕이 잘 드는 낮에 잎자루를 약간 붙여서 손으로 딴다. 약 2주일 간격으로 수확할 수 있다. 특히 꽃대가 올라오면 채종주 외는 잘라버려서 잎의 충실을 기한다. 복중에는 생육이 둔해지나 찬바람이 불면 생육이 왕성해진다. 2년째부터는 년 3~4회 수확할 수 있다.

수확한 잎은 잎자루를 제거하고 바람이 잘 통하는 그늘에서 뜨지 않게 얇게 펴서 말린다. 건조기를 이용할 때는 60℃ 이하에서 건조시킨다. 건조 정도는 부서질 정도가 좋다.

23
딜

과명 : 미나리과　**학명 :** *Anethum graveolens L.*　**영명 :** Dill　**생약명 :** 蒔蘿, 蒔蘿實
원산지 : 지중해 연안, 인도, 아프리카 북부　**이용 부위 :** 열매, 잎, 줄기, 꽃

내 력 5000년 전 고대 이집트의 고분에서 재배 사용한 기록이 발견되고 있는 예부터 중요한 약초 및 향신료다. 딜(Dill)이라는 이름은 옛 스칸디나비아어의 Dilla에서 비롯된 것인데 '진정시킨다' 또는 '달랜다' 라는 뜻이라 하며 씨의 진정효과를 옛날부터 높이 평가하여 믿고 있었음을 말해준다. 17세기에는 'Meeting House Seed' 즉 '교회의 씨' 라고도 하여 교회의 예배가 길어져서 지루해질 때 사람들은 딜 씨를 씹으면서 지루함도 잊고 시장기도 달랬다고 한다. 딜 씨에는 강한 향의 정유가 함유되어 있어서 진정·최면 효과가 뛰어나기 때문이다.

성 상 딜은 페널(茴香)과 많이 닮았으나 향기는 '아니스(Anise)' 와 '캐러웨이(Caraway)' 와 비슷하다. 페널은 다년초지만 딜은 1년초다. 높이 50~100㎝로 자라며 페널보다 작다. 가지를 많이 치며 잎은 3회우상복엽으로 찢어지는데 실처럼 가늘고 섬세하다. 대궁(줄기)은 속이 비어 있다. 5~6월경 가지에 꽃대가 나와 노란 잔 꽃이 복산형화서로 핀다. 꽃이 진 뒤에 동글납작한 열매가 맺히는데 익으면 황갈색이 되며 주위에 좁은 날개가 있다. 씨는 매우 가벼우며 포기 전체에 독특한 향기가 있다. 연작을 싫어한다.

약효와 용도 정유와 지방유가 함유되어 있는데 성분은 카르본(Carvone), 리모넨(Limonene) 등으로 딜 씨는 소화·구풍·진정·최면 효과가 뛰어나며 구취제거, 동맥경화의 예방에 좋고 당뇨병 환자나 고혈압인 사람의 소금기 적은 감염식에 풍미를 내는 데 긴히 쓰인다. 젖먹이가 한밤중에 갑자기 울 때 딜 씨를 물에 달여서 먹이면 신통하게 울음을 멈추고 잠든다. 소아용 복통의 진정제로도 잘 알려져 있다. 어른의 불면증에는 취침 전에 차로 마셔도 좋고, 잎이나 씨를 말려 베갯속을 만들어 베고 자면 잠이 잘 온다(최면작용). 옛날에는 딜 씨를 천에 싸서 향기를 흡입하면 딸국질이 멎으며 기분을 회복시켜 주고 뱃속의 가스나 복통을 없앤다 하여 즐겨 이용했다.

딜은 조리용 허브로도 긴히 쓰이는데 생선 요리, 샐러드, 크림 등에 첨가물로 쓰며 씨는 피클이나 비네거에 넣고 절임 할 때도 쓰인다(향기롭다).

재배법 ① **적지** : 내한성은 있지만 따뜻한 기후를 좋아한다. 해가 잘 들고 배수가 잘 되며 비옥한 땅을 좋아한다. 토질은 부식질이 많은 사질양토나 식질양토가 좋다.

② **번식** : 1년초이므로 씨로 번식한다. 이식을 싫어하므로 직파하든가 지피포트에 뿌렸다가 이식한다. 봄에 늦게 뿌리면 크게 자라지 못하고 추대하여 개화하게 되므로 채종량이 적다. 따라서 가을에 파종하여 2년초처럼 월동시켜서 꽃피우면 큰 포기로 자라고 결

실도 많이 된다. 파종 적기는 봄 4~5월 상순, 가을 10월 하순~11월 상순이 좋다. 파종은 이랑너비 60cm에 15~20cm 간격으로 3~4알씩 점뿌림 하여 5mm 정도 흙을 덮어준다. 건조 방지를 위해 볏짚을 덮어준다. 파종량은 10a당 2ℓ다. 발아 온도는 15~17℃ 정도면 10~14일이면 싹튼다. 본잎이 2~4장 나오면 벤 곳을 솎아준다. 지피포트에 파종한 것은 다소 깊다싶게 정식하면 나중에 크게 자라기 때문에 쓰러지지 않는다.

③ **관리** : 빨리 자라고 튼튼하더라도 채광량이 부족하고 공기 유통이 나쁘면 잎이 누렇게 되어 말라버리며 꽃이 피어도 쭉정이가 많이 생기는 경향이 있다. 또 키가 자라면 비바람에 쓰러지기 쉬우므로 포기 밑쪽에 북을 주어 넘어짐을 막아준다.

수 확
조 제

잎은 꽃망울이 생기기 전까지 수시로 수확할 수 있다. 잎을 목적으로 할 때는 꽃이 피기 전이 향이 가장 좋다. 수확은 포기째 베어서 바람이 잘 통하는 그늘에 묶어 매달아 말려 두고 이용할 수도 있고 냉동도 가능하다. 열매를 수확할 때는 열매가 황갈색이 되면 송이째 잘라서 1~2일 바람이 잘 통하는 볕에서 널어 후숙 건조시킨 뒤 그늘에서 완전히 건조시켜 씨를 턴다. 채종 시기는 대개 7월 중순~8월이다. 채종이 늦어지면 비바람에 의해 잘 떨어져 버린다. 완전 건조되면 습하지 않은 곳에 방습제를 넣고 보관한다.

씨는 약용 외에 수증기 증류하여 기름(정유)을 얻어 비누의 향료로도 쓰며, 요리의 부향 제로도 쓰는 등 이용 폭이 넓다. 오이피클에는 덜 익은 꽃송이도 함께 절임하며 이 방법 은 17세기부터 전해오는 오랜 역사가 있는 요리법이다. 빵, 케이크, 쿠키 등에 넣고 굽기 도 하고 카레가루에 섞기도 한다. 단, 딜은 장시간 가열하면 향미가 소실되므로 요리의 끝 무렵에 넣는 것이 향미를 살리는 요령이다. 주로 생채(生菜)로 이용하는 것이 더 좋다.

24 땃두릅

과명 : 두릅나무과 **학명** : *Aralia cordata THUNB.* **영명** : Udo
생약명 : 獨活 **일본명** : 土當歸, ウド **원산지** : 한국, 일본, 중국 **이용 부위** : 뿌리

내 력

독활은 땃두릅의 뿌리를 한약재로 약용할 때 이르는 이름이다. 일본에서도 독활은 땃두릅을 지칭한 이름이지만 중국에서는 당독활(唐獨活)이라 하여 *Angelica puloesens MAXIM.*을 가리키는데 미나리과에 속한 전혀 다른 식물이다. 독활은 두릅나무과에 속한다. 우리는 땃두릅이라 하여 봄철에 연한 줄기와 새싹을 나물로 이용하는데 수확 목적에 따라 재배 방법이 다르다.

성 상

독활(땃두릅)은 다년생초본으로서 높이 2m안팎으로 자라는 장대한 식물이다. 줄기는 짙은 녹색을 띠고 지름이 2cm 정도로 줄기 표면에 황백색의 잔털이 많이 나 있다. 줄기는 마디를 이루고 마디 대에 잎이 1개씩 호생하며 3회재우상복엽이다. 7~8월에 원줄기 끝에 연노랑색의 꽃이 산형화서로 피며 10월에 흑자색으로 익는 즙이 많은 장과가 결실된다. 뿌리는 땅속 깊이 뻗으며 비대 되는데 겉은 암갈색을 띠고 바깥쪽 둘레는 유백색, 속은 담황색이다.

유망한 동·서양 약초재배기술

약효와 용도

땃두릅의 뿌리에는 정유 성분 디테르펜산(Diterpenic acid), 사포닌(Saponin)이 함유되어 있어서 진통작용, 진정작용, 혈관수축작용 등이 있다. 한방에서는 해열, 편두통의 치료에 쓰며 풍열, 감기, 부종, 두통에도 쓰인다. 어린 싹과 줄기는 연화재배로 출하되는데 살짝 데쳐서 우려낸 후 샐러드나 초절임, 무침, 찌개 등 여러 요리에 쓸 수 있다. 매우 향미롭다.

재배법

① **적지** : 매우 튼튼하며 추위에도 비교적 잘 견디므로 고랭지를 제외한 전국 어디서나 재배가 가능하다. 햇볕이 잘 들고 바람이 잘 통하는 곳이 이상적이다. 토질은 가리지 않으나 부식질이 많고 배수가 잘 되는 식질양토나 양토가 가장 적당하다.

② **번식** : 씨와 묘두 번식과 꺾꽂이로도 번식할 수 있으나 발아억제 물질이 있어 흔히 묘두 번식을 택한다.

㉠ 묘두 번식(苗頭 繁殖) : 묘두 번식은 육묘 기간을 단축시켜서 1~2년 재배하여 약재로 쓸 수 있다. 늦가을 11월 중순~하순이다. 이른 봄 3월에 수확할 때 포기를 캐낸 후 길고 굵은 뿌리는 한약재로 이용하고 남은 묘두를 충실한 싹(씨눈) 2~3개씩 붙게 쪼개어서 봄에 바로 심는다. 가을에 수확할 때는 배수가 잘 되는 땅에 묻어두었다가 이른 봄에 꺼내어서 2~3개 싹눈을 붙여 쪼개어서 정식한다.

저장 시 너무 얕게 묻으면 동해를 입을 우려가 있으므로 주의한다. 정식은 밑거름을 넣고 갈아엎은 후 가능한 한 얼음이 풀린 3월에 심어야 뿌리 뻗음도 좋고 지상부의 생육도 좋다. 이랑너비 90cm, 포기 사이 60cm로 하여 20cm 깊이로 구덩이를 파고 겉흙을 10cm 채워 묘두의 싹이 위로 향하게 세운다. 흙이 싹 위로 5cm쯤 덮이도록 덮고 가볍게 눌러준다. 겨울에 얼거나 솟아나지 않도록 하기 위함이다.

㉡ 꺾꽂이 번식 : 이른 봄 연한 줄기가 다소 굳어지면 잘라서 꺾꽂이한다. 이때는 모래에 꽂는다. 활착할 때까지 시간이 다소 걸리고 모종을 생산하는데 1년이 소요되므로 약초재배로는 권할 일은 못 된다.

㉢ 파종 : 육묘 기간이 1년 걸리므로 수확기가 1년 지연되는 것을 미리 감안해야 한다. 10월 하순에 잘 익은 열매를 따서 과육을 물에 씻어 제거한 후 즉시 파종한다. 가을에 파종하지 못한 종자는 노지에 얕게 묻어 두었다가 봄에 꺼내어 파종한다. 겨울 동안 발아억제 물질이 제거된다(노천매장 습층처리).

파종은 밑거름을 넣고 갈아엎은 뒤 이랑너비 1.2~1.5m의 높은 두둑을 만들어 15cm간격으로 1cm 깊이로 골을 쳐 줄뿌림 한 후 씨가 보이지 않을 만큼 엷게 복토한 후 볏짚을 덮어 건조를 방지한다. 발아가 2/3 정도 되면 볏짚을 벗긴다.

묘두 번식한 것은 그해 늦가을부터 수확할 수 있으나 보통 2년째 가을부터 봄 사이에 수확한다. 잎줄기가 시든 뒤 지상부를 제거한다. 독활은 뿌리가 깊이 뻗으므로 상하지 않도록 캐낸다. 캐낸 뿌리는 묘두와 약재로 분리한 다음 솔 같은 것으로 문질러 껍질을 벗겨서 햇볕에서 건조시킨다. 40℃ 이하의 건조기에서 건조시켜도 된다. 굵은 것은 잘 건조되도록 길이로(세로로) 쪼개는 것도 좋다.

25 라벤더

과명 : 꿀풀과 **학명** : *Lavandula angustifolia Mill.* **영명** : Lavender
원산지 : 지중해 연안, 소말리랜드, 카나리섬, 프랑스 남부 **이용 부위** : 꽃

라벤더는 진정효과가 있는 대표적인 허브로 널리 알려져 있다. 라벤더라는 이름은 라틴어의 lavando에서 비롯된 것으로 lavare 즉, '씻는다' 라는 동사에서 유래한 것이다. 고대 로마인들은 이 꽃을 목욕물에 넣어서 몸을 향기롭게 했다고 한다. 일설에는 라벤더의 옛 이름 리벤둘라(Livendula)를 리베라(Livera) 즉 '파랗다(청색·tobe blue)' 는 말로써 청색을 띤 짙은 보라색 꽃빛을 일컫는 이름이라고도 풀이하고 있다. 그러나 고대 그리스에서는 라벤더라 하지 않고 이 꽃을 나르두스(Nardus)라 불렀는데 시리아의 도시 나르다(Narrda)에서 연유한 것으로 지금도 그 지방에서는 라벤더라 하지 않고 나르드(Nard)라 하는 사람이 많다고 한다. 이것은 원산지를 말해주는 이름인 셈이다.

유럽에서는 향기의 매력 때문에 옛날부터 널리 재배된 역사가 오랜 식물이다. 기독교의 전설에는 라벤더가 원래는 향기가 없었는데 성모 마리아가 이 꽃 덤불 위에 아기 예수의 속옷을 널어 말린 후부터 향기가 생겨났다고 하여 이 향기를 청결, 순수함의 상징으로 썼다고 전한다. 그래서 지금도 이탈리아의 주부들은 라벤더의 수풀 위에 빨래를 널어서 말려 그 향기가 옷에 스미게 하는 풍습이 있다. 이것은 그 향기에 살균과 방충의 효과가 있어서 일석이조의 효과를 누릴 수 있다.

살균과 소독의 효력을 믿었던 풍속은 전염병의 감염을 막을 수 있다고 믿어서 1630년 남유럽에 페스트가 대유행 했을 때 병의 전염을 겁내지 않고 페스트로 죽은 사람들의 재물을 훔쳐낸 4명의 도둑이 관원에게 붙들렸는데 어떻게 그렇게 담 큰 짓을 했냐고 물었더니 도둑은 전염되지 않는 약을 몸에 발랐다고 자백했다. 그 비약은 '세이지', '타임', '로즈마리', '라벤더' 등을 섞어 만든 향료식초(Herb vineger·향초(香酢)라 함)인데 페스트의 전염을 방지한다는 일화가 구전되어 100년 뒤 바르세이유에서 페스트가 유행했을 때도 이 구전된 일화를 믿은 도둑들이 같은 수법으로 병에 걸리지 않고 도둑질을 했다고 한다. 그래서 이 비네거에 '4인의 도둑식초'라는 이름이 붙여졌다고 한다.

옛날에는 라벤더 향이 머리를 맑게 해주고 피로를 회복시켜서 활력을 주는 효과가 있다고 하여 라벤더 향수를 두통의 명약으로 이마에 바르기도 하고 간질병이나 현기증으로 쓰러졌을 때 약으로 이용했다. 17세기 말경부터 기절한 사람을 깨어나게 하는 약으로 유명했다. 이 향기는 마음을 진정시켜 평안하게 하고 편히 잠들게 하므로 프랑스 찰스 6세는 라벤더 꽃으로 속을 넣고 쿠션을 만들게 했다는 기록도 남아 있다. 일반적으로 상류층에서 장수의 비결로 라벤더와 로즈마리를 넣고 베개를 만들어 베고 자는 것이 유행했다. 동물원의 사자나 호랑이에게 이 향기를 맡게 하면 순해진다고 하니 라벤더의 진정효과가 동물에게도 적용된다고 할 수 있다.

성 상 관목같이 되는 상록다년초로 40~70cm로 자라며 줄기는 곧고 밑쪽은 목질화된다. 잎은 대생하며 길이 4cm 정도로 좁고 가늘며 흰털이 난다. 꽃은 6~8월에 줄기 끝에 수상화서로 운생하며 남색을 띤 짙은 보라색이 가장 많다. 식물 전체(잎, 꽃, 줄기)에 정유가 함유되어 있어서 매우 향기롭다. 고온다습을 싫어하며 서늘한 곳을 좋아한다. 라벤더는 많은 품종이 있어 내한성이 있는 것도 있고 없는 것도 있다. 대표적인 것을 소개한다.

품 종 **Lavender vera(*Lavandura angustifolia MILL*)**
잉글리시 라벤더(English lavender)라고도 하며 지중해 연안이 원산지로 1m 정도 자라며 흰털이 덮여 있다. 가지를 잘 치며 꽃은 보라색이고 꽃송이가 긴 것이 특징이며 라벤더 중에서 가장 좋은 향기의 정유를 함유하고 있다. 약재로도 많이 쓰인다. 원예종이 많으며 꽃이 일찍 피는 것, 늦게 피는 것, 왜성종 등 다양하며 청색, 청자색, 핑크색, 흰색 등 꽃빛도 다양하다. 생육이 느리고 짙은 보라색 꽃이 피는 *Lavandula Hidcote*는 반왜성종으로 키가 30~80㎝ 자라며 더운 지방에서는 5월에 개화하는 조생종이다. *L. Munstead*는 밝은 보라색 꽃이 핀다.

Fringed lavender(*L. dentata*)

스페인 남동부가 원산지이며 키가 40~100㎝ 정도이고 촛대 모양으로 가지를 잘 친다. 잎이 1.5~4㎝길이의 두터운 피침형~장타원 선형으로 회록색 털이 덮였으며 둔한 거치가 있어서 다른 라벤더와 구별된다. 내한성이 없어서 겨울에는 온실에서 재배해야 하나 더운 곳에서는 일 년 내내 꽃이 핀다. 보라색 꽃이 피며 향기에 자극성이 있다. 잎이 녹색인 것은 스페니시(Spanish) 타입이라 하고 회록색인 것은 프렌치(French) 타입이라 한다.

Lavender folgate blue(*L. latifolia L*)

스파이크 라벤더(Spike lavender)라고도 하며 지중해 연안, 포르투갈 등지가 원산지로 키는 60㎝로 자라며 비교적 생육이 빠르다. 잎은 4~6㎝로 두텁고 다소 넓은 피침형이며 짙은 녹색으로 털이 덮여 있다. 꽃은 보라색으로 장뇌(Camphor)가 섞인 것 같은 향기가 있다.

Wooly lavender(*L. lanata*)

스페인 산악지대가 원산지로 키가 30~60㎝로 자라고 흰털이 밀생하며 마치 양털과 같다. 다른 라벤더보다 회백색을 띤 회백록색이며 꽃은 밝은 보라색이고 박하 같은 강한 향기가 있다.

Stoechas lavender(*L.stoechas L*)

프렌치 라벤더, 스페니시 라벤더라고도 한다. 스페인 중부, 동부 포르투갈이 원산지로 내한성이 있고 키는 1m로 자라며 잎은 선형 회색 털이 덮여 있어서 회록색이다. 오렌지색 반점이 있는 어두운 보라색 꽃이 핀다. 로즈마리를 닮은 자극성 있는 향기가 있다. 고대 로마 그리스 시대부터 18세기까지 약용한 가장 일반적인 라벤더다. 꽃송이의 끝 쪽에 리본같은 포엽이 있는 것이 특징이다.

Sweet lavender(*L. heberophylla*)

키가 40~60㎝로 자라며 생육이 빠른 라벤더로서 덴타타(Dentata)와 라티폴리아(Latifolia)의 교잡종이다. 흰털이 덮였으며 밝은 녹색으로 거치가 있는 것과 없는 것 등

두 가지 타입이 있다. 청자색의 자극성이 적고 향기가 좋은 꽃이 핀다.

Lavender royal purple

연보라색(라일락핑크) 꽃이 핀다. 내한성이 있고 꺾꽂이가 비교적 잘 된다.

Lavender loddonpink(*L. latipolia vill*)

연보라색(라일락핑크) 꽃이 핀다. 내상성이 있고 꺾꽂이가 비교적 잘 된다.

Lavender nana alba(*L. angustifolia MILL*)

왜성종으로 15㎝ 정도로 자라며 흰색 꽃이 핀다. 록가든이나 화단의 선 두르기에 적합한 품종이다. 이밖에도 많은 품종이 있다.

약효와 용도

라벤더 꽃송이에서 수증기 증류하여 정유를 추출한 것을 라벤더 오일이라 하며 주성분은 35~58%의 리날리 아세테이트(Linaly acetate)를 함유하고 있는데 그밖에 리나롤(Linarol), 리모넨(Limonene), 게라니올(Geraniol), 시네올(Cineol), 캠퍼(Camphor), 보르네올(Borneol), 피넨(Pinene), 타닌(Tannin), 티몰(Thymol), 카르본(Carvone), 쿠마린(Coumarin), 플라보노이드(Fravonoid) 등 많은 성분이 함유되어 있어서 이 정유는 매우 값비싼 향수와 약으로 쓰인다. 살균작용, 항균작용, 진통작용, 진정작용, 진경작용, 방부작용, 구풍작용, 이완작용, 강장작용, 통경작용 등이 있어 두통, 선통, 소화불량, 월경불순, 피로, 매스꺼움, 어지럼증, 구취 등에 차(茶)로써 치료제로 쓰며, 외상이나 벌레 물린 데, 화상, 멍든 데에 쓰며 관자놀이에 바르면 신경성 두통에 효과가 있다.

정유는 오일 마사지로 근육통, 신경통, 류마티스, 불면증, 어깨 뻐근한 데, 우울증, 고혈압에 효과가 있다. 증기흡입이나 목욕제로도 위의 증상들이 이완 진정되며 불안, 긴장상태를 진정 이완시켜주고 소화기경련도 진정시켜 준다. 충치, 기침, 감기 등에 치료제도 되고 강력한 항균작용은 베인 상처에 뛰어난 치료효과를 나타내며 오일은 연쇄구균, 패염쌍구균, 티프테리아균, 장티프스균 등에 살균작용이 있다. 꽃에서 증류하여 정유(精油)를 채취하고 남은 물은 세포의 재생을 촉진하는 수렴화장수가 되어 여드름의 살균제가 된다. 스파이크 라벤더의 잔가지는 파리를 쫓아준다.

또 꽃은 잼, 비네거, 사탕과자, 크림, 스튜 등의 부향제로도 쓰이며 건조시킨 꽃은 포푸리나 베개, 쿠션 등에 넣으면 향이 오래가고 진정 안면효과도 있다. 라벤더를 넣은 목욕물은 고대 로마 시대부터 전수된 치료법이나 임신 중 사용은 삼가는 것이 안전하다.

재배법 ① **적지** : 내한성은 다소 강한 편(-5℃)이지만 고온다습은 싫어하며 과습에는 매우 약하다. 해가 잘 들고 배수가 잘 되는 서늘한 남향의 다소 경사진 곳이 재배 적지다. 유기질이 많고 공기 유통이 안 되는 습한 땅은 부적당하며, 석회질토양 즉, 칼슘 성분이 많이 함유된 약알칼리성 토양이 적합하다. pH6.5정도가 생육에 좋다.

② **번식** : 씨와 꺾꽂이로 번식되며 씨로 번식시킬 때는 변종이 많이 나오고 발아율도 2% 안팎으로 불량하므로 일반적으로 꺾꽂이에 의한 번식법을 택한다.

　㉠ 꼭 파종할 때는 4월 말~6월까지, 적기는 5월이다. 파종 전에 거즈주머니에 씨를 넣어 하루밤낮 물에 담가 흡수시킨 후 건져서 랩에 싸서 냉장고에서 3~4일 차게 두면 휴면타파가 되므로 무균, 무비료의 흙을 이용하여 묘상이나 파종상자에 줄뿌림이나 점뿌림, 흩뿌림 등으로 파종한 후 3mm 정도로 얇게 흙을 덮고 과습하지 않게 관리하면 10~14일이면 발아한다. 벤 곳을 솎아주고 본잎이 고르게 나오면 비닐포트에 1개씩 가식한다.

　㉡ 꺾꽂이는 봄에 새순이 싹트기 시작할 때가 가장 뿌리가 잘 난다. 가지 끝을 5~8cm쯤 잘라서 밑쪽 잎을 따고 곧바로 물에 담가 3~4시간 물올림 한 후 모래나 질석같은 비료분이 없는 삽목상에 절단 부위에 발근촉진제를 발라 2~3cm쯤 묻히게 꽂으면 된다. 삽목상은 직사광선을 피하여 차광해 주고 마르지 않을 정도로 관리해 주면 3~4주 내에 뿌리가 난다. 다음해 봄에 60~70cm간격으로 정식한다.

③ **관리** : 질소질이 많으면 말라 죽어버린다. 비배관리는 인산, 칼리질 비료를 줌으로써 수확량을 증대시킨다. 라벤더 관리에서 가장 중요한 것은 해를 잘 받게 하고 통풍이 잘 되게 하는 것이다. 여름에는 서늘한 곳이 좋고 장마 때는 비를 맞지 않게 하여 과습을 피하는 것이 긴요하다.

수 확
조 제

심은 다음해부터 꽃이 피어 10년간 수확할 수 있다. 10년 후에는 포기를 갱신한다. 대개는 3년째부터 수확하며 7월 한 달 동안 꽃이 피므로 꽃봉오리가 채 피기 전(80%쯤)에 맑은 날 1~2마디를 붙여서 꽃줄기를 잘라 그늘에서 건조시킨다. 라벤더 오일을 증류 채취하여 약용하며 향수, 화장품, 비누 등의 부향제로 쓴다. 라벤더 비네거는 꽃이 달린 줄기를 병에 넣고 과일 식초를 부어서 2~3주간 우려내면 향기로운 비네거가 된다. 수확 시 다음해의 생육을 고려하여 너무 깊게 자르지 않도록 주의한다. 수확한 꽃은 곧바로 집하하여 되도록 빨리 증류한다.

과명 : 장미과
학명 : *Alchemilla vulgaris AGG.*
영명 : Lady's Mantle, Lion's foot, Dew cup.
원산지 : 유럽, 서부 아시아, 북미
이용 부위 : 잎, 줄기, 뿌리

내 력

레이디스맨틀은 여성을 위한 약초라고 해도 지나치지 않을 만큼 여성에게 유용한 식물이다. 학명 *Alchemilla*는 아랍어로 연금술(鍊金術)이란 뜻의 Alkemelych에서 비롯된 것인데 식물이 신기한 마력을 간직하고 있기 때문이다. 이것은 잎이 손바닥을 편듯한 장상엽(掌狀葉)에 솜털이 나있어 이슬이 엽맥 중앙에 모여 한 방울로 맺히게 된다. 이 이슬을 마력 때문이라 하여 '현자의 돌(賢者의 石)'을 만드는 데 썼기 때문이다. 현자의 돌이란 비금속을 황금이나 은으로 변화시키려고 중세 때 연금술사가 쓰던 도구를 말한다. 그 마력을 알 수 없으나 옛날에는 이 이슬을 마시면 유산을 막을 수 있다 하여 귀중히 여겼던 약초다. 영명 Lady's mantle은 중세 이후 잎이 '만토'를 닮았다 하여 그 마력과 결부시켜 신성시하여 '성모마리아의 만토'라 이름 붙였다. 이 식물은 여성의 병을 고치며 미용과 건강을 지키는 힘이 있기 때문에 성모마리아에게 바쳤다. 잎이 흡사 사자의 발자국 같다 하여 '사자의 발(Leontopodium)'이라는 라틴명도 있다. 지금도 프랑스에서는 사자의 발(pied-de-lion)이라 하며 영국에서도 곳에 따라서는 '사자의 발', '곰의 발'이라고 한다. 레이디스맨틀에는 타닌 성분이 함유되어 있어서 수렴, 지혈, 이뇨, 강장, 소독작용이 뛰어나므로 널리 쓰였는데 그 당시는 상처의 치료제로 가장 잘 듣는 약초의 하나로 인기가 있었다.

성 상

장미과에 속한 다년초로 높이 20~30cm로 자라며 줄기는 가지를 쳐서 둥근 모양이 된다. 근생잎은 잎자루가 있으며 장상잎은 7~11갈래로 얕게 갈라지고 잎 끝에는 톱니가 있으며 솜털이 나있다. 크기는 5~8cm다. 6월경 긴 꽃대 끝에 꽃잎이 없는 황록색의 잔 꽃술이 집산화서로 피기 시작하여 가을까지 계속 꽃피므로 아름다워 암석원에 관상용으로도 심는다.

약효와 용도

레이디스맨틀에는 살리질산(Salizyl acid)와 타닌(Tannine), 고미 성분, 휘발 성분의 항염증 물질이 함유되어 있어서 수렴작용, 지혈작용, 이뇨작용, 강장 작용, 소독작용, 소염작용, 항염작용, 통경작용, 지사작용 등이 있다. 월경과다, 월경통, 월경불순, 갱년기장해, 위염, 장염 등에 잎을 차로 1일 3회 마신다. 폐경기의 불쾌감이나 월경과다를 경감시켜 주며 임신 중 입덧이 심할 때는 입덧을 순하게 만들어 주고 심한 생리통이나 백대하에는 관주용 좌약으로도 쓰인다. 또 여성의 성기관의 염증을 고칠 수도 있으므로 독일의 어떤 의사는 장기간 복용으로 수술까지도 피할 수 있을 만큼 약효가 뛰어나다고 칭찬하고 있다. 인후염이나 목 아플 때 침출액을 식혀서 양치질(가글)로 쓸 수 있고 종기나 외상, 여드름, 화상, 피부염증, 볕에 탄 데에는 침출액을 발라도 좋다.

화장수로 이용하면 치료뿐 아니라 지성피부(脂性皮膚)의 유분 분비를 조절하여 아름다운 피부를 만들어 주며 거칠어진 살결에는 잎을 짓찧어서 크림과 섞어 팩을 하면 매끄러워진다. 최음제로도 알려져 있고, 산후회복을 촉진하며 수태, 태아보호, 유산방지, 갱년기장해를 완화한다. 피부의 통증이나 눈의 염증, 찰과상, 발치 후의 출혈에 지혈제로도 쓰인다. 일반 상처의 내상(內傷)이나 외상(外傷) 모두에 적용되는 약으로, 달인 물로 상처를 씻으면 소독뿐 아니라 지혈이 되며 생잎을 짓찧어서 붙이면 염증이 가라앉는다.

또 차로 마시면 상처의 치료에 좋고 위염에 의한 설사의 지사제로도 효험이 있다 한다. 레이디스맨틀의 허브 차는 말린 잎을 1~2찻숟갈을 1컵의 끓는 물을 부어 뚜껑을 덮고 10분쯤 우려낸 후 이것을 1일 1~2잔 마신다. 뿌리에도 수렴, 지혈작용이 있어 약용한다. 잎에서 녹색 염료를 채취하여 소젖의 분비를 촉진하는 양질의 사료가 된다. 잎이 어릴 때는 샐러드에도 쓰인다. 단 임신 중에는 차로 마셔서는 안 된다.

재배법 ① **적지** : 내한성이 있으므로 우리나라 중부 이남에서는 어디서나 재배가 가능하다. 해가 잘 드는 곳이나 반 그늘진 곳에도 견딘다. 배수가 잘 되고 보수력이 있으며 바람이 잘 통하는 서늘한 약산성의 비옥한 땅에서 큰 포기로 자란다.

② **번식** : 씨와 포기 나누기로 번식된다. 파종은 4~6월까지가 적기이며 묘상에 뿌렸다가 본잎이 3~4장 나오면 15~20cm간격으로 정식한다. 가을 8월 하순~10월 중순에도 뿌릴 수 있으나 이듬해 봄에 싹튼다. 포기 나누기는 4~5월과 9월 하순~10월 중순에 파내어 3개정도로 쪼개어 심는다. 재배가 쉬운 식물이다. 질소과다가 되면 꽃이 피지 않고 잎만 무성해지므로 싹트기 전 봄에 부엽토나 퇴비를 덧거름으로 준다.

수 확 조 제 개화기에 잎을 따서 그늘에서 말려두고 이용한다. 건조시킬 때 잎이 포개지면 발효하게 되므로 잎줄기를 따고 한장씩 벌려서 건조시킨다. 뿌리는 가을에 파내어 물에 씻어 말려두고 침출액을 만들어 이용한다. 뿌리는 다소 굵은 근경이다.

27 레몬밤

과명 : 자소과
학명 : *Melissa officinalis L.*
영명 : Balm, Lemon balm, Bee balm, melissa.
원산지 : 지중해 연안, 남유럽
이용 부위 : 잎

이 식물의 영명인 레몬밤은 2,000년 전부터 재배해 온 역사가 오래된 귀중한 밀원식물이다. 또한 약초로서도 가치가 높았으므로 그 약효나 꿀의 가치가 향유(香油·Balm)에 버금간다 하여 '밤'을 붙였다고 한다. 향유는 종교의식에 쓰인 귀중한 향료였기 때문이다. 학명인 '멜리사(Melissa)'는 라틴어로 '꿀벌'을 뜻하며 이 꽃에 꿀이 많아서 꿀벌이 많이 모여들기 때문에 붙여진 것이다. 그래서 '비밤(Bee balm)'이라는 애칭으로도 부른다. 고대 그리스인들도 멜리사를 밀원식물로 중요시했으며 꽃뿐 아니라 달콤한 레몬향기까지도 꿀벌을 불러 모은다고 하여 빈 벌통에 멜리사 잎을 문질러 두었다. 고대 로마 시대의 박물학자 프리니도 꿀벌이 집에 돌아갈 길을 잃었어도 멜리사만 심어져 있으면 꿀벌은 반드시 돌아온다는 사실을 기록하고 있다. 미대륙이 발견되어 사탕수수, 사탕무가 발견되기 전까지 유럽에서는 꿀이 유일한 당원(糖源)이었기 때문에 꿀의 가치는 향유의 가치만큼이나 귀중했다. '레몬밤', '비밤'이라 한 이름을 이해하게 된다.

한편, 고대 아랍인들은 멜리사(Melissa)를 귀중한 약초로 높이 평가했는데 불안이나 우울증에 잘 든다고 했다. 기원전 1세기에 기술된 의약서에도 멜리사의 약효를 적고 있는데 전갈이나 독거미 같은 독충에 물렸을 때 해독제로, 치통에는 양치질 약으로, 이질에는 잘 든는 관장제로, 잎을 초석(硝石)과 함께 먹으면 독버섯의 해독제로 썼다고 한다. 또한 소금과 버무려서 외과용 궤양에 바르면 효과가 있으며 관절염에 문지르면 아픔을 없앤다고 적혀 있다. 아랍인이 멜리사의 약효를 유럽에 전했다고 하는데 그 진정, 소화, 진경, 발한, 해열 등의 작용을 극찬하고 있다. 잎으로 만든 '허브 차'는 뇌의 활동을 높여 기억력을 증진시키며 우울증을 물리친다고 하여 '학자의 허브'로도 유명하다. 머리를 맑게 해서 이해력, 기억력을 촉진시키므로 시험 공부하는 학생에게 매일 먹였다고 하며 이 전통은 오늘날까지도 유럽에 전해 내려와서 공부하는 학생들이 일상 음료로 마신다. 레몬밤(멜리사 잎)은 노화의 예방에도 효과가 뛰어나서 불로장생의 영약으로 명성이 높다.

장수에 얽힌 일화도 많은데 이 차를 매일 아침 거르지 않고 마셔서 글러몰가(Glamorgar) 루엘린(Llewelyn)왕은 108세를 살았고 존 허시(John Hussey)란 사람은 116세까지 장수했다는 기록도 전해지고 있다. 17세기 프랑스의 갈멜 수도회가 처방한 '갈멜워터'는 레몬밤이 주성분이라 하는데 '헝가리워터'라 하여 헝가리 여왕인 엘리자베스가 천사에게서 가르침 받았다는 '로즈마리'의 처방과 같다고 한다. '갈멜워터'는 두통이나 신경통에 약효가 뛰어나며 노화방지에도 좋아 지금도 생산되고 있다.

프랑스인들은 '레몬밤'의 허브 차를 즐기는데 이것을 'Thé de France(프랑스의 차)'라 부르고 있다. 소화를 돕고 식욕을 촉진하며, 위장의 강장제로도 효과가 있으므로 식전, 식후 음료수로 최적격이다.

내한성 있는 다년초로 높이 40~60cm로 자라며 가지를 잘 쳐서 총생한다. 줄기는 네모지고 잎은 대생하며 심장형으로 거치가 있고 잎과 줄기에 연한 털이 있다. 6~7월경 줄기 끝의 엽액에 잘다란 유백색의 심형화가 윤생으로 꽃핀다. 꽃이 진 후 삭과를 맺으며 속에 갈색의 잔씨가 있다. 호일성(好日性) 식물이다.

전초에 레몬 같은 향기가 있다. 정유 성분은 0.2%로 시트랄(Citral), 시트로넬랄(Citronellal), 리날로올(Linalool), 게라니올(Geraniol), 타닌(Tannin), 후라보노이드 등이 함유되어 있어 항바이러스작용, 항경련작용, 항울작용, 발한작용, 해열작용, 진정작용 등을 하며 우울증, 신경성두통, 기억력저하, 신경통, 발열 등에 잘 들기 때문에 신경계통, 호흡기계통, 심장, 순환기계통, 소화기계통의 약으로 쓴다. 감기나 인플루엔자, 피로회복, 소화불량 등에도 탁월한 효과가 있다. 잎을 차로 내 침출액을 사용하기도 하고 수증기 증류하여 추출한 원액오일(精油)은 향수의 원료가 되며 습진, 알레르기, 베인 상처의 치료제도 된다. 이뿐 아니라 릴랙스효과도 있어 목욕제로 효과가 있고 아로마테라피로 월경촉진, 생리통완화, 불면증, 신경성두통, 불안, 우울증에 마사지 오일로도 쓴다. 진정효과도 있어 안면용 베갯속으로도 우리의 봄만큼이나 소중히 여긴다.

레몬향 때문에 요리에도 널리 쓰이는데 육류요리, 생선요리, 샐러드, 디저트까지 상쾌한 부향제로 이용되며 비네거, 릭큘, 냉음료, 샤베트, 과자, 젤리, 요구르트, 후르츠펀치, 드레싱, 마요네즈소스, 치즈, 스프에도 쓰인다. 레몬밤은 허브 차로 그 침출액이 큰 약효를 발휘하는 것이 장점이라 할 수 있다.

① **적지** : 해가 잘 들며 배수가 잘 되면서도 보수력 있는 비옥한 땅이 좋다. 토양에 비료분이 적든가 지나치게 건조하면 잎이 누렇게 되며 너무 과습하거나 그늘이 지면 향기가 좋지 않으므로 반 그늘진 곳까지는 좋아도 그늘진 곳은 부적당하다. 또 표토가 깊고 유기질이 많은 비옥한 땅이면 토질은 가리지 않는다.

② **번식** : 씨와 꺾꽂이, 포기 나누기 등으로 번식시킨다.

㉠ 파종 시기는 봄 3~4월과 가을 9월에 뿌리며 씨가 깨알만한 잔씨이므로 묘상이나 지피포트에 3, 4알씩 점뿌림 한다. 20℃ 전후에서 1주일이면 싹튼다. 벤 곳을 솎아주고 본잎이 4~6장 때 20~30cm간격으로 정식한다. 이때 밑거름을 충분히 넣고 갈아엎은 뒤에 정식한다.

㉡ 꺾꽂이는 여름에 다소 굳어진 가지를 5~7cm길이로 잘라 꽂으면 10일이면 뿌리가 난다. 포기 나누기는 2~3년 지난 묵은 포기를 가을이나 이른 봄 싹트기 전에 파내어

3~4개로 쪼개어 60㎝ 간격으로 심는다.

③ **관리** : 생육 기간 중에 비료나 수분이 부족하면 잎 전체가 잘아지며 잎의 질도 굳어지고 향기도 떨어지므로 덧거름과 관수에 힘쓴다. 많은 수확을 위하여 꽃대가 올라오면 잘라주어 개화시키지 않는다.

수 확
조 제

잎은 수시로 수확할 수 있으나 대량재배 시는 노르스름한 꽃이 피기 시작하려 할 때가 원액 오일의 함량이 가장 많으므로 이때 포기 밑쪽을 잘라내어 5~6대씩 묶어서 서늘한 그늘에 거꾸로 매달아 건조시킨다. 이때 주의할 것은 60℃ 이상의 고온이 되면 향기가 소실되고 잎의 색이 변색되므로 주의한다. 일반용일 때는 생잎이나 건조한 것이나 용도에 차이가 없다. 냉동저장도 가능한데 손쉬운 방법은 레몬밤 잎을 한 장씩 찢어서 손바닥에 놓고 탁 쳐서 향이 나게 한 후 제빙용 용기에 한 장씩 넣고 물을 부어 얼려두는 것이다. 레몬향이 나는 얼음이 되어 양주나 미숫가루, 청량음료 등에 띄우면 훌륭한 효과를 낼 수 있다.

28 로즈마리

과명 : 자소과 **학명** : *Rosmarinus officinals L.* **영명** : Rosemary
중국명 : 迷迭香 **원산지** : 지중해 연안 **이용 부위** : 잎

유망한 동·서양 약초재배기술

로즈마리는 유럽이나 지중해 연안에서 방향성 식물인 향수나 약품의 재료로 널리 알려진 역사가 오랜 식물 중의 하나다. 고대 그리스 시대(B.C 4~5세기경)에도 이미 알려져 있었는데 그때는 기억이나 추억의 상징으로 삼아서 학생들이 머리에 잔가지를 꽂았다고 한다. A.D 1세기에는 프리니가 라틴어로 〈박물지〉에 '로즈마리누스(Rosmarinus)' 라 기록했고, 로마의 네로황제 시대의 군의였던 디오스코리데스는 그리스어로 〈약물지〉에 '리바노티스(Libanotis)' 라 기록했는데 로마인은 '로즈마리누스' 라 부른다고 적고 있다(이미 약용했다).

학명 *Rosmarinus*는 라틴어의 Ros(이슬)라는 말과 marinus(바다)라는 말의 합성어로 그 어원은 해풍이 와 닿는 바닷가 벼랑에서도 아랑곳 않고 독특한 향기를 풍기면서 잘 자라는 자생상태에서 비롯된 고대 라틴어 '로스마리스(Rosmaris)' 에서 유래된 것이다. 고대 이스라엘, 그리스, 이집트, 로마 등에서는 종교의식에 쓰인 성스럽고 귀중한 향료식물 중 하나였다. 로즈마리는 식물 전체에서 상큼하고 강렬한 향기를 풍기므로 그리스 사람들은 이 나무를 향목(香木·Dendro libanon)이라 부르는데 종교의식이 거행되는 동안 제단에서 태워지는 향과 같다 하여 붙인 것이라 한다.

로즈마리의 향은 신통력이 있어서 악귀나 병마를 물리친다고 믿어 여러 나라에서 많은 민속이 전해오고 있다. 로즈마리의 정유(essential oils)에는 살균·소독·방충작용이 있는데 과학적 근거를 몰랐던 옛날에도 이를 이용한 예가 있다. 17세기경 영국에서 전염병이 유행했을 때 로즈마리가 병마를 물리친다고 믿어서 마루바닥에 깔거나 작은 꽃다발로 묶어서 손에 들고 다니면서 병마로부터 지키려 벽사의 부적처럼 이용했다. 이 나무가 공기를 정화하고 살균한다고 믿어서 시체의 관에 던지는 풍습도 있었는데 전염병으로 사망자가 급증하자 로즈마리의 수요가 갑자기 증대하여 한 아름에 12페소 하던 것이 한 줌에 6실링으로 값이 뛰었다는 기록도 있다. 이 풍습은 나중에 향기가 오래 남고 머리를 맑게 해 기억을 새롭게 한다는 약효를 들어 추억과 기억의 상징으로서 장례식과 결혼식, 교회의 행사 등에 쓰였다.

로즈마리는 옛날에 화장수 '헝가리 워터(Hungary water)' 에 얽힌 일화로 헝가리의 엘리자베스 여왕이 어떤 천사에게서 처방의 가르침을 받아 여왕의 손발이 마비되는 것을 고쳤다는 약으로도 유명한데 알코올을 이용한 향수의 시초다. 1370년 여왕에 보내졌던 처방이 지금도 빈의 왕립도서관에 보관되어 있다. 이 향수는 젊음과 아름다움을 보존해주어 여왕이 72세가 되어서도 늙지 않아 폴란드 왕의 구혼을 받았다는 일화도 함께 전해져 젊음을 되찾는 비약(秘藥)으로 알려져 있다. 헝가리 워터는 꽃이 핀 로즈마리 1.5파운드를 1갤런의 알코올에 4일간 담가 두었다가 걸러낸 것으로 지금도 만들어지고 있으며 오데코롱 재료의 하나가 되고 있다.

성 상

상록관목으로서 원산지에서는 2m쯤 자라지만 우리나라에서는 추위에 다소 견디는 반내한성 다년생식물로 다룬다. 높이는 1m 안팎으로 자란다. 더위에 강하고 병충해도 별로 없고 튼튼하다. 가지를 많이 치며 잎은 대생하고 다소 굳은 침엽으로 길이 2~3㎝, 솔잎처럼 가늘며 뒷면에 회백색 솜털이 나있다. 꽃은 온실에서라면 11~3월까지 피고 노지에서는 2~5월까지 핀다. 가지의 위쪽 엽액에 1㎝ 크기의 잔꽃이 총상화서로 핀다. 꽃빛은 청자색, 흰색, 연분홍 등이 있다. 가을에 씨가 갈색으로 익는데 잘다. 이식을 싫어하는 편이며 꽃이나 잎 어느 것이라도 조금만 건드려도 짙은 향기를 풍기며 또 향이 오래간다. 로즈마리에는 대표적인 품종인 곧게 자라는 *Rosmarinus Officinals*와 옆으로 퍼지는 포복형인 크리핑 로즈마리(Creeping rosemary · *R. O. var prostratus*)가 있는데 향이나 약효에는 차이가 없으나 크리핑 로즈마리는 추위에 약하다. 이밖에도 10여 종이 있다.

약효와 용도

로즈마리에는 정유 2%, 에스 2~5%, 로즈마리네신(Rosmarinesin), 카루미린, 페스린, 시네올(Cineol), 피넨(Pinene), 캠퍼(Camphor) 등의 성분이 함유되어 있어서 약용과 향료 및 요리에 쓰인다. 약용일 때는 정유를 추출하여 이용하는 경우가 많다. 강장작용, 진통작용, 진경작용, 이담작용, 수렴작용, 구풍작용, 건위소화작용, 혈행촉진작용, 산화방지(노화)작용, 두뇌명석, 방부작용(식품보존), 항균작용, 항진균작용, 흥분작용(리프렉스) 등이 있어서 감기, 인플루엔자, 소화불량, 피로회복, 만성기관지염, 천식, 백일해, 신경통, 류마티스에 쓰인다. 특히 두통에는 뛰어난 치료 효과가 있다. 로즈마리 오일(에센셜 오일)을 관자놀이에 바르면 신통하게 두통이 멎는다.

옛날부터 차(茶)나 와인을 만들어 이용했는데 차는 감기, 두통, 통증제거에 효과 있고 와인은 안질약으로 쓰며 실어증(失語症)에 효과가 있다 한다. 목욕제로 쓰면 릴렉스 효과와 류마티스, 신경통에 효과 있고 아로마테라피의 마사지 오일로도 치료효과가 크다. 단 로즈마리는 흥분작용이 있으므로 임신부나 취침 직전의 사용은 피하는 게 좋다. 미용효과도 뛰어나 침출액은 화장수, 샴푸, 헤어토닉, 린스, 오데코롱의 원료로 쓰이며 오일은 향수, 비누, 붕사와 섞어 대머리 예방 및 양모치료제로 쓰인다. 파프제, 흡입제, 룸스프레이(살균)에도 쓴다.

식용일 때는 잎은 장시간 조리해도 향이 없어지지 않으므로 스프, 스튜, 소시지, 비스킷, 잼, 우스타소스, 바비큐, 꼬치구이 등에 부향제로 쓰며 로즈마리 오일은 냉동유제품, 캔디, 제리, 푸딩, 육류제품에 부향제로 쓰인다.

재배법

① **적지** : 남향의 해가 잘 들고 바람이 잘 통하며 배수가 잘 되는 다소 건조한 곳이 좋다. 석회질이 많은 땅이 이상적이나 중부 이북의 추위와 북풍에는 약하다. 월동 온도는 -5~-10℃다. 제주도나 남부지역의 해안이나 도서지방에서는 노지재배가 가능하지만 중부 이북에서는 온실이나 비닐턴넬재배가 바람직하다.

② **번식** : 씨와 꺾꽂이로 번식시키며 포기 나누기도 가능하나 활착율이 나쁘다.

㉠ 파종 시기는 4월 하순~6월 초순까지로 파종 시 지온이 23~26℃가 이상적이다. 적어도 20℃는 필요하다. 직파하든가 화분이나 묘상에 뿌렸다가 이식한다. 파종용 흙은 배수가 잘 되는 것이 중요하다. 직파 시는 파종 2주일 전에 소석회를 1㎡에 150g 정도 뿌려서 잘 갈아엎은 후 부엽토를 섞어 배수가 잘 되게 하여 3㎝ 간격으로 점뿌림 하든가 흩뿌림 하여 얇게 덮고 관수한다. 파종상은 냉해와 건조에 주의한다. 한번 건조시키면 발아하지 않으므로 파종 후 짚이나 신문지로 덮어서 건조를 방지한다. 대개 2주일이면 발아한다. 5㎝쯤 자라면 솎아서 포기 사이를 10㎝로 넓혀주며 화분이나 묘상에 뿌린 것은 본잎이 2장 나오면 포트에 1대씩 옮겨 심는다. 용토는 밭흙5, 모래2, 부엽토3의 비율로 한다.

㉡ 꺾꽂이는 6~7월과 9~10월에 그해 자란 가지가 다소 굳어진 목질화한 때가 적기다. 이른 봄에 지난해 자란 가지도 꺾꽂이 할 수 있다. 삽수는 7~10㎝ 길이로 잘라 밑쪽 잎을 1/3쯤 따버리고 잎이 맞닿을 정도의 간격으로 잎 딴 부위가 묻히게 꽂는다. 반 그늘지게 관리하면 20~30일이면 뿌리가 난다. 뿌리가 충분히 나면 밭이나 화분에 이식한다.

㉢ 관리는 과습을 피하고 충분히 햇볕을 받게 하고 바람이 잘 통하는 곳이 좋다. 화분 재배 시는 화분 밑으로 뿌리가 나오면 한 치수 큰 분에 옮겨심어 뿌리가 썩지 않게 주의한다. 개화는 실생묘는 4년 뒤에 개화하고 꺾꽂이 한 것은 3년이면 꽃이 핀다.

수 확 조 제

잎을 주로 이용하므로 가지째 잘라서 잎을 따 건조시키든가 냉동보관해도 된다. 생잎이든 건조시킨 것이든 향기에는 별로 차이가 없다. 수확 시기는 꽃이 진 후 밀생한 가지나 도장지를 전정을 겸해서 2~3개월에 한 번씩 깎아주며 이때 잘라진 가지의 잎을 따 이용한다. 가지도 이용할 수 있다.

과명 : 아욱과　**학명 :** *Althaea officinalis L.*　**영명 :** Marshmallow
원산지 : 지중해 연안, 유럽 남동부, 우랄산맥의 습지　**이용 부위 :** 근경, 잎, 꽃

내 력　마시멜로는 고대 그리스시대부터 약용한 식물로서 고대 아랍인들도 즐겨 이용한 약초다.
고대 로마인은 이 잎을 채소로 즐겨 이용했는데 마시멜로 샐러드는 맛있는 요리의 하나
였다 한다.

학명인 *Althaea Officinalis*는 그리스어의 Altha 즉 '치료 한다'에서 유래된 것으로 이
식물의 약효에서 비롯된 것이며 종명도 약초임을 뜻한다. 영명 Marsh는 습지나 습지에
서도 잘 자라는 상태를 말하며 Mallow는 당아욱류를 가리킨다. 마시멜로는 모든 아픔을
완화시켜주는 효능이 있어 즐겨 이용했다.

성 상　내한성이 있는 다년초로 높이 1.5~2m씩 자라며 잎, 줄기 모두에 벨벳같은 부드러운 솜털
이 덮여 있다. 잎은 다소 두텁고 하트형으로 끝이 얕게 결각져 있다. 꽃은 7~8월에 연분홍
색의 5판화가 지름이 2.5~3cm 크기로 4~5송이씩 가지 끝에 달린 엽액에 핀다. 열매는 동
그랗고 납작한 분과(分果)가 윤상으로 배열되어 있어 엽전 꾸러미를 연상시킨다. 식물 전체
에 향긋하고 연한 향기가 나며 많은 점액질이 함유되어 있어서 약용으로 쓰이며 뿌리에 천
연 당분이 함유되어 있어서 건강감미 식품과 과자(마시멜로)를 만드는 데도 쓰인다. 뿌리는
비대해지며 빛깔은 갈색인데 코르크질이 씌워 있다. 멜로류 중에서 약효가 가장 많다.

유망한 동·서양 약초재배기술

약효와 용도

마시멜로의 점액질 성분은 35%로 다당체와 아스파라긴(Asparagin), 지방유, 타닌 등을 함유하고 있어서 진통 및 치료효과가 있다. 잎에는 10%의 점액질이 있으나 소염, 완화 작용이 있어 기관지염이나 방광염, 요로결석 같은 비뇨기 계통의 치료에도 잘 듣고 이뇨 작용, 상처 난 곳, 화상, 벌레 물린 데에 도포제로도 약용한다. 뿌리는 달어서 차처럼 1일 3회 마시면 소화기 계통에 잘 듣는데 위궤양, 십이지장궤양, 위염, 장염, 구내염, 비염, 근육통, 삔 데, 인후염 등에 쓰며 거담제 역할도 한다.

마시멜로 캔디는 말랑하며 목이 아플 때, 기침 날 때 먹으면 좋다. 신선한 잎이나 뿌리는 짓찧어서 벌이나 벌레에 쏘였을 때 문지르면 통증과 빨갛게 부은 곳이 가라앉는다. 이것 은 고대 아랍인들이 즐겨 이용했던 치료법이다. 잎과 뿌리는 목욕제로도 이용하며, 뿌리 의 코르크질 껍질을 벗겨 살짝 삶아서 샐러드로 이용하면 끈적이면서도 감미로운 맛을 즐길 수 있다. 꽃은 생으로 샐러드에 쓰고 어린잎은 스프에 넣어 먹으며 마시멜로 차(茶) 로도 약용한다.

재배법

① **적지** : 영명이 말한 것처럼 유럽에서는 연못가나 늪가에 잘 난다고 하지만 우리나라에 서는 수습지가 아니라도 보수력이 있는 다소 지하수가 높은 곳이면 밭에서도 잘 자란다. 따라서 해가 잘 들고 배수도 잘 되면서도 비옥한 보수력이 있는 땅이 이상적이다.

② **번식** : 씨와 포기 나누기, 꺾꽂이로 번식된다. 파종은 4~5월과 9~10월에 뿌린다. 직근 성 식물이므로 이식은 쉽지 않다. 따라서 직파하든가 지피포트에 뿌렸다가 본잎이 4~5장 때 정식한다. 발아가 더디다 싶으면 습기를 주면서 서늘한 곳에 두면 발아한다. 직파한 것 은 최종 포기 사이를 30~40㎝로 세운다. 포기 나누기는 가을에 파내어 2~3조각으로 쪼 개어 심든가 이른 봄에 포기 나누기해도 된다. 꺾꽂이는 줄기를 잘라 꽂으면 된다.

③ **관리** : 봄에 새싹이 나오면 자람에 따라 1~2회 적심해 주면 키를 낮게 조절할 수 있 다. 너무 건조한 곳에서는 키가 작아진다.

수확 조제

꽃은 개화 당일 오전 중에 채 피지 않았을 때 따서 바람이 잘 통하는 그늘에서 완전히 건 조시켜 밀폐용기에 보관한다. 잎은 약용할 것은 따서 말려서 저장하며 뿌리(근경)는 2년 째 가을에 파내어 솔로 흙을 털고 코르크질 껍질을 벗겨 잘게 썰어서 건조시킨다. 물로 씻으면 상하기 쉬우므로 씻지 않는 것이 좋다. 10~11월이 뿌리수확기다.

30 마조람

과명 : 자소과
학명 : *Origanum majorana L.*
영명 : Sweet Marjoram
별명 : Knotted Marjoram
원산지 : 지중해 연안, 인도, 아라비아
이용 부위 : 잎

내 력

마조람의 재배 역사는 고대 이집트까지 거슬러 올라간다. 옛날 이집트에서는 정향, 아니스, 커민, 시나몬 등과 함께 미이라를 만들 때 쓴 최초의 향초 중의 하나였다. 마조람은 사랑과 미의 여신 비너스가 바닷물에서 만들어 내어 태양빛을 듬뿍 받으라고 제일 높은 산에 심은 풀이며 그 뛰어난 향기는 비너스의 손이 닿았기 때문이라고 전해지고 있다.

학명인 *Origanum*은 그리스어의 'oros' 즉 산(山)이라는 말과 'ganos' 기쁨이란 말의 합성어로써 산의 기쁨이라는 뜻이라 하는데 산지와 매력을 나타내는 이름이다. '스위트 마조람'은 고대 그리스에서 '아마라쿠스(Amaracus)'라 했는데 상큼하고 달콤하고 독톡한 향기에 얽힌 신화에서 비롯된 이름이다. 그리스 신화에서 키프러스 왕 키니라스의 시종 아마라코스라는 젊은이가 왕의 값비싼 향수 항아리를 실수로 떨어뜨려 깨뜨리고 너무 두려운 나머지 기절하고 말았는데 신이 불쌍히 여겨 이것을 향초로 만들었다 하며 향기로운 이 식물을 '아마라코스의 화신'이라 이름 붙였다고 한다.

고대 그리스나 로마에서는 행복을 상징하는 식물로 결혼식 때 화환을 만들어 신랑신부의 머리에 씌워 축복한 풍습이 있었으며 또 고인의 명복을 비는 뜻으로 무덤에도 심었다. 마조람은 초여름에 매듭 모양의 하얀 포엽에 싸여 흰 꽃이 피므로 'Knotted Majoram(매듭)' 이라는 별명도 있다.

마조람은 고대 그리스나 로마 때부터 약용 및 향신료로 요리에 쓰였으며 목욕제로도 다양하게 쓰였는데 건조해도 향기가 없어지지 않고 오래 보존되므로 살균력과 보존성 있는 향기를 즐겨 널리 이용되었다. 마조람은 로마제국의 부흥과 함께 여러 나라로 퍼져간 유용한 허브다.

성 상 마조람은 원산지에서는 다년초지만 우리나라에서는 반내한성 다년초 내지 2년초 또는 1년초로 다룬다. 높이 30~50cm로 자라며 줄기는 네모지고 가지를 많이 친다. 벨벳같은 회록색의 잘다란 난형 잎이 대생한다. 6~8월에 매듭 같은 모양의 흰색 포엽에 하얀 꽃이 원추화서로 피는 것이 특징이다. 포기 전체에 상큼하면서도 달콤한 향기가 있으며 맛은 약간 쓰다. 꽃이 진 후에 갈색의 잔씨가 여문다. 오레가노나 포트 마조람보다 단맛이나 향이 강하다.

약효와 용도 마조람의 성분은 테르피네올(Terpineol), 보르네올(Borneol), 테르펜(Terpene), 타닌(Tannin), 고미성분(苦味成分)과 점액질, 비타민A 등이 함유되어 있어 살균작용, 진정·진경작용, 항바이러스작용, 산화방지작용, 소화촉진작용, 구풍작용 등이 있다. 두통, 감기, 기관지염, 거담제, 소화불량, 정장, 불안 불면증에 최면, 진정제로 쓰며 이담제, 오한, 치통, 류마티스 등에 치료제로 쓰인다. 마조람의 허브티는 뛰어난 진정효과가 있어 약용으로 널리 쓰인다. 외용(外用)으로는 이완성이 강하여 근육통, 관절염, 삔 데 습포제로 쓰며 꽃과 잎을 증류하여 얻는 정유(에센셜 오일)는 노화방지, 항바이러스작용, 산화방지작용 등이 있어 위의 외용약용 외에 향수나 화장품에도 쓰인다. 또 갓 짠 우유에 마조람과 타임을 섞어서 넣으면 산화방지가 된다. 피부병과 괴혈병의 특효약이며 목욕제로 류마티스, 신경통의 치료제도 된다.

요리에는 소취제 역할을 하므로 육류 요리, 생선 요리, 조개류 요리 등에 쓰며 샐러드, 치즈, 소스, 소시지, 스프, 스튜, 릭큘 등의 부향제로 쓴다. 돼지고기와도 잘 어울리므로 돼지순대에 마조람1, 타임1, 세이지2의 비율로 섞어 부향제로 쓰면 별미를 만들 수 있다. 말린 잎을 베갯속에 넣으면 최면효과가 있어 불면증에 권할 수 있는 향베개다. 호프를 이용하기 전까지는 맥주의 쓴맛을 내는 데도 쓰였다. 단 임신부는 마조람의 약용을 금한다.

재배법

① **적지** : 해가 잘 들고 배수가 잘 되는 보수력이 있는 사질양토가 좋다. 재배가 쉬운 식물이지만 뿌리가 천근성이므로 건조에 약한 것이 흠이다. 그러나 여름의 고온다습에는 썩기 쉬우므로 배수에 주의해야 한다.

② **번식** : 씨와 꺾꽂이, 포기 나누기 등으로 쉽게 번식된다. 파종은 씨가 잘므로 파종상자나 묘상에 뿌렸다가 자라면 이식하는 것이 안전하다. 파종 적기는 봄부터 가을까지다. 발아온도는 15~20℃이다. 씨가 잘므로 모래와 섞어서 엷게 뿌리고 차광하면 대개 2주일이면 싹튼다. 발아 후 밴 곳을 솎아주며 본잎이 6~8장 나오면 밭에 20cm 간격으로 정식한다. 장마 때까지 충분히 뿌리가 뻗게 한다.

꺾꽂이는 새로 나온 줄기가 다소 굳어진 것을 골라서 7~8cm 길이로 잘라 밑쪽 잎을 따고 꽂으면 쉽게 활착한다. 포기 나누기는 가을이나 이른 봄에 포기를 캐내어 3~4개로 쪼개어 심으면 된다. 4~5년 되면 포기가 노쇠하여 쇠약해지므로 2년에 한 번씩 포기 나누기하여 갱신한다.

③ **관리** : 1개월에 한 번씩 복합비료를 덧거름으로 준다. 여름에 질소 과다와 채광량 부족, 과습하면 웃자라서 쓰러지기 쉬우므로 주의한다. 지주를 세우고 북을 준다. 장마 후는 무르기 쉬우므로 공기 유통을 도울겸 가지를 솎아서 수확한다. 겨울에는 내한성이 있으나 약한 편이므로 왕겨나 낙엽을 덮어서 보온하는 것이 안전하다.

**수 확
조 제**

꽃이 피기 시작할 무렵이 수확 시기다. 솎아내듯 가지를 잘라 수확하든가 포기를 밑쪽에서 6cm쯤 남기고 베어내면 다시 자라서 가을에 또 수확할 수 있다. 수확한 가지는 바람이 잘 통하는 그늘에 2~3대씩 묶어 매달아 빨리 건조시켜 잎을 따서 밀폐용기에 보관해두고 사용한다.

품 종

스위트 마조람 외에

오레가노(영명 : Oregano, 학명 : *Origanum vulgare*)를 와일드 마조람(Wild Marjoram)이라는 별명으로도 부르는데 목질화하는 다년초로 내한성이 강하며 높이 60~80cm로 근경은 옆으로 뻗으며 줄기는 곧게 선다. 초여름에 원추화서로 연보라색 잔꽃이 많이 핀다. 잎에 후추 같은 강한 향이 있고 요리나 약용에 쓰이며 허브티는 강장작용이 있어 기침, 근육 경련, 신경성 두통, 생리통에 진통제로 쓰며 살균작용이 있어 종기, 류마티스, 견비통에 붙이고 정유는 살균작용이 있어 룸스프레이로 쓴다. 꽃은 붉은색 염료로도 쓰인다.

포트 마조람(영명 : Pot Marjoram, 학명 : *O. Onites*)는 풍미는 순한 편이고 주로 요

리의 부향제로 쓰이고 고추와 마늘과 잘 맞아 섞어서 조미료로 쓴다. 고기 구울 때나 토마토, 치즈, 생선, 계란 요리에 쓴다. 줄기는 바비큐의 장작 위에 얹어 놓으면 고기에 향이 옮겨 맛을 더한다.

31 마황

과명 : 마황과　**학명** : *Ephedra sinica Stape. E. distachya L.*　**영명** : Chinese Ephedra
생약명 : 麻黃　**원산지** : 중국 동북부, 몽골의 건조지대　**이용 부위** : 줄기, 마디, 뿌리

품 종

마황은 세계에 약 300종이 있어서 *Ephedra distachya L.*은 유럽 남부, 지중해, 시베리아가 원산지인데 '마황(麻黃)'이라 한다. *E. Intermedia schrank et Mey*는 아프가니스탄~중국 서부가 원산지이며 '중마황(中麻黃)'이라 한다. *E. Equisetina Bunge.*는 중국 북서부 원산지이고 '목적마황(木賊麻黃)' 또는 '산마황(山麻黃)'이라 하고 *E. gerardiana Wall*은 인도, 파키스탄 지역이 원산지인데 '왜마황(矮麻黃)'이라 한다. *E. Sinica Stape*는 중국, 몽고가 원산지인데 '천마황(川麻黃)'이라 하며 마황과 동일하게 쓰인다.

내 력　북미대륙에서 널리 분포하고 있으나 우리나라에는 자생하지 않는 약초로 중국에서는 발한, 해열, 진해의 중요한 한방약으로 쓰였다. 마황은 염산에페드린의 제조 원료로 중요한 식물이다.

성 상　마황은 속새나 쇠뜨기와 비슷한 모양의 다년초같은 키가 작은 저목이다. 상록의 풀 같은 줄기가 총생한다. 높이는 작은 것은 20㎝, 큰 것은 2~3m에 이르고 대는 위를 보고 자라지만 포복하는 것도 있다. 초질(草質)의 줄기에는 세로로 가는 홈과 마디가 있다. 마디에는 비늘 모양으로 퇴화한 잎이 2장 대생하여 마디를 싸고 있다. 자웅이주(雌雄異株)로 봄~여름에 노란 수꽃이 피고 암꽃은 가지 끝에 핀다. 육질의 홍색이다. 구형의 위과(僞果)를 만든다. 속에 씨가 2개씩 있다. 청록색이지만 해마다 퇴색해서 3년 이상 되면 목질화하여 다갈색이 된다.

약효와 용도　알칼리로이드와 I-에페드린(I-ephedrine)과 타닌을 함유하고 있어서 주성분인 에페드린은 기관지인 평활근의 경련을 이완시키므로 천식에 긴히 쓰인다. 단 장기간 계속해서 사용하면 약제 내성이 생겨 근치가 안 되므로 주의한다. 발한·해열·진해·진통작용이 있어 천식 외에 호흡곤란, 오한, 관절염 등에 유효하다. 한방에서는 감기 초기에 흔히 쓰는 '갈근탕'에 배합한다. 오한, 발열, 두통, 신체동통 등의 증상에 사용하면 발한작용이 있고 이뇨작용도 있어 급성신염, 만성관절염에도 처방한다. 에페드린은 아드레날린을 닮은 교감신경 흥분작용을 해 동공이 산대(散大)되고 발한, 혈압상승 효과 등이 나타난다. 마황 진액 및 에페드린은 체온을 상승시켜 발한을 촉진하여 열을 발산시키므로 해열 효과를 나타내는 것이며 항염증작용도 인증되고 있다. 마황은 줄기와 뿌리, 마디가 작용이 반대로 되어 줄기는 발한, 뿌리와 마디는 지한(止汗)작용을 한다고 알려져 있다. 또 다당체인 에페드린A~E를 함유하여 혈당강하작용을 한다. 그러나 뿌리에는 펠롤히스타민이 함유되어 지상부와 거꾸로 혈압강하작용을 하는 것 외에 지한작용(止汗作用)도 있다.

재배법　① **적지** : 마황의 자생지는 건조한 알칼리성의 사막지대로 한서의 차가 심한 곳이다. 우리나라는 비가 많이 오고 다습하며 산성토양으로 부적지로 알기 쉬우나, 이 식물은 강하고 순응성이 있어 우리나라에서도 모래와 자갈(작은 것) 섞인 식질 양토나 사질토에서 재배가 가능하다. 해변 가까운 모래땅이나 석회암지대로 해가 잘 드는 건조지면 재배가 가능하다. 기후로는 전국 어디서나 가능하다. 해가 잘 들고 배수가 잘 되는 것이 중요하다.

② **번식** : 씨와 포기 나누기, 꺾꽂이의 세가지 방법이 있다. '에페드라 디스타챠'는 실생

과 포기 나누기, 꺾꽂이 번식이 가능하고, '에페드라 시니카'는 포기 나누기로 번식시키는 것이 안전하다. 마황은 성질들이 달라서 뿌리가 직근성인 것, 옆으로 지하경처럼 뻗는 것, 근생눈(싹)의 유무 등의 차이가 있다. 실생묘를 만들 수 있는 것은 5년 이상된 포기에서만 개화 결실된다.

㉠ 파종 : 해가 잘 들고 배수가 잘 되는 곳에 묘상을 만든다. 넓이 1m의 냉상을 만들어 잘 썩은 퇴비, 재 등을 넣고 갈아엎어 10cm간격으로 깊이 1cm의 골을 켜서 줄뿌림 한 후 1cm두께로 복토하여 눌러준다. 관수해 주면 10~15일이면 발아한다. 10~15cm쯤 자라면 깻묵이나 재를 골 사이에 덧거름으로 준다. 가을이면 25~40cm로 자라므로 뿌리 쪽에 가는 흙이나 퇴비가루를 덮어주어 월동시켜 이듬해 봄 3월 중순~4월 상순에 캐내어 정식한다.

㉡ 포기 나누기 : 뿌리가 옆으로 뻗는 종류만 가능하므로 포기 나누기는 봄 3월 중순~4월 중순경과 가을의 10월 중순~11월 중순경에 어미포기를 캐내어 지상부를 조금 남기고 흙이 붙은 채로 지하경을 쪼개어(30~50g 정도) 곧바로 정식한다. 쪼갠 것을 오래 저장하면 활착율이 저하된다. 포기 나누기한 것은 2~3cm 두께로 흙을 덮고 눌러준다. 활착불량의 원인은 심은 뒤 지나친 건조와 너무 잘게 쪼갠 경우와 포기 나누기한 시기가 너무 늦어서 추위 때문에 새뿌리가 생기지 못했기 때문이다.

㉢ 꺾꽂이 번식 : 봄 새싹이 트는 3월 하순~4월 상순경 기온이 10℃ 전후가 적기다. 삽수는 1~3년 줄기의 청록색 부위의 밑쪽 갈색 목질을 붙여서 15cm 즉 4~5마디를 붙여 잘라 1주야 물올림 한 후에 땅 위에 2~3마디 나오게 꽂는다. 삽목상의 용토는 가는모래와 중사를 섞어서 쓴다. 관수 후 해가림 해주고 매일 관수하면 20일 후에 마디마다 새싹이 나온다. 6월 중순에 해가리개를 벗겨준다. 그대로 월동시켰다가 다음 해 봄에 이식한다.

㉣ 정식 : 90cm 이랑너비에 2줄로 포기 사이 45cm 간격으로 심는다. 한 번 심으면 그대로 두고 계속 수확할 수 있으므로 간격을 참작한다. 심기 전에 심는 구덩이에 잘 썩은 퇴비와 나뭇재나 소석회를 시비할 것을 잊지 말아야 한다.

수확조제

줄기의 청록색 부분을 베어서 수확한다. 수확 시기는 그해 나온 줄기가 충분히 자라서 충실할 때다. 이때가 에페르킨 함유율이 가장 높을 때다. 대개 10월 쯤 된다. 수확한 줄기는 햇볕에서 건조시켜 빛깔이 변하지 않는 것이 양질이다. 보통 1년에 1회 수확하나 생육이 좋지 않을 때는 2~3년에 1번씩 수확한다.

32 맥문동

과명 : 맥문아제비과 **학명** : *Liriope platyphylla wang et tang*
영명 : Liriopes Radix, Big Blue Lily-Turf **생약명** : 麥門冬 **별명** : 대엽맥문동
원산지 : 한국, 중국, 대만, 일본(오끼나와) **이용 부위** : 괴근

내 력 맥문동에는 우리나라에 자생하는 개맥문동(*Liriope spicata Lour*)과 소엽맥문동
(*Ophiopogon japonicuon Keg-Gawler*)이 있어 모두 약용하나 약효가 조금씩 달라서,
널리 쓰이고 수확량도 많은 대엽맥문동을 맥문동이라 지칭하여 주로 약재로 쓰며 재배한
다. 수출 약재 중 하나다.
개맥문동과 소엽맥문동은 관상용으로 녹지대나 식수대(植樹帶) 나무 밑둥의 지피 식물로
더 사랑받고 있다. 麥門冬이란 이름은 보리처럼 겨울에도 얼지 않아서 얻은 이름이라 한다.

성 상 맥문동은 상록다년초로 괴근이 생긴 것을 맥문동이라 하여 약용한다. 뿌리줄기는 옆으로
길게 뻗지 않는 반면 개맥문동이나 소엽맥문동은 뿌리줄기가 옆으로 길게 뻗으면서 수염
뿌리 끝에 염주 모양의 혹(괴근)이 생긴다. 잎은 맥문동이 가장 크며 폭이 1cm 전후로 넓
으며 잎의 밑부분이 가늘어져 잎자루 같은 모양이 된다. 개맥문동은 잎 길이가

유망한 동·서양 약초재배기술

30~40cm, 폭 0.4~0.7cm로 좁다. 소엽맥문동은 잎 길이 15~30cm, 폭은 0.2~0.4cm로 가늘며 모두 매끈한 선형의 긴 잎이다. 꽃대가 나와 그 끝에 총상화서로 보라색 꽃이 핀다. 꽃대에 능선이 없는 것이 맥문동, 있는 것이 개맥문동과 소엽맥문동이다. 꽃이 진 후 콩알만한 열매가 달리는데 익으면 흑자색이 된다. 뿌리는 괴근이 생기는 것과 안 생기는 실뿌리가 있다.

약효와 용도

배당체(Ophiopogonin A-D, β-sitosterol, Glucose) 성분이 다량 함유되어 있다. 약리 작용은 진해 작용, 거담 작용, 해열작용, 이뇨작용, 강심 작용, 강장 작용, 항균 작용이 알려져 있다. 다당류에는 포도당, 과당, 서당과 점액질이 함유되어 있다. 한방에서는 자양 강장제, 진해거담제, 강심제, 이뇨제, 해열제로 쓰며 하열, 지갈(止渴), 폐결핵, 천식, 백일해, 기관지염, 감기, 완화제로도 쓴다.

재 배 법

① **적지** : 내한성이 강하여 우리나라 전역에서 재배가 가능하다. 서늘하고 그늘진 곳에서는 지상부는 생육이 좋지만 괴근발달이 좋지 않으므로 약용의 뿌리수확이 목적일 때는 해가 잘 드는 곳이 좋다. 중부지방보다 생육 기간이 긴 남부지방이 수확량이 많아 좋다. 토질은 배수가 잘 되는 사질양토나 부식질 양토가 좋다. 배수가 나쁜 점질토에서는 괴근이 썩기 쉽다. 또 너무 비옥한 땅에서는 잎 줄기만 무성하고 괴근이 비대하지 않으므로 비옥도는 중 정도의 땅이 좋다.

② **번식** : 씨와 포기 나누기로 번식시킨다. 파종은 늦가을 씨가 흑자색으로 익으면 채종하여 과육을 제거하고 바람이 잘 통하는 그늘에서 일주일쯤 건조시킨 후 모래와 섞어 저장했다가 다음해 봄에 반음지의 습한 사질양토에 12~15cm 간격으로 줄뿌림 한다. 2~3개월이면 발아하므로 일년간 비배했다가 정식한다.

포기 나누기는 발육이 좋은 포기의 괴근이 많이 붙은 것을 선택하여 괴근을 따고 뿌리를 5cm 정도 남기고 잘라버리며 지상부도 반쯤 길이로 자른 뒤 다발로 묶어 마르지 않도록 흙 속에 묻어 저장하였다가 심을 밭이 준비되면 포기를 3~5개로 쪼개어 심는다. 뿌리를 자르는 것은 괴근을 형성시키기 위함이고 지상부를 자르는 것은 활착할 때까지 수분 증발을 억제하기 위함이다. 정식은 대개 봄 4~5월이 좋다. 심는 간격은 12~13cm다. 비료는 인산, 칼리질비료를 많이 주는 것이 괴근이 많이 생긴다.

수 확 조 제

정식 후 1년 만에 수확하는 것이 보통이지만 파종한 것은 2~3년 후에 수확할 수도 있다. 맥문동의 괴근은 해동 후 이른 봄에 많이 비대해지므로 수확 시기는 5월 초~중순에 한다. 수확할 때 손으로 잡아당겨 뽑으면 괴근이 깊이 뻗은 것은 끊어지게 되므로 농기구로 캐낸 것은 흙을 털고 홀대로 훑어 괴근은 물에 깨끗이 씻어 햇볕에 말린다. 맑은 날이 계속되면 3~4일간 건조시켜 잔뿌리를 문질러 없앤 후 크기에 따라 선별하여 저장한다.

33 모란 (목단)

과명 : 작약과
학명 : *Paeonia moutan Sims,*
P. suffruticosa Andr.
영명 : Moutan cortex radicis, Moutan peony
생약명 : 牡丹皮
원산지 : 중국
이용 부위 : 근피(根皮)

내 력

모란을 목단(牧丹)이라고도 하며 봄에 빨간 새싹이 나온다고 하여 붙여진 이름이다. 당나라 시대에는 목작약(木芍藥)이라 불렸다. 모란은 중국을 대표하는 꽃으로 화왕(花王), 화신(花神), 부귀화(富貴花) 등 많은 별명을 가진 꽃으로 중화민국 이전에는 국화(國花)로 삼을 만큼 비중이 컸으며 송나라 때 낙양에서 꽃이라 하면 모란을 가리킨 것이었다 한다. 〈삼국유사〉에 모란이 우리나라에 들어온 것은 신라 진평왕 때 당태종(唐太宗)이 모란도(牡丹圖)와 함께 씨 석 되를 보내왔다고 되어 있다. 이 모란도를 보고 봉접(蜂蝶)이 없으니 향기는 없겠다고 말한 공주 시절의 선덕여왕(善德女王)의 명민에 얽힌 일화가 있다. 또 설총(薛聰)이 모란을 임금으로, 장미는 요희로, 할미꽃은 충신으로 빗댄 풍자시로 신

유망한 동·서양 약초재배기술

문왕(神文王)께 간한 '화왕계(花王戒)'는 모란이 신라 역사에 남긴 아름다운 발자취라고 할 수 있다.

중국에서는 전한 시대(前漢 時代)에 이미 약재로 이용했으며 관상용은 남북조 시대에 시작되어 당나라 때 대유행하여 많은 품종이 만들어졌고 송나라 때부터 작약대목에 모란을 접붙이는 재배 방법이 시작되어 청나라 때는 널리 퍼지게 되었다.

성 상

모란은 내한성이 강한 낙엽저목이다. 높이는 1~2m씩 자라고 원줄기가 분명하지 않으며 밑둥에서 가지가 많이 올라온다. 성장은 느리지만 나무의 수명이 길다. 잎은 장상엽으로 2회우상복엽이고 어린잎은 난형이며 표면은 녹색이며 윤기 있고 뒷면은 회록색이다. 꽃은 5월에 그해 자란 가지 끝에 큰 꽃이 핀다. 꽃받침은 5장, 꽃잎은 5~10장이며 꽃빛은 자줏빛이 보통이나 개량종에는 짙은 빨강, 분홍, 노랑, 흰빛, 보라, 심지어 검은색에 가까운 짙은 보라색 등 다양하며 홑겹 외에 겹꽃도 있다. 그 중에서 관상용으로는 노랑모란이 으뜸이나 흔치 않고 약용하는 것은 자주색, 연분홍 홑겹이 쓰인다. 열매는 5~6개로 갈라진 씨방으로 되어 있고 익으면 내봉선을 따라 벌어지며 회황색의 잔털이 밀생한다. 종자는 긴 콩모양으로 흑자색~흑색을 띤다. 뿌리는 담황갈색을 띠고 표피는 0.2~0.5cm 정도로 두꺼우며 심(木質部)은 가늘다. 근피는 향기가 강하다.

약효와 용도

모란의 뿌리껍질에도 정유와 파에오놀(Paeonol), 파에오노사이드(Paeonoside), 파에오놀라이드(Paeonolide), 파에오니플로린(Paeoniflorin), 옥시파에오니플로린(Oxypaeoniflorin), 알비플로린(Albiflorin), 파에오닌(Paeonin), 벤조일파에오니플로린(Benzoylpaeoniflorin), 아스트라갈린(Astragalin), 펠라고닌(Pelargonin), 타닌(Tannin) 등의 성분이 함유되어 있어 약리작용으로는 항균작용, 혈압강하작용, 항염증작용, 진경작용, 통경작용, 진통작용, 위액분비 억제작용 등이 알려져 있다. 한방에서는 요통, 관절염, 두통, 해열제, 지혈제, 완하제, 부인의 월경불순, 소염성 구어혈(驅瘀血), 진통제, 진경제, 배농 등에 처방하여 특히 부인과 혈행장해에 유효하다 한다. 치질, 맹장염에도 쓴다. 약국방(양약)에도 모란피는 소염해열제, 진통제, 진경제, 정혈제로 사용하고 있다. 파에오놀에는 대장균, 포도상구균, 연쇄상구균 등에 대한 증식억제 작용이 있다. 어린이의 습진치료에도 효과가 있다 한다.

재배법

① **적지** : 우리나라 중부 이남이면 어디서나 재배가 가능하다. 오전 중에는 해를 많이 받고 여름의 서향 볕을 피할 수 있는 곳이 이상적이다. 바람이 세게 와 닿는 곳도 좋지 않

다. 동남향으로 햇볕이 잘 드는 곳을 선택한다. 토질은 배수가 잘 되며 유기질이 풍부하며 보수력도 있는 비옥한 양토가 좋다. 배수가 나쁜 땅은 뿌리가 썩기 쉽고 사질토에서는 잔뿌리가 많이 나고 뿌리의 비대가 잘 안 된다. 모란은 천근성인 식물이므로 토심이 50㎝ 정도면 되며 산성토양에서는 생육이 불량하므로 심기 전에 석회를 사용하여 중화시켜 주는 것이 좋다.

② **번식** : 모란은 씨와 포기 나누기, 접붙이기 등으로 번식시킨다. 모란은 관상용(화훼용)으로 개발된 품종이 많은데 화훼용 품종은 대부분 꽃은 아름답지만 지상부나 지하부가 왜화되어 있기 때문에 약용으로 재배하면 수확량이 적고 품질도 떨어진다. 모란의 지상부 줄기가 완전히 목질화되어 겨울을 넘기는 나무목단을 선택해야 한다.

㉠ 5월에 꽃이 피고 8월 중~하순에 종자가 완전히 익으므로 꼬투리를 따서 껍질을 벗겨 씨를 채취한다. 씨는 마르지 않게 습기 있는 가는 모래와 섞어 배수가 잘 되는 곳에 즉시 노천매장 한다. 채종과 동시에 파종하려면 7월 중순경 퇴비나 닭똥 등을 뿌리고 갈아엎어 두었다가 8월 중순경에 너비 120㎝의 두둑을 만들어 15~20㎝간격으로 깊이 5㎝의 골을 치고 15㎝간격으로 2~3알씩 점뿌림 한다. 흙을 2~3㎝ 덮고 가볍게 눌러준다. 노천매장 한 씨는 9월 하순~10월 초순에 싹이 트므로 9월 하순경에 꺼내어서 파종한다. 파종한 씨는 그해에는 뿌리만 내리고 다음해 이른 봄에 새싹이 난다. 파종묘는 접붙이기의 대목으로 흔히 쓰인다. 홑겹종은 결실되나 개량종은 인공수분을 시켜야만 결실하므로 기술이 필요하다.

㉡ 포기 나누기는 9월 하순~10월 중순경 모주의 뿌리 부근에 많이 발생하는 포기싹눈은 뿌리를 붙여 쪼개어 심는다. 또 수확할 때 약으로 쓸 굵은 뿌리를 잘라내고 남은 묘두(苗頭)를 2~3개씩 붙여 잔뿌리가 달린 채로 쪼개어 심는다. 이때 쪼갠 상처 부위와 약재로 쓰기 위해 굵은 뿌리를 자른 부위에 재나 유황, 세라센석회를 묻혀 발라서 썩는 것을 방지한다. 겨울에 얼지 않게 왕겨나 볏짚을 덮어 보호해 주며 봄에 싹이 나면 벗긴다.

㉢ 접붙이기는 생약재 생산에는 이용하지 않는다. 접목은 모란 뿌리에 접붙이는 공대접목(共臺接木)과 작약 뿌리에 접붙이는 작약대접목(芍藥臺接木)이 있는데 화훼용에는 작약대접목이 많이 이용되고 있다. 접붙이는 방법은 할접(割接)의 요령으로 하며 접붙이는 시기는 9월 상순이다. 접붙이는 시기가 늦어지면 접수가 휴면기에 들어가 활동이 정지되므로 잘 붙지 않는다. 또 봄이나 8월의 생육이 왕성할 때는 접수의 수세가 왕성해 대목의 친화력이 떨어져서 잘 붙지 않는다. 대목의 굵기는 엄지손가락 정도가 적당하고 접수는 그해 가지 중 충실한 것을 선택한다. 눈을 1~2개 붙여

4~5cm길이로 잘라 형성층이 잘 맞도록 하여 붙인 후 비닐로 접붙인 부위를 묶어 사방 25cm 간격으로 7~8cm 땅속에 묻히게 심는다. 그 위에 왕겨나 볏짚을 덮어 보호한다.

③ **관리** : 모란은 한번 심으면 적어도 5년간 재배하게 되므로 정식 후 잡초에 지지 않게 제초에 힘쓰며 덧거름은 2년차 되는 봄 5월에 복합비료를 뿌리를 상하지 않게 포기 주위에 돌려 파고 준다.

수 확
조 제

포기 나누기 한 것은 4~5년이면 수확할 수 있으나 종자로 번식시킨 것은 6~7년 후에 수확이 가능하다. 수확은 9월 중·하순이 적기이며 포기를 캐내어 굵은 뿌리는 약재로 잘라내고 잔뿌리가 붙은 포기눈은 포기 나누기하여 번식용으로 쓴다. 잘라낸 뿌리는 물에 깨끗이 씻어 수세미나 대칼로 껍질을 벗기고 5cm길이로 잘라 심(목질부)을 빼내고 껍질만 햇볕에서 건조시킨다. 건조 도중 이슬이나 비를 맞으면 불량품이 되므로 단시일에 말리도록 한다.

34 모로헤이야

과명 : 피나무과
학명 : *Corchorus olitorius*
영명 : Jew' s marrow, Nalta Jute
아프리카명 : Moroheiya
중국명 : 小麻
원산지 및 분포 : 중동, 아프리카 북부, 대만
이용 부위 : 잎, 새순

내 력

모로헤이야는 식물의 줄기껍질 섬유로 마포 같은 거친 직물에 쓰이는 주트(Jute)를 만드는 황마(*Corchorus Capsularis L.*)와 같은 식물이다. 섬유의 질이 떨어지지만 오히려 채소로서 오랜 역사를 지니고 있다. 옛날 이집트 왕의 중병을 모로헤이야의 스프로 고쳤

다고 하여 유명해진 강장식품인데 클레오파트라도 모로헤이야 스프를 즐겨먹었다고 전해온다. 중동지역이나 근동지역, 아프리카 북부의 고온지대에서는 채소로 널리 애용되어 왔으며 지금도 건강채소로 인기 있다. 일본에는 1970년대 이집트 주재원이 가져와 보급했다 하며 우리나라에 들어온 것은 1980년대이지만 크게 보급되지 못한 식물이다. 저자가 시험재배하여 나물로 볶아 먹어 봤는데 맛이 일품이었다.

성 상

내한성이 없는 1년초로 높이 100~120cm로 자란다. 황마는 열매가 구형으로 둥글며 씨가 적갈색인데, 모로헤이야는 열매가 갸름한 원통형으로 길이 5~10cm로 표피에 주름이 많고 씨는 짙은 녹색이다. 씨는 둘 다 깨알만하다. 잎은 호생하며 잎 길이가 5~20cm의 난타원형으로 엽맥이 뚜렷하며 거치가 있다. 잎의 질은 연하다. 꽃은 8~9월에 크고 진노랑색 5판화가 핀다. 줄기의 섬유질은 황마보다 떨어진다. 내습성은 강하며 병충해도 없다.

약효와 용도

강장식품으로 영양결핍 해소에 중요한 역할을 한다. 미네랄과 비타민류가 풍부한데 시금치와 비교하면 카로틴은 약 3.5배, 칼슘은 8배, 비타민B$_1$은 2배, 비타민C는 2.5배, B$_2$는 2배, 그 밖에 칼륨, 인, 철 등도 함유되어 있어서 채소의 왕자라고 격찬하고 있다. 모로헤이야는 잎을 썰어보면 미끈거리는 것이 특징인데 매우 맛있는 채소다.

잎은 국거리, 나물, 볶음, 초절임, 샐러드, 튀김, 스프, 잎을 건조시켜 분말로 만들어서 국수나 수제비에 밀가루와 혼합하여 쓰면 영양소를 고루 섭취할 수 있다. 이집트나 인도, 인도네시아, 방글라데시 등에서는 서민적인 채소로 인기 있다. 단, 수산이 좀 함유되어 있지만 모로헤이야만 편식하는 것이 아니므로 크게 염려하지 않아도 될 것 같다. 중국에서는 잎과 씨를 강장제로 약용한다.

재배법

① **적지** : 해가 잘 들고 지하수가 높은 보수력 있는 땅을 좋아한다. 내습성이 강하므로 생육 후반기에는 물에 잠겨도 될 만큼 잘 자라는 재배가 쉬운 식물이다.

② **번식** : 씨로 번식되며 파종은 5월에 줄뿌림 또는 흩뿌림 하여 싹이 트면 솎아서 20~30cm간격으로 세운다. 온실에서는 3~4월에 포트나 파종상에 뿌려 본잎이 4~5장 때 5월 말경 밭에 내어다 심는다. 1m쯤 자라면 상순을 따서 이용하면 곁가지를 많이 친다.

수 확 조 제

잎을 따서 이용하므로 주년 수확이 가능하며 최성기에는 미처 딸 수 없을 만큼 많이 나온다. 딴 잎은 그늘에서 말려 가루로 만들어 보관할 수도 있다.

과명 : 자소과 **학명** : *Mentha spp.* **영명** : Mint **생약명** : 薄荷
원산지 및 분포 : 북반구의 온대지대, 아프리카 **이용 부위** : 잎, 줄기

내 력

민트를 크게 나누면 동양종과 서양종으로 나눌 수 있는데 동양종은 *Mentha arvensis L.*를 말하며 박하뇌(薄荷腦)를 생산하는 박하를 말한다. 서양박하는 *Mentha Piperita*라 하는 페파민트(Peppermint)나 *Mentha Spicata*라 하는 스페아민트(Speamint) 등을 말하는데 향료나 향미료 등으로 쓰이는 것들이다.

박하의 역사를 살펴보면 오랜 옛날부터 인류가 가까이 두고 애용했던 식물이다. 고대 이집트나 로마에서 성했으며 이집트의 고대 고분에서 발견되었다고 전해진다(B.C 1200~600년). 〈신약성경〉의 마태복음 23장 23절에 예수께서 가식하는 서기관이나 바리새인에게 '박하'와 '회향'과 '근채'의 십일조는 드리면서 율법에서 더 중요한 '의'와 '인'과 '신'을 버렸다고 꾸짖는 대목이 나오는데 그때 이미 박하는 높이 평가된 귀중한 향료식물이었음을 말해주고 있다. 고대 그리스나 로마 사람들은 박하를 몹시 좋아했는데 프리니는 "박하의 향기는 기분을 상쾌하게 만들어 식욕을 증진시킨다."고 적고 있다.

박하의 학명 *Mentha*는 로마신화에서 비롯된 이름이다. 지옥의 하신(河神) 코커투스의 딸인 님프 '멘타(Mentha)'를 플루토왕이 사랑했는데 이를 질투한 그의 처 페르세포네가 멘타를 이 풀로 만들어 버렸다는 이야기다. 그래서 그녀의 이름을 따서 '멘타'라 했으며 강가에 즐겨나는 것도 하신의 딸이었기 때문이라는 것이다. 서양에서는 옛날부터 민트(mint)를 미덕의 상징으로 삼아왔다. 유럽에서 박하소스는 고기 요리에 필수적인 향신료인데 A.D 3세기부터 사용했다. 민트는 구취(口臭)를 방지하는 효과가 뛰어나므로 치약에 쓰이는데 A.D 6세기경부터 이를 닦는 (치약) 재료로 이용했다. 처음에는 잡초처럼 야생한 것을 이용했으나 A.D 9세기경부터 수도원에서 재배하기 시작했다. 약초로서 채유목적으로 본격적인 재배가 시작된 것은 18세기부터라고 보고 있다. 박하가 여러 나라에 전파된 것은 로마사람들에 의해서였다고 생각되고 있다.

들이나 습지에 자생하며 교잡이 잘 되어서 변종이 많다. 줄기는 네모지고 잎은 대생하며 거치가 있다. 포복지(匍匐枝)나 뿌리의 란나로 포기가 퍼진다. 꽃은 흰색 또는 연보라색으로 줄기 끝에 7~9월에 수상화서로 빽빽이 붙으며 파종한 다음해부터 꽃이 핀다. 잎은 뒷면에 방향을 발하는 다수의 유점(油点)이 있다. 내한성은 강하나 고온과 건조에 약하다.

① **페파민트(Peppermint) :** 서양박하라고도 불리며 서양박하 중에서 가장 역사가 오래되고 수요도 가장 많은 박하다. 후추를 연상케 하는 톡 쏘는 향미 때문에 라틴어의 Piper(후추)에서 비롯된 *Mentha piperta L.*라는 학명을 얻었다. 영명도 역시 후추박하라는 뜻이다. 페퍼민트는 유럽이 원산지인 다년초로 30~90cm로 자라며 동양박하와 비슷하나 전체에 털이 없다. 잎은 타원형으로 끝이 뾰족하며 잎과 줄기가 녹색인 것과 자주색을 띠는 것 두 종류가 있다. 꽃은 연보라색이나 흰색도 있고 6cm 정도의 원추형 수상화서로 핀다.

페파민트는 정유(精油) 중의 멘톨(Menthol)이 동양종보다 적으나 향미는 월등하며 쓴맛도 없다. 다만 박하뇌(Menthol)를 결정체로 분리시킬 수 없는 것이 특징이다. 그 대신 페파민트 오일을 생산하는 식물로서 큰 비중을 차지하고 있다. 이 잎을 씹으면 처음에는 톡 쏘는 듯 하지만 입안이 차차 상쾌해진다. 페파민트는 여러 나라의 약전(藥典)에도 올라있는 귀중한 약초이며 식품의 부향제와 화장품에도 쓰인다.

② **스피아민트(Spear mint)** : 페퍼민트와 함께 수요와 경제성이 가장 높은 서양박하로 약 2000년 전부터 이용된 역사도 오랜 박하다. 유럽이 원산지인 다년초로 30~60㎝로 자라며 포기 전체가 녹색이며 털이 없고 꽃이 수상화서로 피지만 가늘어서 흡사 창(槍) 같다 하여 Spear라는 이름이 주어졌다. 학명은 *Mentha Spicata L.*라 한다. 스피아민트 는 동양박하나 페퍼민트와는 전혀 다른 달콤하고 강하며 상쾌한 향기를 낸다. 잎에는 멘 톨이 전혀 함유되어 있지 않으며 잎에 있는 정유에는 50%의 불포화 '카본(Carvon)'과 '리모넨(Limonene)'이 함유되어 있다.

옛날부터 긴히 쓰인 약초였는데 고대 그리스인들은 생잎이나 스피아민트 오일을 목욕물 에 넣으면 신경이나 근육을 이완시켜주어 진정·진통효과가 크므로 널리 이용했다. 또 옛날에는 딸국질을 멎게 하는 데도 이용됐으며 통풍제, 소화불량 및 배멀미와 매스꺼운 데도 진정효과가 크다고 하였다. 잎의 즙은 상처, 벌에 쏘인 데, 입안이 헤졌을 때, 발이 튼 데에 약용했다. 또 담배 냄새를 없애는 향유(mint otto)의 원료로도 쓰인다. 스피아민 트는 요리의 부향제로 가장 많이 쓰이는 박하다. 육류, 생선, 채소 등의 요리에 없어선 안 될 향료로 항시 뜰에 심어 두고 이용하므로 '가든민트', '피민트(콩류)', '생선민트' 등 별명이 많다. 특히 양고기 요리에는 필수적이며 민트 소스는 과일샐러드에도 과일의 맛 을 더 돋우므로 환영받는다. 또 릭쿨주에도 쓰고 과자, 시럽, 껌, 젤리, 비네거, 포푸리 등 용도가 다양하다.

③ 박하(North mint 또는 Japanese mint) :

박하는 학명을 *Mentha arvensis L. var piperascens MALIV.* 라 하며 동아시아 즉, 한국, 일본, 중국, 시베리아, 사할린, 코카시스 등지에 자생하는 다년초다. 포기 전체에 짧은 털이 있고 다른 박하보다 잎이 엷지만 멘톨의 함유량이 가장 많으며 박하뇌를 결정체로 분리시켜서 약, 화장품, 과자 등에 이용하며 남은 박하유는 향료로 이용한다. 높이 60cm로 자라며 7~8월에 엽액에 연보라색 잔꽃이 뭉쳐서 핀다.

박하에는 이밖에도 오데코롱민트, 애플민트, 파인애플민트, 진저민트, 쿨민트, 베르가모트민트, 선민트, 호스민트, 그래브프르트민트, 카리민트, 워타민트, 콜시카민트, 페니로얄민트 등 많은 품종이 있다.

약효와 용도

박하정유의 주성분은 멘톨인데 상쾌한 향기와 청량감이 있으며 방부·살균·항균·항바이러스작용, 구충작용, 항염증작용, 진통·진경작용, 국부마취작용 등이 있어 위나 장의 정장 및 소화제로 쓰이며 두통, 콜레라, 설사, 히스테리, 신경통, 류마티스, 치통, 산욕열, 산통(疝痛) 등의 약으로 쓰며 흥분제, 발한제로도 쓰인다. 옛날에는 감기나 위장병에 차(茶)로 만들어 먹었으며 민트 차는 가을부터 매일 마시면 겨울에 감기에 걸리지 않는다고도 했다. 후라보노이드작용에 의해 간장과 담낭을 자극하여 담즙분비를 촉진하며 또 이 정유에 포함된 아스린 성분은 항염증 작용과 궤양에 대한 치료효과가 있고 기관지염에도 효과 있으며 암 치료에도 쓰인다고 보고되고 있다. 외과용으로 진통성 향유로 마사지, 도포제(국소마취 됨)로 쓰며 집중력을 높이는 데도 효과 있다.

민트티는 냉차는 물론 피곤할 때 취침 전에 잘게 썬 생잎 1순갈을 끓는 우유 200cc에 넣어 뚜껑을 덮어 5분쯤 두었다가 뜨거울 때 마시면 단잠을 잘 수 있고 피로가 말끔히 가신다.

민트 오일은 과자나 젤릿, 껌, 릭큘주, 캔디, 쵸코릿, 가공식품의 부향제로 쓰며 화장품으로는 치약, 비누, 세제, 로션, 향수, 가글제로 쓴다. 지성(脂性)머리의 린스에도 적합하며 이것은 옛날부터 비듬 없애는 목적으로 식초와 섞어서 이용했다. 쥐는 민트 냄새를 싫어하므로 식품창고에 뿌려놓아 쥐를 퇴치할 수 있으며, 방충살균 효과가 있으므로 실내에 뿌리기도 하고 옷장서랍에 향낭을 만들어 넣기도 하는데 유럽에서는 지금도 널리 이용된다.

재배법

① **적지** : 비교적 일조 시간이 짧아도 잘 자라므로 나무 그늘 같은 반 그늘진 곳이 좋다. 저온과 다습에는 강하나 고온과 건조에는 약하다. 토질은 별로 가리지 않으나 비옥하고 배수가 잘 되면서도 보수력이 있는 다소 습한 땅이 좋다.

② **번식** : 지하경으로 란나를 만들어 잘 번식한다. 따라서 번식은 씨와 꺾꽂이, 포기 나누기 등으로 쉽게 번식된다.

㉠ 파종은 씨가 아주 잘므로 파종 상자에 뿌렸다가 이식한다. 파종 시기는 4~6월 초순과 9~10월, 두 번 뿌릴 수 있다. 최저온도가 15℃ 정도 유지되면 1주일이면 발아한다. 파종할 때 주의할 점은 씨가 미세하므로 밀파되지 않게 하고 파종 후 복토는 하지 말고 가볍게 긁어주는 정도면 된다. 파종 후 씨가 몰릴 우려가 있으므로 하부에 관수한다. 싹이 나면 밴 곳을 솎아 주고 본잎이 4장 나오면 1차 이식했다가 곁가지가 나오면 20~30㎝간격으로 정식한다. 이때 밑거름으로 퇴비나 부엽토를 넣고 비옥하게 하되 질소 과다가 되면 민트의 향이 떨어지고 병해도 입기 쉬우므로 유기질 비료를 쓰도록 한다.

㉡ 꺾꽂이는 새가지가 다소 굳어진 6~8월에 6~10㎝길이로 잘라 밑쪽 잎을 따버리고 모래에 꽂으면 쉽게 활착한다. 이때 물에 꽂아도 뿌리가 날 만큼 꺾꽂이가 쉽다.

㉢ 포기 나누기는 란나로 잘 퍼지므로 매년 3~4월에 10눈쯤 붙여서 쪼개어 포기를 갱신할 겸 포기 나누기 한다.

③ **관리** : 여름에 표토에 부엽토나 볏짚을 덮어서 건조를 방지해 주며 란나가 많이 생겨 잘 자란다. 장마 때는 통풍이 잘 되게 해주며 분화초로 가꿀 때는 장마 때 깎아주고 분갈이도 할 수 있다. 분갈이는 3년에 한 번씩 한다. 교잡이 생기지 않도록 꽃대가 나오면 일찍 잘라준다. 겨울에 서릿발이 서는 곳이면 왕겨나 낙엽을 덮어서 들뜨지 않게 해주며 봄 3월에 포기 주위에 덧거름을 주고 묵은 줄기는 잘라주면 뿌리 쪽에서 새싹이 나온다.

수확 조제

서양박하의 향기나 풍미를 결정짓는 것은 정유이며 꽃이 피기 시작할 즈음이 가장 많이 함유되어 있으므로 이때가 수확 적기다. 그러나 길게 자란 지엽은 언제라도 수확할 수 있다. 다만 꽃이 피기 시작하면 줄기의 생장이 중지되면서 정유의 함량도 감소되므로 이점을 염두에 두고 수확기를 놓치지 않도록 한다. 요리용으로 가정에서 재배 수확할 때는 수시로 할 수 있다. 수확할 때는 하루 중 정유의 함유량이 가장 많은 아침 이슬이 마른 시점이 가장 적기다. 이때 줄기를 밑둥 8~10㎝쯤 남기고 베어서 바람이 잘 통하는 그늘에서 매달아 바싹 말린다. 다 마르면 부서지지 않게 잎을 따서 밀폐용기에 보관한다. 남은 줄기는 목욕제로 이용한다.

36 방풍

과명 : 미나리과
학명 : *Peucedanum japonicum Thunb*
생약명 : 防風
별명 : 식방풍(植防風), 갯기름 나물
원산지 및 분포 : 한국, 중국, 몽골
이용 부위 : 뿌리

내 력 갯기름나물의 생약명이 방풍인데 중국에서는 원방풍(元防風) 또는 진방풍(眞防風)이라 하는 *Saposhnikovia divaricate, Ledebouriella seseloides*의 뿌리를 방풍이라 하여 약용하고 있다. 우리는 기름나물(*Peucedanum terebinthaceum FISCH. et REICH*)과 갯방풍도 방풍의 용도로 쓰이고 있다. 방풍은 한방의 중요한 생약 중 하나다.

성 상 갯기름나물은 다년초로서 높이 60~100㎝로 자라며 줄기의 지름은 1.5㎝로 굵으며 연녹색을 띤다. 자주색 줄무늬가 세로로 나있다. 근생잎은 총생하며 3회우상복엽으로 피침형이며 육질로 광택이 있다. 6~7월에 가지와 줄기 끝에 잔 흰색 꽃이 많이 모여 복산형화서로 핀다. 열매는 쌍현과로서 분과(分果)되며 흑갈색으로 타원형이다. 뿌리는 2년생이면 근두부의 지름이 2~3cm 정도이고 굵은 지근이 여러 개 발생한다. 껍질은 담황갈색이고 속살은 황백색이다. 우리나라 전역에 자생하고 있고 재배되며 생약에 쓰이고 있다.

약효와 용도 성분은 쿠마린(Coumarin), 펠로프테린(Phellopterin)인데 방풍(원방풍)에는 임페라토린(Imperatorin), 프소라렌(Psoralen), 베르카프텐(Bergapten)이 함유되어 있고, 식방풍(갯기름 나물)의 뿌리에는 퓨세다놀(Peucedanol), 움벨리페론(Umbelliferon) 등의 성분이 함유되어 있어 이것들은 모두 발한, 해열, 진통, 이뇨 및 항바이러스작용이 있어서 감기, 두통, 어지럼증, 관절염, 파상풍, 거담제 등으로 이용한다. 봄의 어린 순은 나물로 식용한다.

재배법 ① **적지** : 갯기름나물과 갯방풍은 따뜻한 중남부 지역의 해안가가 재배 적지이고 방풍은 서늘한 기후를 좋아하므로 고랭지나 중북부의 준고랭지가 재배 적지다. 토질은 보수력 있고 배수가 잘 되는 사질양토나 마사질토~양토가 좋다.

② **번식** : 번식은 씨로 하며 직파재배와 모판에서 육묘하여 이식하는 방법이 있다.

㉠ 직파재배 : 밑거름을 넉넉히 넣고 가을이나 이른 봄 3월 하순에 뿌린다. 두둑 사이 40cm로 하여 1cm 깊이로 골을 쳐서 15cm간격으로 4~5알씩 점뿌림 한다. 파종용 씨는 10a당 3ℓ 정도다. 파종 후 볏짚을 덮어 증발을 억제해준다. 본잎이 2~3장 나오면 솎아 1대씩 세운다.

㉡ 육묘재배 : 너무 비옥하지 않은 밭에 1.5~1.8m 너비에 두둑을 만들고 씨를 배게 뿌린다. 0.5cm 정도의 두께로 흙을 덮은 뒤 짚을 덮고 충분히 관수해준다. 발아하면 볏짚을 벗겨서 도장을 방지한다. 모판 파종은 가을 파종보다 봄 파종이 유리하다. 본밭 10a당 모판 소요 면적 33㎡(10평) 소요 종자량은 2ℓ 정도다.

③ **정식** : 3월 하순~4월 하순까지 가을 파종한 것은 일찍 심는 것이 좋으나 꽃대가 올라오는 것이 많고 늦게 심으면 활착율이 떨어진다. 모종의 지름이 0.5cm 정도 되도록 길고 가는 모를 생산하여 정식해야 꽃대가 올라오는 것을 막을 수 있다. 꽃대가 올라오면 뿌리가 목질화되어 약재로 쓸 수 없게 된다.

정식 방법은 너비 40cm의 이랑을 만들고 모를 45° 각도로 모끝이 구부러지지 않도록 15~20cm간격으로 심는다. 이때 묘두가 보이지 않을 정도로 흙을 긁어 올린 후 가볍게 눌러 준다. 다 심은 후 건조방지를 위해 볏짚이나 건초를 덮어준다.

④ **관리** : 질소비료가 과다하면 지상부만 무성하고 꽃대도 많이 올라오므로 덧거름으로 8월 이후에 시비하며 꽃대는 올라오는 대로 잘라서 제거해 주어 뿌리의 충실을 촉진한다. 직파재배는 초기 생육이 늦어 잡초에 눌려 생육이 위축되기 쉬우므로 3~4회 제초해 주고 보토한다.

수 확
조 제

대개 1년~2년째 가을에 수확한다. 수확 적기는 11월 중순경 줄기와 잎이 누렇게 변할 때다. 뿌리가 상하지 않게 캐내어 흙을 털고 밭고랑에서 6~7일 건조시킨 다음 물에 깨끗이 씻어 햇볕에서 건조시킨다. 굵은 것은 길이로 쪼개어 건조시킨다. 건조기에서 건조시킬 때는 뿌리를 곧게 펴서 모양을 잡은 다음 다발을 만들어 60℃ 이하에서 건조시킨다.

37 바질

과명 : 자소과 **학명** : *Ocimum basilicum L.* **영명** : Basil, Sweet Basil **중국명** : 羅勒
인도명 : Tulsi **인도네시아명** : Selasih **원산지 및 분포** : 인도, 열대아시아~아프리카, 이란
이용 부위 : 잎, 꽃송이

내 력

바질은 정향(丁香 · Clove)을 닮은 달콤하면서도 강한 향기가 있어서 잎을 뜯기만 하여도 공기 중에 향이 퍼져 향기로울 정도다. 인도에서는 바질의 일종인 홀리바질(Holy Basil)의 향기가 공기를 맑게 하고 생기를 불러일으키는 식물이라 하여 힌두교에서 신에게 받

쳐지는 성스러운 향초로 숭앙하는데 툴시(Tulsi)라 부른다. 지금도 이 향초(香草)는 천국의 문을 연다고 하여 망인의 가슴에 이 잎을 한 장 올려놓는다는 것이다. 이란이나 이집트에서는 묘지에 심는 식물이 되어 있다.

학명인 *Ocimum*은 그리스어의 Ozein 즉, '향을 즐긴다' 는 말에서 유래했다고도 하고 '강하고 좋은 향기가 난다' 는 뜻의 Ocimon에서 비롯되었다 하여 붙여진 이름이다. 바질은 인도에서 B.C 356~323년경 알렉산터 대왕에 의해 유럽 및 지중해 연안지역에 전해졌다고 한다. 그러나 4000년 전에 이미 인도에서 아시아, 이집트 등에 건너가 그 후 이탈리아 등 유럽 남부에 퍼졌다 하며 영국에는 16세기에, 미국에는 17세기에 최초의 이주민이 가져갔다고 한다. 영명인 Basil이 일반 통용명이 되어있는데 이것은 Basilikon Phuton의 약어(略語)로 그리스어 '왕의 허브' 라는 Basileus에서 비롯되었다고 하며 왕궁에 어울릴 만큼 훌륭한 향기를 갖고 있어 왕실의 약물인 고약 등에 썼기 때문이라 한다.

또는 사람을 노려보아서 죽이는 전설적 괴물인 바실리스크(Basilisk)가 어원이라는 설도 있다. 이것은 바질이 가지 하나를 화분 밑에 두면 전갈로 변한다는 옛 미신 때문이다. 고대 그리스에서는 증오나 불행의 상징으로 여겼는가 하면 반대로 사랑의 표시, 반하게 하는 약(미약)으로써 즐거운 미신도 많이 갖고 있다. 지금은 남유럽 전역에서 파리가 기피하는 식물이라 하여 옥외나 실내에서 재배하고 있으며 향료 및 약용, 조리용에 쓰이고 있다. 우리나라에는 허브의 붐을 타고 들어온 새로운 약초다.

성 상

대표적인 것이 스위트바질(Sweet basil)인데 내한성이 없는 1년초로 높이 60cm 정도로 자라며 가지를 많이 치고 포기진다. 줄기는 네모지고 잎은 대생하는 난형으로 길이 5~10cm로 선록색이며 매끄럽고 광택이 있다. 여름 7~9월에 줄기 끝에 흰색 잔꽃이 총상화서로 윤생한다. 씨는 갈색으로 가늘고 길며(1~2mm) 물에 불면 팽창하여 젤리 같은 막이 생긴다. 더위에는 강하나 건조에 약하고 추위에도 약하여 서리를 맞으면 말라죽는다. 스위트바질의 향기는 환경에 따라 다소 다르지만 달콤하면서도 정향과 생강이 섞인 듯한 고상하면서도 상쾌한 향기다. 스위트바질은 건위, 진정, 진경, 구풍작용이 있으며 불면증에 좋고 최유제가 되며 구내염에도 쓰인다.

품 종

Dark opal basil(*O. basilicum Purpureum*) : 스위트바질의 원예종으로 1년초이며 잎의 빛깔이 자주색이고 거치가 없다. 줄기나 악편 모두가 자주색이며 꽃빛도 중심부는 붉은 자주색이고 꽃잎은 분홍~흰색이어서 매우 아름답다. 향기는 스위트바질보다 더 향기롭다.

Lemon basil(*O. basilicum var. citriodorum*) : 1년초로 키는 30cm로 다소 작고 흰꽃이 피며 녹색 잎이다. 레몬향 같은 향기가 난다. 소스나 닭요리의 부향제다.

Cinnamon basil(*O. basilicum cinnamon*) : 잎은 녹색이고 꽃의 악편이나 중심부는 자주색이며 꽃잎은 분홍색으로 시나몬 같은 향기가 난다. 향은 더 강하다. 포푸리에 쓸 수 있다.

Bush basil(*O. basilicum var. minimum*) : 1년초이며 20cm로 자라는 왜성종이다. 가지가 밀생하여 동그랗게 되며 잎은 밝은 녹색으로 매끄럽고 광택이 있으며 잘고 가늘어서 분화초로 적합하다. 꽃은 흰색이며 스위트바질과 같은 향기가 나며 스위트바질보다 추위에 약하다. 요리의 장식용으로 쓰인다.

Lettucd leaf basil(*O. basilicum var. crispum*) : 1년초이며 50cm로 자라고 상추 잎처럼 주름진 7.5~10cm의 큰 다육질 잎이 나므로 이것을 샐러드용으로 많이 이용하며 스위트바질과 같은 향기가 난다. 흰꽃이 피는데 꽃의 끝부분에서 정유를 채취한다. 냉동하든가 올리브유에 절임하여 보존한다.

Holy basil(*O. sanctum*) : 인도, 열대아시아가 원산지이며 일명 새크리드바질(Sacred basil)이라고도 한다. 힌두교의 성스러운 향초로 숭앙하는 바질이다. 키는 60cm쯤 자라는 관목 같은 다년초로서 가지를 잘 치며 밑쪽은 늙으면 목질화한다. 줄기 전체에 연한 털이 있다. 잎은 타원형으로 끝이 뾰족하고 잎자루가 길며 잎의 앞뒷면 모두 연한 털이 있다. 꽃은 잘고 자주색 윤생하지만 15cm 길이의 이삭이 된다. 포기 전체에서 정향 같은 강한 향기가 난다.

Anise basil(*O. basilicum Anise*) : 추위에 강한 품종이며, 줄기가 자주색이며 녹색 잎에 자주색 엽맥이 있다. 잎은 난형이며 잎은 병원균을 옮기는 파리를 쫓아줄 뿐만 아니라 날아다니는 해충을 구제한 역할도 하므로 식물 사이에 심는다.

약효와 용도

바질의 주성분은 에스트라골(Estragol)인데 그 밖에도 리날롤(Linalol), 리네올(Lineol), 유게놀(Eugenol), 티몰(Thymol), 바질캠퍼(Basilicampher), 타닌(Tannine) 등이 함유되어 있어서 건위, 진정, 진경, 구풍, 최유작용, 방부작용 등이 있다. 정신적인 불안증이나 두통, 위통 등에 약용하며 바질은 부신피질을 활성화 하는 작용이 있어 잎으로 만든 와인은 강장최음제가 된다. 뱀이나 해충에 물렸을 때 여드름 등의 치료약이 되며 모기나 기생충의 구제약도 된다. 바질티(茶)는 소화촉진작용과 항균작용이 있다(강한 향유성분). 바질의 잎을 수증기 증류하여 추출한 정유(精油·Essential oil)는 향수의 원료가 되고 비누나 치약, 릭큘, 요리(토마토)의 향신료가 되며 조류, 어패류, 채소와 샐러드, 스파게

티, 피자파이, 스튜, 스프, 소스 등의 요리에 부향제로 널리 애용된다. 향기는 달콤하고 상쾌하며 강한 향기와 약한 매운 향이 있다.

이 정유의 향기는 머리를 맑게 하고 두통을 없애는 약효뿐 아니라 신경과민, 구내염에도 효과가 있고 강장효과도 있으며 흡입(snuff)하면 심신이 상쾌해지고 바이러스에 감염되어 무뎌진 취각을 자극해 준다. 마사지 오일에 넣어서 쓰면 신경의 강장제가 되어 혹사당한 근육을 이완시켜 준다. 단, 민감한 피부를 가진 사람이나 임신부는 사용을 삼가야 한다. 옛날에는 신경장해, 류마티스의 약으로 쓰였다. 씨를 물에 담그면 제리 같이 되므로 디저트로 쓴다. 바질의 보존은 식초(과일식초)나 올리브 오일, 소금 등에 절임하기도 하고 냉동, 건조시켜서도 보전한다. 건조시킨 바질은 신선한 것에 비하여 풍미나 향기는 다소 떨어지지만 음식물의 부향제로는 별 지장이 없다.

재배법

① **적지** : 해가 잘 들고 통풍과 배수가 잘 되면서도 보수력이 있는 비옥한 땅이 좋다.

② **번식** : 씨와 꺾꽂이로 번식된다. 씨는 저온에서는 싹트지 않으며, 발아온도 20~25℃라야 하므로 파종은 4월 말~6월에 한다. 씨는 비교적 큰 편이므로 파종상에 뿌려도 되고 밭에 직파해도 된다. 직파일 때는 20~30cm간격으로 3~4알씩 점뿌림 한다. 햇볕을 좋아하므로 덮는 흙은 엷게 한다. 4월에 뿌린 것은 2주일, 5월 이후에 뿌린 것은 일주일이면 발아한다. 본잎이 4~6장 될 때까지 1~2대씩 솎아 주어 햇볕을 충분히 받게 해 준다. 묘상에 뿌린 것은 본잎이 4장 나오면 20~30cm간격으로 정식한다.

꺾꽂이는 줄기가 다소 굳어진 것을 5cm 길이로 잘라 상순 쪽의 잎을 3~4장 남기고 밑쪽 잎을 따버린 후 물올림하여 약 1cm쯤 묻히게 모래나 질석에 꽂아 관수한 다음 차광한다. 2~3일 지나면 순이 곧게 서므로 차광한 발을 벗기고 바람이 잘 통하는 곳에서 마르지 않게 관리하면 일주일이면 뿌리가 생긴다. 해가 잘 들고 물만 썩지 않으면 물 컵에서도 뿌리가 날 정도로 꺾꽂이가 잘 된다. 고온성 작물이므로 15℃ 이하에서는 발아율이 나쁘고 생육도 정지된다.

③ **관리** : 채광량이 부족하거나 통풍이 잘 되지 않는 곳에서는 웃자라서 쓰러지기 쉽다. 따라서 밀식을 피하고 채광과 통풍에 유의하여 튼튼하게 가꾼다. 기온이 높아지면 갑자기 너무 크게 자라버리므로 원줄기가 20cm 자라면 순을 쳐서(적심) 곁가지를 많이 나게 한다. 곁가지 꽃이 피기 시작하는 7월 하순부터 꽃대를 잘라주어 곁가지를 많게 한다. 더위에는 강하나 건조에는 약하므로 여름에 포기 주위에 짚을 덮어서 건조를 방지해주며 월 1회 정도 복합비료를 덧거름으로 시비한다. 질소질비료가 결핍하면 생장이 정지되며 과잉일 때는 풍미가 나빠지고 병충해에 걸리기 쉽다.

꽃이 피기 직전의 잎이 가장 향기롭고 달콤한 향기와 약간의 쓴맛과 매운맛이 있어 좋다. 포기가 어릴 때는 잎을 딸 수 있으며 큰 포기가 되면 밑쪽에서 10㎝쯤 남기고 베어내어 그늘에서 빨리 건조시켜서 밀폐용기에 보관한다. 베어낸 포기는 30일이면 다시 수확할 수 있다. 여름에서 가을까지 3번 정도 수확할 수 있다. 요리에 이용할 때는 정유가 휘발성이기 때문에 요리의 끝무렵에 부향제로 쓴다.

38 베르가모트

과명 : 자소과   **학명** : *Monarda didyma L.*   **영명** : Bergamot, Oswego Tea   **별명** : Bee balm
약용명 : 베르가모트   **원산지** : 북미, 온타리오주~조지아주   **이용 부위** : 잎, 꽃

내 력

허브의 꽃 중에 드물게 화려한 꽃빛으로 화단초화로도 손색이 없는 식물이 이 베르가모트다. 베르가모트라는 이름의 유래는 이 식물의 잎, 꽃 등에서 나는 향기가 이탈리아산의 감귤의 일종인 '베르가모트 오렌지'의 향과 흡사하기 때문에 붙여진 것이다. 베르가모트의 화려한 꽃에는 꿀이 많기 때문에 꿀벌이 많이 꼬이므로 별명을 비밤(Bee balm)이라고도 한다. 베르가모트는 미국의 온타리오호 근처의 오스웨그강 유역에 살고 있던 아메리카인디언들의 건강 차로 오래 전부터 마시고 있었기 때문에 지금도 '오스웨그티(Oswege tea)'라고 불리기도 한다. 원주민 인디언들은 '티몰'이라는 약효성분은 몰랐으면서도 감기나 목이 아플 때 베르가모트를 이용했으며 머릿기름으로써 향기를 내는 데도

이용했었다고 한다. 또 육류 요리의 부향제로도 쓰이는 귀중한 식물이었다.

1773년 보스톤의 티파티 때 영국에서 건너간 이주민들은 영국의 홍차세금에 항의하여 홍차를 보이코트하고 이 오스웨그 차(즉, 베르가모트 차)를 마셨던 것이다. 이것은 한 사건으로 기록되고 있다. 유럽에는 퀘익교도인 원예가 피터 코린손에 의해 전해졌지만(1745년) 그 훨씬 전인 1569년에 스페인의 약용식물학자인 세비리야의 니코라스 모날데스(Nicholas Monardes)가 미국의 본초서(本草書)를 썼다. 그 속에 '베르가모트 오렌지' 같은 향이 있는 식물이라 적어서 이름이 베르가모트가 되었으며 학명은 그를 기념하여 '모날다(Monarda)'라 붙였다고 한다. 이 책은 그 라틴어, 이탈리아어, 프랑스어, 영어 등으로 번역되었는데 이것이 계기가 되어 북미 대륙의 유용식물의 존재를 알게 된 영국의 엘리자베스 1세는 호킨스와 트레그를 시켜 스페인과 패권을 다투기에 이르는 계기가 되었다.

성 상

내한성 다년초로서 높이 60~80cm로 자라며 네모진 줄기는 곧게 자라며 잎은 긴 잎자루가 있는 타원형으로 대생하며 짙은 녹색이며 거친 거치가 있다. 여름에서 가을에 걸쳐 갈라진 가지 끝에 비적색의 두상화가 집산화서로 핀다. 꽃을 싸고 있는 포엽도 붉게 물들어 곱다. 꽃과 잎에 베르가모트 오렌지의 향이 있다.

베르가모트에는 20여 종의 원예종이 있으나 비적색의 꽃이 피는 디디마(Didyma)를 '스칼릿 모날다(Scarlet Monarda)'라 하며 그 중에서도 'M.D. 케임브리지 스칼릿(M.D. Cambridge Scarlet)'이 꽃빛이 화려해서 인기 있다. '와일드 베르가모트'라 하는 모나르다 피스툴로사(M. fistulosa)는 해열제에 쓰이며 꽃빛이 연보라색이다. 레몬향이 나는 레몬 베르가모트(*Lemon Bergamot*)는 모날다 시트리오도라타(*M. citriodorata*)라 하며 잎에 톡 쏘는 레몬같은 향기가 있으며 꽃빛은 자색~노랑색인데 후레시나 드라이 모두 꽃이 오래가고 향기로워 향료로 쓰인다.

약효와 용도

베르가모트에는 정유가 함유되어 있는데 티몰(Thymol), 타닌(Tannin) 산의 성분이 있어 방향성 건위약일 뿐 아니라 구풍제, 진정제, 피로회복에 효과가 탁월하며 티몰 성분 때문에 방부작용도 한다. 그밖에 최면효과도 있으며 목욕제로도 쓰인다. 허브티 외에 샐러드, 와인이나 칵테일에도 신선한 잎을 띄워서 풍미를 즐긴다. 신선한 것이나 건조시킨 것이나 향기에는 별 차이가 없으므로 방향제(포푸리)로도 많이 이용된다. 정유를 뽑아 향수로 쓴다. 민간에서는 지상부를 소화촉진제로 이용한다.

재배법

① **적지** : 습한 땅을 좋아하며 디디마(Didyma)종은 반 그늘진 서늘한 곳을 좋아한다. 다

른 것은 해가 잘 들고 보수력 있는 습한 땅을 좋아한다. 비교적 순응하는 힘이 있어 어디에서나 잘 자라므로 재배는 쉽다.

② **번식** : 씨와 꺾꽂이, 뿌리꽂이, 포기 나누기 등 쉽게 번식된다. 심어서 그대로 방치하면 엉켜서 바람이 잘 통하지 않게 되어 병해를 입기 쉽다. 따라서 2~3년에 한 번씩 갱신을 겸해서 이른 봄이나 가을에 파내어 어린순을 붙여 쪼개어 포기 나누기한다. 포기 사이는 50㎝간격으로 한다. 키가 높이 자라므로 다소 깊다싶게 심는 것이 넘어지지 않아 좋다. 파종은 봄이나 가을에 한다. 한번 심으면 씨가 떨어져서 날 정도로 재배가 쉽다. 다비성 식물이므로 밑거름으로 퇴비나 부엽토를 넉넉히 넣고 갈아엎은 뒤 심는다. 베르가모트 재배에서 주의할 것은 흰가루병에 걸리기 쉬우므로 통풍이 잘 되게 해주며 뿌리 주위에 볏짚을 덮어주어 흙이 튀는 것을 막아준다. 목초액을 뿌려주어도 좋다.

꽃대가 나올 쯤의 연한 잎을 따서 그늘에서 건조시켜서 밀폐용기에 보관한다. 꽃은 개화기가 길어서 1개월씩 가므로 꽃이 활짝 피려할 때 따서 역시 그늘에서 말려두고 포푸리로 이용한다. 꽃이 지면 1/4 정도 남기고 잘라준다. 그 가지는 버리지 말고 염색에 쓴다.

39
사
프
란

과명 : 붓꽃과
학명 : *Crocus Sativus L.*
영명 : Saffron
생약명 : 番紅花, 사프란
원산지 : 남유럽, 그리스, 소아시아
이용 부위 : 꽃의 암술(柱頭)

유망한 동·서양 약초재배기술

세계에서 가장 비싼 향신료가 사프란이다. 최근까지도 사프란의 무게는 금의 무게와 대등한 값으로 매겨졌다 하는데 그것은 1개의 구근에서 2~3송이의 꽃이 피고 그 한송이 꽃에 3갈래로 끝이 갈라진 1개의 빨간 암술이 있어 이것을 따서 말린 것이 사프란이다. 사프란은 실같이 가늘어지는데 1g의 사프란을 얻으려면 500개의 암술을 말려야 하며 대략 160개의 구근에서 핀 꽃에서 따서 말린 것의 무게다. 더욱이 일일이 손으로 하나씩 따야 하므로 수고비가 가중되어서 금값처럼 비쌌던 것이다. 고가인 사프란은 황금색 염료로서 로얄 칼라라 하여 고대 그리스나 로마 시대에는 왕실 의상을 염색하는 데 쓰여 왕실의 영예와 고귀함을 상징했다. 또한 고상한 향기가 있다. 이 식물의 재배 역사가 오래됐음을 입증할 수 있는 것은 16세기 크레타 섬의 옛 크노스 궁전 벽화에 사프란을 따는 사람의 그림이다.

사프란은 관상용초화인 봄에 꽃이 피는 크로커스(Crocus purpureus)의 무리로서 학명인 Crocus는 그리스의 옛 이 식물명으로 그리스어의 Croce 즉 실(絲)이란 뜻이며 암술이 실처럼 가늘기 때문에 붙여진 이름이다. Saffron의 어원은 아랍어의 Sahafaran으로 노란색이란 뜻이며 황금색 염료임을 말해주고 있다. 사프란의 염료는 의료뿐 아니라 음식물의 착색제 및 향미료로 유럽 음식문화에 없어서는 안 될 식물이다.

예부터 귀중한 약초이기도 했는데 인도나 그리스에서는 최음제로 썼으며 우울증의 치료제였다. 천연두의 약이었다고도 하며 빈사상태의 환자라도 사프란 차를 먹으면 죽음에서 벗어날 수 있다고 했을 정도로 약효를 높이 평가했다.

사프란은 상품으로 거래될 때 분말로 만들어져 있어서 처음 유럽에 전해질 때는 상품의 실체를 몰랐다고 한다. 그래서 어떤 순례자가 미리 지팡이의 머리를 파두었다가 사프란 1개(구근)를 숨겨서 고국에 가져가 재배에 성공했다는 일화가 영국에 전해지고 있다. 그때 사프란은 금수품이었으므로 붙잡히면 사형감이었다. 한 애국자가 목숨 걸고 국익을 위해 모험했던 아름다운 이야기다. 문익점이 목화씨를 붓대롱에 숨겨 들여온 우리의 고사가 생각나게 한다.

사프란이 사람의 목숨을 앗아간 일도 있는데 A.D 1세기 때 로마의 박물학자 프리니는 사프란에 가짜가 많아졌다고 경고했다. 중세에 와서 유럽에 사프란의 수요가 많아지자 가짜 사프란을 만드는 사람들이 생기게 되어 14세기 독일에서는 가짜 사프란을 만드는 자는 사형에 처한다고 포고령을 내렸는 데도 15세기 중엽에 위반자가 적발되어 두 사람이 사형에 처해졌다. 그 후 사형의 극형을 벌금으로 대신했는데 수입품에 엄격한 검사가 1797년까지 계속되었다. 프랑스에서도 헨리2세(1550년)가 사프란 재배를 권장하면서 가짜를 만드는 자에게는 체벌에 처한다고 포고령을 내렸다고 한다. 이토록 사프란은 귀한 향신료였다.

지금은 값싼 합성 '아니린'이 만들어져서 염료로서의 가치를 잃었으나 여전히 사프란은 약미 · 향미 식물로 약해가 없는 무공해 식용색소(착색제)로 그 위치를 지키고 있다.

성 상 붓꽃과에 속해있는 다년생 구근식물로서 10월에 연보라색의 아름다운 6판화를 꽃피운다. 크로커스는 봄에 꽃이 피므로 구별된다. 10월에 잎이 나오면서 꽃도 함께 핀다. 잎은 10~15cm로 자라며 솔잎처럼 가늘다. 잎 사이에서 꽃대가 나와서 8cm 크기의 깔대기 모양의 꽃이 핀다. 수술은 노란색이고 암술은 붉은색으로 끝이 셋으로 갈라져 있으며 꽃잎보다 길게 나와 드리워져 있어서 이채롭다. 암꽃술은 매우 독특한 향기를 지녀 주두를 염료 및 약용으로 쓴다. 개화기간은 2주밖에 안 되며 구근은 분구가 잘 되고 연작은 싫어한다. 잎은 겨울에도 생육을 계속하여 5월에 시든다.

약효와 용도 사프란에는 정유가 8~10%, 텔펜(Terpene), 텔펜알코올(Telpene Alcohol), 에스텔(Estel)과 색소배당체인 크로신(Crocin), 피크로크로신(Picrocrocin) 등이 함유되어 있어서 진정, 진경, 통경, 지혈, 방향성 약품 등으로 쓰이며 발열, 경련, 간장비대 등을 경감시킨다. 고대에는 부인병의 냉증이나 월경불순의 통경제로 특효가 있어 중요하게 쓰였다. 한방에서도 번홍화(番紅花)라 하여 우울증 치료에 쓰며 심장의 이상을 진정, 정상화시켰는데 이는 기분을 명랑, 쾌활하게 만들기 때문이다. 가슴이 뛰고 현기증이 나는 것을 막아주는 효과도 있다. 외용(外用)으로 류마티스, 타박상(좌상), 신경통 등에도 쓴다. 최음제로 쓸 때 사용량이 지나치면 마취에 걸린 것처럼 되므로 주의한다.

재배법 ① **적지** : 따뜻한 지방에 적합하며 추운 곳에서도 꽃은 피지만 구근의 발육이 신통치 않으므로 중부 이남이 적합하다. 해가 잘 들고 배수가 잘 되면서도 비옥한 사질양토가 이상적이다.

② **번식** : 구근으로 번식한다. 지상부 순의 숫자만큼 땅속에 구근(자구)이 분구된다. 그러나 구근의 충실을 기하려면 순을 2~3개만 남기고 따버려서 충실한 개화구를 만든다. 사프란 재배에는 노지재배와 실내재배의 두 가지 방법이 있다. 큰 구근은 자체 내에 꽃순이 형성되어 있으므로 일정한 온도가 되면 뿌리가 나지 않아도 생리작용에 의해 자체수분과 영양분으로 꽃이 피게 된다. 이것을 이용하여 개화기인 10월 하순경 1~2주간 전에 1개의 중량이 20g쯤 되는 것을 얕은 상자에 촘촘히 펴 넣어서 선반에 올려두면 꽃이 피므로 주두(암술)를 따고 나서 곁눈을 제거하고 중심부의 눈을 2~3개만 남기고 밭에 내어 심어 구근을 비배한다. 이 방법은 수확의 노력비가 경감된다. 실내재배는 전혀 흙을 쓰지 않는다.

노지재배는 9월 중순부터 하순까지 늦어도 10월 초순까지 심는다. 복합비료 등을 넣은
후에 이랑너비 30~40cm로 하고 포기 사이 10~15cm 간격으로 하여 5~6cm 깊이로 심는
다. 대개 구근의 3배 정도 흙이 덮이는 깊이로 심으면 된다. 너무 얕게 심으면 분구하여
구근이 잘아져서 개화구가 되지 못한다. 다비재배가 유리하며 심은 뒤 퇴비를 지표에 덮
어주어 겨울의 보온을 겸한 덧거름이 되게 한다. 사프란은 분구 시기가 빨라서 비교적 저
온에서도 구근이 비대해지는 성질이 있다.

수 확
조 제
주두(빨간암술)의 수확은 꽃이 피는 당일이나 다음날 아침에 암술을 뽑아서 밑쪽의 노랑
고 흰 부분을 제거한 후 그늘에서 종이에 펴서 빨리 건조시킨다. 암술에 노란 꽃가루가
묻은 것은 질이 떨어진다. 건조시킬 때 따뜻한 방바닥에서 말리면 몇 시간이면 건조된다.
건조 정도는 구부리면 꺾어지는 정도면 된다. 구근 수확은 5월 중순 이후면 잎 끝이 누렇게
변한다. 반쯤 누렇게 될 때 맑은 날 캐내어 단을 묶어 그늘에 매달아 비를 맞지 않게 1개월
쯤 지나면 잎과 뿌리를 제거하고 상자에 담아 서늘한 곳에 두었다가 가을에 심는다. 구근
의 증식률은 개개 종구(種球)의 2~3배가 된다. 사프란의 주산지는 스페인과 터키다. 중
국에서는 실내재배로 수확하고 있다.

40 산사나무

과명 : 장미과 **학명** : *Crataegus pinnatifida* Bunge.
영명 : Hawthorn, oriental Hawthorn, May tree **생약명** : 山査子, 山楂
원산지 : 한국, 중국, 일본, 유럽, 인도, 북아프리카, 북미 **이용 부위** : 열매, 꽃, 어린잎(차)

산사나무는 북반구의 온대에 분포하며 세계에 1000여 종이 있다고 하지만 실제로는 약 150~200종이 있어 흔히 영명인 호손(Hawthorn)으로 더 알려진 정원수~생울타리용 관상수로 인기 있다. 우리나라에서는 열매를 약용하는 약용수로 더 알려져 있다. 한방에서 산사나무 열매를 산사자라 하여 소화기계통의 질환에 쓰는데 건위, 소화, 정장(整腸)의 목적으로 쓰인다. 그러나 서양에서는 잎, 꽃, 열매를 심장과 혈액순환의 강장약으로 썼으며 가시가 사나워서 호손이라 하는데 영국에서는 16~18세기에 걸쳐 가시 있는 나무를 생울타리용 나무로 인식하여 지주들이나 영주들이 사유권을 표시하기 위한 생울타리용으로 심어 양이나 소를 방목하는 데 긴히 쓰였다고 한다. 유럽에서는 사나운 가시를 예수님이 십자가에 달릴 때 쓴 가시관을 만든 나무라고도 지칭하여 신성시하며 이 나무는 마귀로부터 어린이를 지켜준다고 믿어서 애기요람에 산사나무 잎을 뿌려놓는 풍습도 있다. 산사나무의 학명을 *Crataegus*라 하는데 그리스어의 kratos(힘·力)에서 비롯된 것으로 이 나무의 목질이 굳은 것을 뜻한다. 산사나무는 배나무처럼 목재가 굳고 치밀하여 칼자루, 빗, 소공예품을 만들었다 한다.

산사나무는 3~6m로 자라는 낙엽활엽소교목으로 내한성이 강하고 내조성도 강하며 줄기는 회색이다. 새가지에 가시가 많고 잎은 광타원형으로 끝이 세갈래로 얕게 갈라져 있는 거치잎으로 호생한다. 봄에 새잎이 피면서 가지 끝에 흰색 5판화가 산방화서로 피면 뭉개구름처럼 뭉실뭉실하게 피어 설화(雪花)를 연상케 한다. 꽃에는 꿀이 많아 벌꿀이 모여드는 밀원식물이다. 가을 9~10월에 광택 있는 둥근 열매가 붉게 익는 이과(梨果)다. 열매크기는 지름이 1.5~2.5cm다. 열매에는 비타민C가 많이 함유되어 있다. 열매 속에 까만 씨가 들어왔다.

산사나무 열매에는 유기산, 말산(Malic acid), 우솔릭산(Ursolic acid), 사포닌(Saponin), 후라보노이드 배당체, 프로시아니진, 타닌 등이 함유되어 있어서 한방에서는 건위소화제, 해독제로 효험 있다 하며 습을 다스리고 설사를 멎게 하는 정장작용도 있고 위암과 난소암의 치료에도 쓰인다. 특히 육식소화제로 좋다. 서양 산사나무(*C. laevigata*)는 심장과 혈액순환에 관한 중요한 치료약으로 동맥경화증이나 신장질환에 의한 고혈압을 내리고 한편 심장의 노화나 심장판막증 환자의 건강상태를 현저하게 개선시키는 효과가 있다는 영구보고도 있어서 이 식물은 고혈압을 내리는 동시에 저혈압을 정상화시키는 효과도 있다 한다. 또 협심증, 부정맥, 동맥경련, 신경성 불면증, 편두통, 인후염, 갱년기장해, 불임증에도 효과가 있다.

우리는 산사나무 열매의 신맛 나는 것을 산사자라 하는데 쪼개어서 씨를 발라 버린 것을 산사육(山査肉)이라 하며, 이것을 넣고 떡을 만든 것을 산사병(山査餠)이라 하고, 정과를 만든 것을 산사정과, 술에 넣어 빚은 것을 산사주라 하고, 아가위(산사육)을 걸러 넣어서 끓인 음식을 산사탕이라 하며 날 것으로도 먹는다. 묵은 닭의 굳은 고기를 삶을 때 몇 개만 넣고 끓이면 고기가 연하게 삶아진다. 어린잎은 차(茶)로도 쓰이며 1차 대전 때는 잎차뿐 아니라 씨는 커피 대용으로 쓰고, 잎은 담배대용으로도 쓰였다고 한다. 지금은 생울타리와 정원용 관상수로서 수요도 약용 못지않다.

재배법

① **적지** : 그늘에는 약하고 햇볕을 좋아한다. 양수~중용수로 해가 잘 들고 토심이 깊은 비옥한 사질양토가 이상적이다.

② **번식** : 씨와 꺾꽂이, 포기 나누기 등으로 번식되며 파종은 11월에 묘상을 만들어 씨를 마르지 않게 2년간 노천매장 하였다가 봄에 파내어 뿌린다. 파종용 흙은 씨가 단단하므로 보수력 있는 점질양토에 부엽토를 30% 정도 섞어서 쓴다. 덮는 흙의 두께는 2cm 정도가 좋다. 다음해 봄에 발아하여 그대로 비배하였다가 이듬해 봄에 이식한다. 꺾꽂이는 장마 지난 후 그해 자란 가지를 잘라 꽂으나 활착율은 좋은 편이 못 된다.

가장 쉬운 번식법은 뿌리에서 맹아력이 있어 새싹이 나올 정도이므로 뿌리꽂이로 번식시킨다. 봄 3월에 다소 굵은 뿌리를 10cm 길이로 잘라 반 정도 묻히게 곧게 세워 꽂는다. 이때 주의할 것은 뿌리의 아래위를 구별하여 자르는 것인데 위는 바로 아래쪽을 엇비슷하게 자르면 거꾸로 꽂는 실수는 없다. 뿌리꽂이는 위쪽 부분도 묻히게 흙을 덮는다. 뿌리꽂이 후 15일이 지나면 잘디잔 싹들이 많이 나오므로 그 중 실한 것으로 하나만 남기고 나머지는 잘라 버린다. 꺾꽂이하여 얻은 모종은 4~5년이면 개화주가 된다.

③ **관리** : 매우 튼튼하여 건조한 메마른 땅에서도 잘 자란다. 가지가 밀생하므로 가지를 잘 쳐서 개화기에 벤 곳을 솎아내어 공기 유통이 잘 되게 해준다. 밀생하면 꽃은 많이 피어 곱지만 열매가 다 떨어져 버리므로 안쪽의 잔가지는 전정해 주어서 채광과 통풍을 좋게 해주면 큰 열매가 결실된다. 비료는 잎이 있을 때는 깻묵의 액비를 덧거름으로 월 2회 정도 준다(정식 후).

수확
조제

열매는 10~11월 초순에 다소 일찍 따서 씨를 발라버리고 세 쪽으로 갈라 건조시켜 보관한다. 어린잎과 꽃은 생으로 또는 건조시켜 차로 이용한다. 꽃잎 차는 가슴 두근거릴 때 마시면 진정된다.

과명 : 층층나무과 **학명 :** *Cornus officinalis Sieb, et zucc.* **영명 :** Cornelian cherry
생약명 : 山茱萸 **원산지 :** 한국, 중국 **이용 부위 :** 열매의 과피(과육)

내 력 중국에서는 산수유를 중양절(重陽節·음력 9월 9일)에 액막이로 쓰는 풍속이 있다. 옛날 후한(後漢) 때 '항경(恒景)'이라는 사람이 비장방(費長房)에게서 "9월 9일날 닥쳐올 액운을 면하려거든 주머니를 만들어 산수유 열매를 그 속에 넣어 팔에 걸고 높은 산에 올라가 국화술을 마시면 그 화를 면하리라."는 말을 듣고 그대로 행한 후 저녁에 집에 돌아와 보니 모든 가족들이 몰살되었다는 것이다. 이에 스승은 저들이 너를 대신해 화를 당한 것이라고 말했다는 고사에서 비롯된 풍습으로써 산수유는 요사재액을 떨어버려서 연명장수를 비는 중양절에 없어서는 안될 비방제가 되기도 한 자양강장제다.

성 상 내한성이 강하고 이식도 잘 되나 공해에는 약하다. 낙엽활엽소교목으로 높이 4~7m로 자라고 줄기 지름이 40㎝에 이르는 것도 있다. 오래된 나무는 수피가 암갈색을 띠고 비늘 모양으로 벗겨진다. 잎은 대생하며 난형~타원형으로 길이 4~12㎝, 엽맥이 있고 뒷면에 갈색털이 밀생한다. 꽃은 3~4월에 황금색 잔꽃이 산형화서로 20~30송이 핀다. 산수유꽃은 봄에 가장 일찍 피는 것으로 유명하여 관상수로도 즐겨 쓰인다. 이 꽃은 잎보다 20여 일

앞서 핀다. 열매는 핵과로 10월경 진홍색으로 익는데 광택이 있다. 열매의 과육은 다장질(多漿質)인데 과피(과육)를 약용한다. 씨를 뺀 것을 산수유(Corni fructus)라고 한다.

약효와
용도
산수유의 성분은 능금산, 주석산, 몰식자산, 지방산, 당분, 코르닌(Cornin)이 있고 잎에 플라보노이드를 함유하고 있다. 자양강장작용, 수렴작용(부기내림), 항균작용, 항진균작용 등이 있다. 한방에서는 노인요통, 만성신장염, 당뇨병, 방광염, 뇨의빈삭, 동맥경화, 음위, 유정, 식은땀 흘리는 데, 이명, 월경과다, 빈혈, 신경쇠약 등에 치료 및 자양강장강정제로 쓴다. 술로 빚기도 하고 차로 이용하기도 하며 드링크제로도 만들어 이용하고 있다. 근래의 연구결과 항바이러스작용, 항종양작용, 혈당강하작용, 항알레르기작용, 면역부활작용, 간장의 장해개선작용 등도 보고되어 있고 피로회복과 스트레스해소에도 좋다고 약용주를 권하고 있다. 열매 맛이 새콤달콤해서 생식도 할 수 있다.

재 배 법
① **적지** : 우리나라 중부지방까지 재배가 가능하나 남부지방이 유리하다. 해가 잘 드는 양지를 좋아하며 이른 봄에 꽃피므로 개화기에 늦서리를 맞으면 수분(受粉)장애를 받기 쉽다. 서북풍이 막힌 경사 분지로서 한파가 없는 곳이 좋다. 토질은 배수가 잘 되고 토심이 깊은 부식질이 많은 사질양토나 자갈 섞인 양토가 좋다. 육묘 시는 되도록 좋은 땅이 튼튼한 모종을 만들 수 있다.

② **번식** : 주로 씨로 하며 약재로 과육을 제거한 씨를 이용하면 된다. 이밖에 꺾꽂이와 접붙이기도 할 수 있으나 활착율이 좋지 않다.

③ **파종** : 봄 3월과 11월이 적다. 씨는 경실종(硬實種)으로 껍질에 유세포가 형성되어 있어 물의 침투가 어렵다. 또 씨의 배유가 1년 정도 더 자라야 하는 장기휴면형이므로 채종 즉시 직파하든가 곧 땅에 가매장하였다가 이듬해 봄에 뿌린다. 어느 것이나 발아하는 데는 1년이 지나고 2년째 봄에 발아하게 된다. 인공처리로 발아를 촉진할 수도 있다.

　㉠ 찰상법(擦傷法) : 씨의 10배 정도 양의 굵은 모래와 섞어서 절구에 찧으면 껍질이 얇아져서 수분을 잘 흡수하여 발아가 빨라진다.

　㉡ 도정법(搗精法) : 씨가 많을 때는 보리방아 찧는 정미기에 넣어 몇 번 돌리면 껍질이 얇아진다. 단 너무 갈면 종인(種仁)이 상할 수 있으므로 주의한다.

　㉢ 황산처리 : 씨는 단단할 뿐 아니라 납질의(유분) 물질이 있어 흡수를 방해하여 발아가 늦어지므로 황산 80%액에 2분간 담가 납질을 제거한 후 곧 맑은 물에 여러 번 깨끗이 씻어 파종하면 발아가 잘 된다. 단, 황산은 위험하므로 취급에 특별히 주의해야 한다. 파종 요령은 밑거름을 충분히 넣은 묘상을 120~150cm 너비의 높은 두둑을

만들어 10cm간격으로 3~4cm 깊이의 얕은 골을 파고 줄뿌림 한 후 2cm 두께로 흙을 덮은 위에 왕겨나 볏짚을 덮어 건조를 방지하며 충분히 관수한다. 발아하면 덮은 왕겨나 볏짚을 제거한다.

④ **정식** : 1년간 묘상에서 비배관리 하였다가 이듬해 봄 3월 초순과 가을의 낙엽진 11월에 정식한다. 대개 15~20cm쯤 자라있다. 심는 구덩이는 45cm×45cm로 파서 밑거름을 충분히 넣고 흙을 덮은 위에 심는다. 포기 사이는 3.6m×3.6m가 정식간격이다(10a당 150주). 산수유는 심은 후 4~5년간은 키가 작은 채소류를 간작하여 잡초를 막아야 한다. 아닐 때 2회 제초한다. 비배관리에 힘쓴다.

⑤ **관리** : 지상 1m 정도 자라면 원줄기의 순을 전정하여 곁가지가 나게 하며 재배 도중에 너무 가지가 무성하면 개화가 잘 되지 않으므로 3월 초순경에 굵은 뿌리를 몇 개 잘라주면 꽃이 잘 피고 결실도 잘 된다.

수 확
조 제

산수유는 파종(실생) 후 빠르면 5년, 보통 10년 후라야 개화 결실하게 되며 수령은 20~70년 사이가 수확 최성기가 된다. 수확 적기는 열매가 붉게 익는 10월 하순~11월 상순경에 나무 밑에 넓은 돗자리나 멍석을 깔고 털어 모으는 방식으로 수확한다. 장기수인 만큼 수령이 높을수록 수확량이 많다.

조제는 수확한 열매를 햇볕에 3~4일 말리면 반건조 상태가 된다. 이것을 열매 한쪽을 손가락으로 눌러서 씨를 발라낸다. 씨를 제거한 과육(과피)을 햇볕에 건조하거나 건조기로 건조시키는데 과육의 함수량(含水量)이 15~19% 정도 될 때까지 건조시킨다. 산수유의 우량품은 과육 빛이 적자색이고 광택이 나며 신맛이 많아야 우량품이 된다. 씨를 제거하지 않고 그대로 말린 것을 끓여 먹는 경우가 있는데 씨에는 렉틴(Lectins)이 함유되어 있어 인체에 유해하므로 반드시 씨를 뺀 과육을 건조시켜 약재로 이용해야 한다.

42 서양톱풀

과명 : 국화과 **학명** : *Achillea milleforium L.* **영명** : Yarrow(common), Milfoil
중국명 : 一枝蒿, 西洋蓍草 **원산지** : 유럽, 북미 **이용 부위** : 잎, 꽃

내력

서양톱풀을 '야로(Yarrow)' 라고 하는데 예부터 상처의 치료약으로 알려져 있다. 학명 *Achillea*는 일리아드의 영웅 아킬레스의 이름에서 비롯된 것인데 아킬레스가 트로이 전쟁 때 병사들의 상처를 이 풀로 고친 데서 붙여졌다 한다. 아킬레스는 반인반수(半人半獸)인 신 키론(Chiron)에게서 이 식물의 약효를 가르침 받았다는 전설이다. 그래서 옛날 그리스 시대에는 상처에 만능약이라고 여겼으며 부상자가 많이 나는 전쟁의 상징으로 삼기도 했다. 프랑스에서는 지금도 톱, 대패, 칼, 낫 같은 연장에 다친 상처에 잘 듣는다고 하여 '목수의 허브(herbeaux charpentiers)' 라고 부른다.

꽃빛이 아름답고 다양해서 관상용으로 재배할 때는 '아킬레야' 로 통용되고 있으며 약용 허브티(茶)로 이용할 때는 야로티라 하여 자칫 별개의 식물로 혼돈하기 쉽다. Yarrow란 이름은 이 식물의 앵글로색슨명인 'Gearwe', 네드란드명인 'Yerw' 의 사투리라고 한다. 일반적으로는 영명을 Milfoil이라 하는데 종명인 *Millefolium* 즉 라틴어의 많다는 뜻으로 1000을 의미하는 Mille와 잎이라는 뜻의 Folium의 합성어에서 비롯된 것으로 톱니가 무수히 많은 우상복엽의 잎에서 유래한 것이다. 약효가 뛰어나다 보니 마녀들도 썼다는데 중국에서는 진시황제 시대에 점술사들이 야로 줄기 50대를 가지런히 잘라서 뿌려 던져서 미래를 점쳤다 하며 유럽에서는 토루이트승들이 계절의 날씨를 점치는 데 야로 줄기를 사용한 것이 기록에 남겨져 있다.

성 상 다년초로 한번 활착하면 귀찮을 정도로 잘 퍼지는 재배가 쉬운 식물이다. 높이 60㎝ 정도로 자라며 줄기는 곧게 선다. 잎은 짙은 녹색으로 톱니처럼 잘게 2회우상복엽으로 깊이 찢어져 있어 대생한 것이 톱니를 연상시켜 톱풀이라 한다. 줄기는 총생하며 덤불진다. 6~10월경 줄기 끝에 두화가 산방상으로 뭉쳐 핀다. 꽃빛은 흰색, 빨강, 노란, 분홍 등이 있으며 노란색은 아주 향기로워서 드라이 플라워로도 쓰인다. 개화기가 길어서 2개월쯤 계속한다.

약효와 용도 야로의 성분은 정유에 아클린(Achillin), 시네올(Cineole), 보르네올(Borneol), 테르피네올(Terpineol), 캠퍼(Campher), 타닌(Tannine), 쿠마린(Coumarin), 사포닌(Saponin), 플라보노이드(Fravonoid), 당류, 피넨(Pinene), 아즈렌 등이 함유되어 있어서 수렴작용, 지혈작용, 해열, 발한작용, 진정·진경작용, 소염작용, 살균작용, 소독작용, 이뇨작용, 이담작용, 항균작용, 창상치유작용, 혈압강하작용, 통경작용 등이 있다. 이에 차나 달여서 감기나 위장의 약으로 쓴 역사가 오래며 식욕부진, 소화불량, 위염, 경련성 생리통에 치료제로 쓰고 외용(外用)으로 소염작용과 항균작용을 살려 잘 낫지 않는 상처나 피부염증에 쓴다. 진해제나 거담제로 생화를 열탕에 넣어 증기흡입하면 효과가 있고 신경통에는 좌욕~목욕제로 쓰면 효과가 있다. 다린 물로 머리를 감으면 대머리를 예방할 수 있고 생잎을 씹으면 치통을 멎게 한다.

강장제로 차로 이용하는 외에 비타민과 미네랄이 풍부하여 요리에도 이용할 수 있다. 샐러드나 삶아서 나물로 요리할 수 있다. 스웨덴에선 예부터 맥주양조에 이용한 역사도 있다. 우리나라 톱풀(*Achillea Sibirica Ledebour*)은 봄에 나물로 먹는 것은 알려져 있으나 야로처럼 약초로서 건위제, 해열제, 구풍제, 활혈제, 타박상 등에 쓰인다. 야로나 톱풀 모두 생잎을 두들겨 상처에 대고 붕대로 싸매주면 신통하게 지혈도 되고 상처도 아문다.

재배법 ① **적지** : 해가 잘 드는 곳이면 어디서나 자라는 재배가 쉬운 약초다. 더위나 추위에도 강하고 지하경으로 잘 퍼지므로 채소가 잘 안 되는 척박한 땅이나 언덕 같은 곳에 심어두면 된다. 토질은 가리지 않으나 배수가 잘 되는 곳이 좋다.

② **번식** : 씨와 포기 나누기로 번식된다. 파종은 봄 3월 하순~5월 중순까지와 가을 9~10월에 파종한다. 포기의 생장이 왕성하므로 2~3년에 한 번씩 파내어 몇 개로 쪼개어 포기 나누기를 한다. 봄과 가을에 옆으로 퍼진 란나를 잔뿌리를 붙여서 잘라 독립시켜도 된다. 서늘하고 습기만 있으면 생육기간에도 포기 나누기를 할 수 있다. 너무 무성하면 꽃이 덜 피게 되므로 묵은 뿌리나 마른 뿌리를 정리해 주고 솎아서 바람이 잘 통하게 해준다.

꽃을 수확할 때는 꽃이 피었을 때 잘라서 그늘에서 건조시킨다. 잎은 수시로 수확할 수 있으며 그늘에서 말려두고 차로 이용한다. 채소로 이용할 때는 어리고 연한 것을 따서 쓴다.

43 세이지

과명 : 자소과(꿀풀과) **학명** : *Salvia officinalis L.* **영명** : Sage, Common Sage, Garden Sage
별명 : 약용 살비아 **원산지** : 지중해 연안, 유럽 남부 **이용 부위** : 잎

세이지는 약용 살비아라고도 하며 예부터 만병통치약으로 널리 알려져 온 역사가 오랜 약용 식물이다. 그러나 오늘날에는 건강식품으로 또는 향신료로 더 인기를 얻고 있는 향기로운 식물이다. 세이지는 코먼 세이지(Common Sage) 또는 밭에서 재배한다 하여 가든 세이지(Garden Sage)라고도 하며 흔히 살비아(Salvia)라는 이름으로 통용된다. 살비아라 하면 우리는 가을에 진홍색의 꽃이 피는 관상용 화초를 지칭하는 이름이지만 유럽에서는 세이지를 살비아라고 한다. 그러므로 우리에게는 쉽게 납득이 안가 혼돈되기 쉬우나 세이지와 살비아는 같은 이름이다. 세이지는 영명이며 프랑스어 Sauge가 변한 말이다.

학명인 *Salvia*는 라틴어의 Salveo 즉 '건강하다' 또는 Sadvere 즉 '치료하다', '구조하다' 라는 뜻에서 유래한 말이다. 그리스 로마 시대부터 유명한 약초로 뇌와 근육을 강화하여 장수케 하는 영약이라 했으며 종명 *Officinalis*도 약초임을 말해준다. 세이지를 꾸준히 장복하면 죽음을 면한다고까지 했을 정도다. 옛날 아라비아의 속담에는 "뜰에 세이지를 심은 집에서는 죽는 사람이 없다."고 했고 영국에서도 "장수하고 싶은 사람은 5월에 (꽃이 피기 전 약효가 가장 왕성한 시기) 세이지를 먹어라."는 속담도 있을 정도로 유럽에서는 널리 애용되는 약초다. 고대 로마의 병사들은 점령지를 이동할 때마다 세이지 씨를 뿌리고 다녔다고 전해져 세이지가 군생하는 곳은 그 옛날 로마군이 지나갔던 길이라고 한다. 이것은 세이지의 강장작용(强壯作用)을 병사들이 이용하려고 휴대하고 다녔음을 말해준다.

세이지는 방부·살균효과가 뛰어나므로 잎을 마루에 깔아서 전염병, 악취 등을 예방하는 건강 향료의 하나로 쓰인 역사도 있다. 특히 세이지를 담근 식초는 '세이지 비네거(Sage Vineger)'이라 하여 전염병을 물리치는 벽사의 주술적인 약으로 쓰였다. 이토록 중요시하다 보니 세이지가 성(盛)하고 쇠(衰)함에 따라서 가운의 성쇠를 점치는 민속도 생겨나 세이지가 마르면 집안이 기운다고 했다. 또 '로즈마리'는 정직한 사람이 키우면 잘 된다는 속담처럼 '세이지'는 현명한 사람에게서 잘 자란다고 믿고 있다. 이것은 두통, 정신적 긴장 등을 진정시켜 두뇌를 명석케 해주는 데서 생겨난 것이다. 북미 조지아의 흑인들은 세이지 잎에 성경에 나오는 12사도의 이름을 써서 신발에 넣고 있으면 재판에서 유리한 판결을 받을 수 있다고 믿고 있을 정도로 신통력 있는 영초(靈草)로 여겼다.

세이지 차(茶)는 진정작용이 있어서 건강음료로 유럽 각국에서 마셨는데 17세기에 홍차가 전해지기 전까지는 세이지 차가 일반적인 차로 애용되었다. 네드란드와의 무역을 시작한 중국에서도 세이지 차를 즐겼는데 무역품으로 세이지와 홍차를 1:3의 비율로 교환하였다고 한다. 세이지는 향기로운 밀원식물이기도 하며 유고슬라비아는 세이지의 꿀과 함께 잎을 중요 수출품목으로 삼고 있다.

성 상

세이지는 꿀풀과에 속한 다년생초본으로서 밑줄기는 아관목(亞灌木)이 된다. 줄기는 30~90cm로 자라며 네모지고 포기 전체에 강한 향기가 있다. 잎은 대생하며 장타원형으로 회록색이나 은백색이며 두껍고 표면에 그물 같은 주름이 잡혔으며 잎 뒷면에 흰털이 밀생한다. 꽃은 여름에 5~10송이가 총상화서로 가지 끝에 윤생한다. 2cm 크기의 꽃잎 끝이 아래위로 입을 벌린 듯한 종 모양의 악편이고 꽃잎은 남자색이다. 꽃에는 꿀이 있어서 꿀벌이 꼬이는 좋은 밀원식물이다. 9월에 지름 2mm의 갈색 씨가 익는다. 세이지의 에센셜 오일(정유)은 꽃이 피기 직전이 가장 함유량이 높고 심어서 2년째의 포기가 정유의 함유량이 많다. 여름의 건조에는 강하며 내한성도 있다. -15℃ 정도, 고온다습에는 약하다.

① **클라리세이지(Clary Sage)**는 학명을 *Salvia Sclarea L.*라 하며 유럽 남부가 원산지인 다년초로 내한성이 있으며 높이 1m 이상 자라는 대형 향초로 여름에서 가을에 걸쳐 향기로운 핑크색 계통의 아름다운 큰 꽃을 줄기마다에 꽃피워서 볼만하다. 방향유를 채취하기 위해 재배되며 향료, 향신료로서 사용된다. 옛날에는 약초로서 미약이나 최토제로 썼으며 점액질의 씨는 눈의 이물질을 제거하는 데 쓰였고 침출액은 상처의 세척이나 양치질 등의 외용약으로 썼다. 잎은 후리타로 설탕을 뿌리면 맛있다.

② **파인애플세이지(Pineapple Sage)**는 학명을 *Salvia rutilans*라 하며 남미가 원산지로 -5℃의 반내한성이며 둥근 잎에 파인애플 같은 달콤한 향기가 있으며 빨간색의 가느다란 꽃이 가을까지 아름답게 피어 잊고 꽃을 요리의 부향제로 쓰며 차(Tea)나 쿠키를 만들 때도 쓴다. 포푸리나 꽃다발에도 이용한다. 높이 1m이다.

③ **스페니시세이지(Spanish Sage)**는 학명을 *S. lavandulaefolia*라 하며 스페인~프랑스에 분포하고 높이 30cm로 '발삼' 같은 향이 나는 가는 잎이 특징이며 요리나 차에 쓰이며 내한성이 있다.

④ **체리세이지(Cherry Sage)**는 학명을 *S. greggii*라 하며 멕시코 원산으로 -5℃의 반내한성 세이지다. 높이 1m로 과일 같은 달콤한 향기가 있고 초여름부터 새빨간 꽃을 오래도록 꽃피워 관상용으로도 훌륭하다.

⑤ **멕시칸푸시세이지(Mexican push Sage)**는 학명이 *S. leucantha*로 멕시코 원산인데 -5℃의 반내한성이지만 생육이 왕성하고 큰 포기로 자라며 벨벳 같은 광택이 있는 적자색의 꽃을 피운다. 포푸리나 드라이플라워로 인기 있다.

⑥ **트리칼라세이지(Tricolor Sage)**는 학명을 *S. officinalis var tricolor*라 하며 지중해 연안이 원산지로 잎은 녹색, 백색, 자주색의 3색이 섞인 꽃처럼 아름다운 세이지인데 코먼세이지와 같은 성질이 있어 약용, 요리용으로 쓴다.

⑦ **골든바리애게이티드세이지(Golden variegated Sage)**는 잎에 노란 무늬가 있어 허브가든에서 독특한 색채로 돋보인다. 요리와 차로 이용한다.

이밖에도 퍼플세이지(Purple sage), 실바세이지(Silba sage) 등 많은 세이지가 있다.

세이지에는 정유 2%, 타닌(Tannin), 피넨(Pinene), 시네올(Cineol), 투존(Thujone) 등 많은 성분이 함유되어 있어서 강장작용 외에 살균, 항염증, 수렴, 항균, 소독작용 등이 있어 각종 염증에 소염제로 뛰어나다. 또한 해열, 구풍, 정혈작용도 있고 땀과 젖과 타액의 분비억제작용이 있다. 간장과 소화기관의 기능 개선작용과 우울증이나 불안초조한 데도 쓰인다. 한방에서는 소화불량, 감기, 다한증, 월경곤란증, 갱년기장해에 처방된다. 벌레에 쏘인 데 세이지 오일을 바르면 효과가 있고 후두염, 편도선염, 치근염, 감기로 목이 아플 때 구내염 등에 함수제로 세이지 달인 물로 양치질하면 소염효과 있으며 구취도 방지할 수 있다. 세이지는 두뇌와 근육의 발달을 강화하여 기억력을 높이고 중풍이나 손발이 저려서 고생할 때, 심한 운동 후의 피로나 통증을 씻어준다. 진하게 달인 세이지즙은 머리의 린스로 쓰면 윤이 나며 세이지 향은 손이나 옷소매에 묻으면 며칠씩 빠지지 않을 정도로 향기로워서 향수의 원료로 쓴다. 또 일반적으로 이를 희게 하고 잇몸을 튼튼하게 한다 하여 치약이 나오기 전까지는 이를 깨끗하게 하는 데도 쓰였다.

세이지는 약초인 동시에 요리에도 중요한 부향제로 쓰였는데 마른 잎이 향이 더 진하여 생잎도 함께 요리에 쓴다. 주로 육류요리에 쓰며 세이지를 넣으면 풍미가 더해서 좋다. 돼지고기나 내장류의 냄새를 없애주며 세이지 정유는 지방분을 분해시켜 맛을 좋게 할 뿐 아니라 고기를 먹은 뒤에도 느끼하지 않고 소화를 촉진시키므로 즐겨 쓰인다. 순대에도 이용해볼 만하다. 주로 닭, 양, 돼지, 뱀장어 등의 요리나 치즈, 소시지, 햄, 불고기, 햄버거, 스튜 등에 쓰며 이탈리아 요리나 독일 요리에 즐겨 이용된다. 다만 주의할 것은 너무 많이 쓰지 않는 것이 맛을 돋우는 비결이다. 고기를 먹은 뒤에 세이지 차를 마시면 입맛이 개운해진다. 단 임산부는 사용을 삼가야 한다. 성분 중의 투존은 과잉습취 시 환각을 유발하는 습관성의 독성이므로 장기간 사용과 과용은 금물이다. 20세기에 들어와서 항산화작용과 항균성작용이 과학적으로 확인되어 용도는 확대되고 있는 유망 약초다.

재배법 ① **적지** : 해가 잘 들고 바람이 잘 통하며 배수가 잘 되는 건조한 듯한 석회질토양이 좋다(약 알칼리성 토양). 내한성이 있는 것은 중부지역에서 재배가 가능하나 반내한성인 것은 겨울에는 하우스나 온실에서 재배하면 오래 개화를 볼 수 있다.

② **번식** : 씨와 꺾꽂이로 번식한다. 4~5년에 한 번씩 포기 나누기로도 번식된다. 파종은 5~6월에 직파하든가 파종상에 뿌려 이식한다. 발아온도는 15℃는 있어야 하며 20~25℃면 2주일 내에 발아한다. 씨는 깨알만하다. 파종한 해에는 꽃이 피지 않으며 다음해 봄에 개화하므로 서둘러 파종하지 않아도 된다. 모종이 10cm쯤 자라면 30cm간격으로 정식한다. 꺾꽂이는 봄에서 여름 사이에 다소 굳은 가지를 15~20cm 길이로 잘라 꽂으면 쉽게 활착한다.

③ **관리** : 본잎이 8~10장쯤 자라면 순을 쳐서 곁가지를 많이 나게 한다. 장마 때 고온다습하고 채광량이 부족하면 웃자라 쓰러지기 쉬우므로 배수가 잘 되게 하여 과습하지 않도록 주의한다. 세이지는 향기가 강하므로 벌레가 꼬이지 않아서 어린 모종의 관리는 쉽다. 단 모종이 어릴 때 잎을 너무 따버리면 생육이 정지되므로 주의한다. 질소비료가 과

다하면 잎이 너무 무성하여 향기가 옅어지므로 2개월에 한 번씩 복합비료를 주는 정도면 된다. 추운 지방에서는 겨울에 볏짚이나 왕겨 또는 낙엽을 포기 위에 덮어서 방한하여 월동시킨다.

수 확
조 제

키가 40㎝쯤 자라면 조금씩 가지를 수확하여 그늘에서 빨리 건조시킨다. 완전히 건조된 잎을 종이봉지에 넣어 냉암소에 보관한다. 봄에 꽃이 피기 전과 가을에 잘라서 바람이 통하는 그늘에서 빨리 건조시킨다. 세이지는 단일(短日)에 개화하는 성질이 있으므로 야간에 조명하는 것은 주의한다.

44 세인트존스워트

과명 : 물레나물과　**학명** : *Hypericum perforatum* L.　**영명** : Common st. John's wort
생약명 : 貫葉連翹　**원산지** : 유럽~서아시아　**이용 부위** : 씨, 꽃, 잎

내 력

세인트존스워트는 우리나라의 고추나물(小連翹)이라 하는 약초와 닮은 서양고추나물인데 영명이 말해 주듯이 예수님께 세례를 주었던 세례요한에게 바쳐지는 꽃으로서 그 날의 의식에 쓰인 것으로 알려져 있다. 이 식물은 옛날부터 많은 미신이 얽혀 있는 약초다.
학명 *Hypericum*은 그리스어 Hypo(사이)+Erice(수풀)의 합성어로 잡초가 우거진 수풀 사이에 난다는 것을 의미한다. 일설에는 '악마를 제어한다'는 고대 그리스어에서 비롯된 것이라고도 하는데 이 식물의 향기를 악마(마귀)가 싫어하기 때문이라는 것이다. 잎에는 작은 반점(脂肪腺)이 있는데 악마가 미워서 해치려고 바늘로 찌른 흔적이라 한다. 뿌리에도 빨간 반점이 있는데 이것을 '세례요한의 피'라 하며 이 반점은 세례요한이 목이 잘리던 날인 6월 24일에는 반드시 나타난다는 것이다.

이 꽃에는 세례요한을 추적하던 스파이가 요한이 있는 집을 알아낸 뒤 표시로 창문에 이 꽃을 꽂아 놓고서 포졸들에게 목표로 삼게 했는데 기적이 일어나 모든 집 창문에 이 꽃이 꽂혀 있게 되자 분간할 수 없어서 세례요한을 잡지 못했다는 전설이 있다. 이 전설에 의해 벽사의 주술로 쓰이게 되었다고 하며 마귀를 쫓는 부적으로써 창가에 걸어 놓기도 하고 몸에 지니고 다니기도 한다고 한다.

영국(웨일즈)에서는 성경책에 이 잎을 끼워서 벽사의 부적으로 이용하는 풍습을 어머니가 딸에게 일러주어 전승케 할 정도로 그 마력을 믿고 있다. 중세까지도 '마귀 쫓는 풀(Fuge daemonum)'이라는 이름으로 불리었다. 이 주술적 의미는 발전하여 창문이나 대문에 이 꽃을 걸어 놓으면 귀신뿐 아니라 악귀, 병마, 벼락이 떨어지는 것을 막아주고 화재의 재난도 피할 수 있다고 했으며 아이들의 침상에 달아 놓으면 귀신의 접근을 못한다고 믿었다. 그래서 세례요한 축일전야(St John's Eve)에 이 꽃을 문에 걸어 놓으며 다음 날 아침 이슬이 마르기 전에 1년치의 이 풀을 뜯으려 들로 나간다는 것이다(단오날 우리가 쑥을 뜯는 것과 같다). 꽃잎을 문질러 으깨어보면 빨간 즙이 나오는데 이것을 세례요한의 피라고 한다. 이 즙은 적색염료로서 약용 외에 화주(火酒)의 착색제로도 이용한다.

성 상

다년초로 높이 30~60cm로 자라며 잎은 피침형으로 작고 투명한 유점(지방선)이 많으며 잎자루는 없고 대생한다. 꽃은 6~8월에 노란색의 5판화가 집산화서로 핀다. 꽃잎에도 유점이 있다. 꽃진 후 잘다랗고 둥근 검은 씨가 들어있는 열매가 결실한다. 내한성도 있고 재배는 쉬우나 광감수성(光感受性)이 높아서 약을 외용(外用) 했을 때는 햇볕에 노출시키면 피부염을 일으키므로 주의한다.

약효와 용도

세인트존스워트에는 배당체 하이퍼리신(Hypericin), 플라보노이드(Fravonoid), 타닌(Tannin), 수지, 지방 등이 함유되어 있어서 소염, 수렴, 진정, 지혈, 이완, 상처유합, 살균작용 등이 있다. 옛날부터 투선(Tutsun)이라 부른 유명한 약초인데 베인 상처(切傷)에는 이보다 좋은 약초는 없다고 했을 정도다. 그래서 옛날 십자군 원정 때 휴대하고 간 것이 유럽에 퍼졌다고 한다. 씨를 달인 즙은 히스테리, 우울증, 신경통, 생리통, 위염, 장염, 불면증, 기침, 두통의 치료제로 쓰며 이뇨제로도 쓰인다. 어린이의 야뇨증에도 자기 전에 먹이면 좋다. 꽃이피었을 때 따서 치약, 화장수 등도 만들며 강장효과도 뛰어나므로 허브 차로서 감기, 편도신염, 기침, 폐렴 등에 쓰며 꽃을 올리브유에 담가서 약의 성분을 추출하여(정유) 외용약으로 신경통 특히 좌골신경통에 문질러 바르면 특효가 있다 하며 타박상, 화상, 염좌, 매 맞은 상처 등에 바른다. 꽃의 추출액은 항바이러스, 수렴, 진정작용이 있어 염증이나 외상, 설사를 고치며 혈류를 좋게 하고 베인 상처, 화상, 치질, 정맥류 등에도 바른다. 지금은 에이즈 치료약으로의 가능성이 연구 중이라고 한다. 꽃은 적색염료지만 크롬을 매염제로 쓰면 오렌지색의 염료가 된다. 지상부로 만든 차(茶)는 월경 중의 조급한 마음을 진정시켜 주며 기분을 릴랙스시켜 주며 긴장을 풀어주는 작용이 있다. 잎은 샐러드로 또는 릭큘의 부향제로 쓰며(발삼향) 꽃은 레몬향이 있다. 단, 장기복용은 피한다.

재배법

① **적지** : 해가 잘 드는 곳이나 반그늘에서도 잘 자란다. 토질은 배수가 잘 되는 사질양토가 좋다. 그러나 별로 가리지는 않는다.

② **번식** : 씨와 포기 나누기로 번식되며 파종은 4월에 씨를 손가락으로 누르듯이 점뿌림한다. 본잎이 4~6장 때 30cm 간격으로 정식한다. 포기 나누기는 봄 4~5월과 가을의 9~10월 중순까지 할 수 있다. 지하경이 옆으로 퍼지는 성질이 있으므로 가까이에 심는 것을 그해 자란 줄기를 10cm 길이로 잘라 밑쪽 잎을 따고 반쯤 묻히게 모래에 꽂으면 쉽게 뿌리 내린다. 1개월 뒤 정식한다.

수 확
조 제

수확은 개화 직전에서 개화기간 중에 꽃송이째 잘라서 그늘에서 빨리 말려 보관한다. 잎과 꽃을 식물성 기름에 담가서 우러나는 침출유를 외용약으로 이용한다. 이 기름을 세인트존스워트 오일(oleum Hyperici)라고 한다.

45
소프워트

과명 : 석죽과 **학명** : *Saponaria officinalis L.* **영명** : Soap wort
한국명 : 거품장구채 **생약명** : 사포나리아 **원산지** : 유럽, 서아시아 **이용 부위** : 잎, 뿌리, 줄기, 꽃

내 력

소프워트는 Soap(비누), Wort(풀)라는 이름이 말해 주듯이 비누로 쓰이는 식물이다. 화학세제의 유해론으로 많은 주부들이 당혹해 하는 지금 천연세제로 소프워트는 꼭 필요할 것 같아 다룬다. 유럽에서는 소프워트의 줄기나 잎을 물에 30분 이상 끓이면 거품이 일면서 비누액이 되는데 이 액을 비누처럼 사용했다. 지금도 섬세한 고대의 직물인 타페스트리(Tapestry · 벽걸이)의 세탁용으로 쓰고 있다. 이것은 실을 손상시키지 않으므로 즐겨 쓰인다. 지금은 비석회질물로 소프워트를 끓여 그 비눗물로 박물관에서 오래된 천이나 섬세한 레이스 등을 손질하여 복원할 때 매우 귀중히 쓰인다.

중세 때는 빨래터 옆에 반드시 이 식물이 심어져 있었다고 하며 '세탁소의 풀(Fullers herb)'이라는 애칭으로도 불리웠다. 아랍권에서는 지금도 이 식물이 세척제로 쓰이고 있으며 시리아에서는 모직(Wool)을 세탁하기 위해 이 식물이 재배되고 있다. 스위스의 알프스 지방에서는 털을 깎기 전의 양들을 이 소프워트의 비눗물로 깨끗이 씻는다는 것이다. 옛날에는 약용식물로도 알려져 뿌리를 말린 것을 매독과 피부병, 상처 등의 외용약으로(세정액) 썼다는 기록도 있다.

성 상

내한성 다년초로 60~90cm로 자라며 줄기가 총생하고 잎은 대생하며 연녹색으로 피침형~타원형이며 세 줄의 엽맥이 뚜렷하고 광택이 있다. 초여름에 줄기 끝에 2~3cm 크기의 연분홍~흰색의 5판화가 핀다. 개량된 원예종에는 겹꽃도 있고 빨강 꽃도 있다. 꽃에도 달콤한 향기가 있으며 화단초화로도 가꾼다.

약효와 용도

잎에는 사포나린(Saponarin)이 함유되어 있고 뿌리에도 사포닌(Radix saponariae)이라 하여 4%의 사포루브리닉산(Saporu brinic acid)이 함유되어 있어서 살균력이 있는 소독액이 되며 여드름, 습진, 옴 등의 치료에 쓰며 2~3년된 포기의 근경은 거담, 이뇨, 완화작용이 있다. 간장과 담낭의 담즙을 만드는 기능을 높인다. 그러나 독성이 있어 내복용으로는 특별한 처방이 필요하므로 함부로 쓰지 않는 것이 좋다. 꽃은 샐러드로 이용할 수 있고 건조시킨 꽃은 포푸리로 쓰이는데 향기가 오래간다. 또 맥주의 거품을 만드는 데도 쓰인다. 근경과 뿌리, 잎에 함유된 사포닌은 경수(硬水)를 연화시키는 데 쓰이며 상한 머리카락이나 민감한 피부용 샴푸나 세안료로 이용한다. 줄기는 뿌리나 근경보다 효능이 떨어진다.

재배법

① **적지** : 해가 잘 들고 보수력이 있는 비옥한 땅이 좋다. 튼튼한 식물이므로 반그늘에서도 잘 자란다. 척박한 땅에서는 생육이 좋지 않다.

② **번식** : 씨와 포기 나누기로 번식하며 파종은 봄 3~5월과 9월에 묘상에 뿌렸다가 옮겨 심어도 되고 직파해도 된다. 정식 간격은 30~40cm로 한다. 한번 심어 놓으면 씨가 자연히 떨어져서 날 정도로 잘 번식된다. 포기 나누기는 가을에 파내어 나누어 심으면 쉽게 활착한다. 대개 옆으로 뻗어가는 성질에 있으므로 줄기를 3~4개씩 붙여 쪼개면 된다. 여름에 굳어진 줄기를 꺾꽂이로도 번식시킬 수 있다. 이때는 15cm 길이로 잘라 꽂으면 22℃ 이상이면 8일쯤이면 뿌리가 난다.

수확 조제

꽃은 개화기, 줄기, 잎은 여름에 줄기나 잎을 베어서 건조시켜 보관해 두고 이용할 수 있으며 뿌리는 9~10월경 근경을 파내어 물에 씻어 적당한 길이로 잘라 햇볕에 말리면 약 8일이면 건조된다.

46

스테비아

과명 : 국화과
학명 : *Stevia rebaudiana*
Bertoni.
영명 : Stevia
스페인명 : CA"A'-HE'E
원산지 : 남미, 파라과이,
브라질, 아르헨티나
이용 부위 : 잎

내 력

스테비아는 1970년대에 도입되어 갑자기 알려진 저칼로리 천연 감미료로 붐을 이룬 식물이다. 원산지인 파라과이에서는 옛날부터 원주민들이 '카해애' 라 이름하였는 바 그들 인디오어로 '단풀' 이라는 뜻이라 하며 차(tea)의 감미료로 쓰고 있었다고 한다. 스테비아의 잎을 뜯어 맛을 보면 설탕처럼 단맛이 있는 것을 알 수 있다. 지금은 인디오뿐 아니라 커피나 홍차에 감미료로 쓰고 있는데 상쾌한 단맛이 난다. 브라질의 인디오 부인들 사이에서는 스테비아의 잎, 줄기 등을 달여서 마시면 피임의 효과가 있다고 전해져 왔으나 실험결과 이 효과는 의심스럽다는 결론이 있으므로 염려하지 않아도 될 것 같다.
학명 *Stevia*는 스페인의 식물학자겸 의사인 에스테브(P.J. Esteve · 1566년) 씨의 이름에서 딴 것이다.

성 상

파라과이와 브라질 국경 표고 500m 지역에 자생하고 있으며 높이 80~90㎝ 내외로 자라는 다년생 숙근초다. 국화과에 속해 있으며 뿌리는 비교적 얕게 뻗는다. 줄기는 곧게 서며 가지를 많이 친다. 줄기에 흰털이 나고 밑쪽이 목질화한다. 잎은 장타원형으로 길이 2~4㎝로 둔한 거치가 있다. 8~9월에 줄기 끝에 흰색 잔꽃이 많이 핀다. 씨는 관모에 싸여 있어서 바람에 실려 날아가 퍼지나 씨는 잘고 발아력도 좋은 편이 못 된다. 스테비아의 잎에는 서당(庶糖)의 300배의 감미(甘味)가 있다. 저 칼로리의 식물성 감미료로 식용, 약용에 쓰인다. 스테비아는 단일성 식물이며 건조와 고온에는 약한 편이고 저온에는 비교적 강한 편이지만 겨울의 기온이 영하로 내려가는 곳에서는 보온시설이 필요하다.

스테비아의 말린 잎에는 스테비오사이드(Stevioside)라는 성분이 있어서 이를 결정체로 추출하는 데 성공했는데 스테비오사이드의 함유율은 마른 잎의 경우 5~7%라 한다. 스테비오사이드는 물이나 알코올 등 용제(溶劑)에 잘 녹으며 내열성이 있고 독성이 없는 무색 무취의 결정체로 수용성이 강하여 추출이 쉽다. 그러나 인체 내에서는 흡수되지 않고 (감미성분) 대부분이 배설되므로 인체에 무해하여 현대인의 문화병이라고 일컬어지는 당뇨병, 심장병, 비만, 충치 등의 저혈당제의 개발이 요구되는 시점에 스테비아는 혜성처럼 나타난 고마운 감미료임에 틀림없다. 국제화학회에서도 인정하고 있다. 특히 결정체 1g의 열량이 4cal로 낮아서 다이어트 식품으로도 환영받는다. 현재 분말, 정제(錠劑), 티백 등으로 상품화되고 있다. 아이스크림, 샤베트, 추잉껌, 청량음료, 약품, 담배의 감미료 등에 쓰이며 추출깻묵은 사료에도 배합한다.

① **적지** : 아열대에서 도입된 작물이므로 추위에는 약하다. 우리나라에서는 따뜻한 남부지방이 유리하나 중부지방에서는 겨울에 비닐하우스에서 재배한다. 15~25℃가 생육적온이다. 해가 잘 들고 사계절이 뚜렷한 곳이 적합하다. 토질은 보수력이 있고 배수가 잘되는 부식질이 많은 사질양토나 양토가 좋다. 산도는 pH 5.2~6.5의 약산성 토양이 좋다. 내습성(耐濕性)은 강하나 소비성(少肥性)이다.

② **번식** : 씨와 꺾꽂이로 번식한다. 씨는 광선이 부족하면 발아율이 떨어지는 광발아성(光發芽性)이므로 복토에 유의한다. 파종하기 전에 씨에 붙은 관모를 비벼서 제거해 버린 후에 뿌린다. 파종 시기는 4~5월경 발아적온이 20~25℃이므로 1m 너비의 이랑을 만들어 9cm 간격으로 줄뿌림 한 후 1mm 정도 두께로 복토한다. 비교적 저온에서도 잘 발아한다. 파종 후 4~5일이면 발아가 시작된다. 떡잎이 나오면 솎아주고 9cm간격으로 넓혔다가 본잎이 4~5장일 때 포기 사이를 25cm로 하여 정식한다.

꺾꽂이가 일반적으로 쉬운 번식법이다. 5~6월경 새순을 3~4마디(6~8cm) 길이로 잘라 밑쪽 잎을 따버리고 남은 잎도 반쯤 잘라줄여서 증발을 억제한다. 2~3시간 물에 담가 물올림 한 후에 모래나 질석, 물이끼 등을 섞은 삽목상에 5cm간격으로 꽂는다. 이때 발근촉진제(루톤)를 발라서 꽂으면 효과적이다. 대개 7~10일이면 뿌리가 난다. 20일쯤 되면 25cm 간격으로 정식할 수 있다. 삽수의 채취 부위에 따라서 활착율이 다르다. 생장정부(生長頂

部)면 95% 중간 부위나 밑쪽 가지는 80~70% 가량 활착한다.

③ 관리 : 스테비아 재배에서 주의할 것은 생육온도를 21℃ 이상으로 유지하며 건조에 약하므로 토양수분이 60%쯤 되도록 하는 것이 가장 중요하다. 수확 후에 유기질액비를 덧거름으로 주는 것을 잊어서는 안 된다.

수확 조제

정식 후 2개월 반~3개월이면 수확할 수 있다. 대개 60~80㎝에 달하므로 지상 20~25㎝ 높이에서 베어내어 햇볕에서 빨리 건조시킨다. 여름에는 1~2일이면 건조된다. 이것을 막대기로 두들기면 줄기와 잎이 쉽게 분리되므로 잎을 정선하여 습하지 않게 보관한다. 수확기에 비에 젖으면 단맛이 유실되어 품질이 떨어진다. 일단 건조된 잎은 성분이 변하지 않는 이점이 있으며 장기간 저장할 수 있어 좋다. 수확기는 5~11월까지다. 허브 차로 이용할 때는 열탕 1컵(180cc)에 생잎 2장이면 된다. 가을에 지상부가 마르면 근경에 겨울눈이 많이 생겨 월동하게 되므로 뿌리를 상하지 않게 파내어 온상에서 가온월동시킨다. 잎을 수확하고 남은 줄기와 가지는 감미성분이 적으므로 상품화는 못 해도 가정용 감미료로는 충분하다.

47 씨벅쏜(비타민나무)

과명 : 보리수나무과 **학명 :** *Hippophae rhamnoides L.* **영명 :** Sea Buckthorn
별명 : Sallow Thorn **중국명 :** 沙棘, 醋柳 **내몽고명 :** 酸柳柳 **몽고속명 :** 비타민 나무
원산지 : 온대지방의 해안지대, 내몽고, 시베리아, 티베트, 유럽 북서부, 중국, 외몽고
이용 부위 : 열매(식용, 약용), 잎, 줄기, 뿌리는 황색염료

씨벅죤이라는 영명보다 비타민나무라고 부르는 몽고의 통속명으로 더 잘 알려진 식물로 우리나라에는 근래에 도입되어 시험 재배되고 있는 유망식물이다. 오렌지색의 콩알만한 열매가 새콤하면서도 약간 떨떠름한 맛이 있지만 가을에 가지를 뒤덮듯이 결실된 열매의 광경은 훌륭하며 특히 뿌리가 깊이 뻗어 해안지대의 토양을 안정시키는 사방목으로서 아무리 강한 태풍에도 까딱없어 앞으로 약용 외에 식용, 사방용 등 크게 각광받을 수 있다. 중국에서는 어린가지에 바늘 같은 가시가 있다하여 사극(沙棘)이라고 하고 열매에 신맛이 있고 잎이 버들잎처럼 좁고 길기 때문에 초유(醋柳)라고도 한다. 시베리아에서는 열매(장과)를 치즈나 우유와 함께 먹으며 또 미드소스에 넣어 삶기도 한다. 네팔에서도 열매를 약용 외에 생식도 하고 피클이나 설탕조림으로 잼을 만들어 먹기도 한다. 네팔의 여성은 붉은 열매의 과즙을 입술이나 이마의 연지, 곤지로 쓴다. 또 잎, 줄기, 뿌리에서 황색 염료를 채취하는 염료식물도 된다.

내한성이 강하고 건조에도 잘 견디는 낙엽소교목으로 높이 5~9m로 자라며 옆으로 퍼지는 성질이 있다. 가지를 잘 치며 잔가지에는 바늘같은 가시가 있다. 잎은 회록색의 비늘 같은 것에 뒤덮여 있는 버들잎 모양이다. 자웅이주로 봄에 잔가지 위에 담황색의 잔꽃이 흡사 뭉치듯 피며 가을에 콩알만한 둥근 열매가 주황색으로 익는 장과로 즙이 많고 맛이 시고 다소 떫은 맛이 있다. 이 열매는 낙과되지 않고 가을에서 겨울동안 나무에서 월동한다. 스산한 겨울에 관상용으로도 훌륭하다. 열매에 1개의 씨가 들어있는데 갈색이며 인(仁)인 배유에 기름성분이 있다.

비타민나무라고 할 만큼 비타민이 풍부한데 비타민B_1·B_2·B_6·B_{12} 등이 함유되어 있고 카로틴(Carotene), 폴산(Folic acid) 같은 성분 외에 과육에는 지방, 지방산, 육두구산, 팔미트산(Palmitic acid), 스테아르산(Stearic acid), 올레산(Oleic acid), 리놀레산(Linoleic acid) 등이 있고 꽃에는 라우르산(Lauric acid)이 있다. 또한 과육, 과즙, 씨에는 단백질이 있는 영양덩어리다. 열매에 수렴작용이 있어 목의 갈증을 멎게 하고 감기, 해열, 타박상에도 효과가 있고 기침을 멎게 하고 거담작용도 있으며 폐질환, 소화불량, 위궤양, 위통, 호흡곤란, 만성기관지염, 복통, 월경불순, 자궁병, 변비, 폐경, 활혈(活血)작용과 진통작용도 있다. 미숙장과는 설사와 이질의 치료에 쓰이며 환부에 붙여서 지혈제로도 쓴다. 열매는 약용 외에 건강음료의 원료가 되며 소스 원료로도 쓰인다.

① **적지** : 온대지방의 해안지대나 강기슭 산림의 임지 등이 좋고, 해가 잘 들고 보수력있

는 비옥한 사질양토가 좋다. 추위와 건조에 잘 견딘다.

② **번식 :** 씨와 꺾꽂이로 번식된다. 파종은 3~4월에 하며 씨뿌리기 전에 과육을 제거한 씨를 24시간 동안 물에 불렸다가 파종한다. 가을 10~11월에도 가능하다. 가을에 직파하면 이듬해 봄에 싹이 튼다. 봄 파종은 10~15㎝ 간격으로 점뿌림 하였다가 본잎이 5~6장 때 정식한다. 꺾꽂이는 6~8월에 2~3년 된 묵은 가지를 20㎝ 길이로 잘라 밑쪽 잎을 따버리고 2~3시간 물올림 한 후에 발근촉진제(루톤)를 발라서 2~3마디가 지상에 나오도록 꺾꽂이한다. 활착하면 비배했다가 다음해 봄에 정식한다. 포기 사이는 50~70㎝로 한다.

수 확
조 제

열매가 주황색으로 익으면 따서 물에 씻어 볕에서 건조시켜 약용한다. 생식용이나 가공용은 수확한 후 건조시키지 않고 씨를 제거한 후 이용한다.

48 시트로넬라그라스

과명 : 포아풀과
학명 : *Cymbopogon nardus Rendle, Andropogon nardus L.*
영명 : Citronella grass
별명 : 향수억새
스리랑카명 : Pangiri
인도명 : Ganjui
말레이시아명 : Sereh wangi
원산지 : 남인도, 스리랑카, 열대아시아
이용 부위 : 잎, 에센셜 오일(시트로넬라 오일)

내 력

일반적으로 시트로넬라라고 하며 향료를 뽑는 대형의 다년초로서 억새를 닮았으므로 향수억새라는 별명이 주어져 있다. 줄기와 잎을 자르면 레몬같은 향기가 나므로 레몬그라스와 같은 무리임을 알 수 있다. 시트로넬라는 스리랑카형과 인도네시아형이 있는데 시트로넬라 오일은 18세기 전반기에 '올레움시레(Oleum siree)'라는 이름으로 유럽 시장

유망한 동·서양 약초재배기술

에 등장하여 18세기 후반에는 널리 시장에 퍼졌다. 그 후 인도네시아형의 유질이 우수한 시트로넬라 오일의 생산이 시작되기까지 레나바투(Lenabatu)를 원료식물로 하는 스리랑카산 오일이 세계시장을 독점하고 있었다. 그러나 1899년에 Mahapengiri가 스리랑카에서 인도네시아에 도입되어 인도네시아형 시트로넬라 오일의 생산이 증대하여 인도네시아는 2차 대전 전에는 세계 최대 산유국이 되었다. 2차 대전이 끝난 후 혼란기에 인도네시아의 생산이 쇠퇴하고 대만, 과테말라, 온두라스 등에서 인도네시아형 시트로넬라 오일의 생산이 활발해져 세계시장에서 큰 몫을 하고 있다. 지금은 중국이 이 산업에 가세하여 큰 발전을 이루어 세계시장에서 경쟁하고 있다.

성상 열대성 다년초로 1.5~2m 정도로 다소 크며 잎은 근경에서 군생하며 분백색을 띤다. 레몬그라스와의 차이점은 잎자루가 없는 작은 이삭의 포엽 뒷면이 납작하게 되는 것이 차이점이다. 잎의 폭도 2cm로 다소 좁다. 잎은 바깥쪽으로 휘면서 늘어져 끝이 땅에 닿는다. 잎의 표면은 선록색이다. 생육이 진행되면 줄기의 밑쪽이 지면보다 떠올라 노출되는 특성이 있다. 자연상태로 방임하면 1년에 1회 이삭이 나와 개화하며 총상화서로 늘어진다. 내산성이 없어 우리나라에서 노지재배는 불가능하다.

약효와 용도 시트로넬라의 생잎을 수증기 증류하여 시트로넬라 오일(Citronella oil)을 채취한다. 이 정유의 성분은 시트로넬라(Citronellal) 24~34%, 게라니올(Geraniol) 26~40%, 보루네올(Borneol) 등이 함유되어 있어서 살균작용과 탈취작용이 있어 향수원료, 비누, 방충크림의 향료로 쓰이는데 향수를 뿌리면 모기가 물지 않아 즐겨 쓰인다. 또 멘톨(menthol)의 향료합성원료로도 쓰인다. 인도에서는 잎을 다린 즙을 건위, 구풍약으로 약용하고 있다. 이밖에 요리의 부향제로도 쓰인다. 오일의 빛깔은 연황색~황색을 띠고 갈색도 된다.

재배법 ① **적지 :** 시트로넬라는 열대~아열대성의 고온성 식물로서 해가 잘 들고 풍부한 강우량이 있는 배수가 잘 되는 곳이 생육에 좋다. 고도 200~300m, 월평균기온 22~28℃로 겨울에도 15℃가 있어야 한다. 건조에는 비교적 강한 편이며 토질은 가리지 않으나 부식질이 풍부한 사질양토가 가장 좋고 점질토는 부적당하다.

② **번식 :** 주로 포기 나누기로 번식시킨다. 잘 여문 포기를 지상에서 20~30cm에서 잘라내어 수확하고 남은 포기를 파내어 2~3대씩 붙여 쪼개어 정식한다. 식재간격은 1×1m로 한다. 0.6×0.6m로 심을 수도 있다. 깊이는 15cm로 하여 잎초가 땅속에 묻히게 심는다(들뜨는 성질이 있어서) 얕게 심는 것은 좋지 않다.

③ **관리** : 내한성이 없으므로 밭에 심었다가 가을에 파 올려 큰 화분에 심어 하우스나 온실에서 월동시킨다. 이때 실내 온도가 10℃ 전후면 잎을 자르지 않고 월동시키며 온도가 20℃가 유지되면 깊이 자르지 말고 잎 길이의 1/3 정도에서 끝을 잘라 주면 말라 죽지 않는다. 이때 너무 깊이 자르면 죽이게 된다.

**수 확
조 제**

기온이 20℃ 이상 올라가면 잎이 많이 나오므로 수확할 수 있다. 이때 너무 깊이 자르지 않도록 주의한다. 일반적으로 8~9월이 된다. 그 뒤 4개월마다 년 3회 수확할 수 있다. 대개 정식 후 2년째부터 수확할 수 있다. 잎 수는 7~8장, 잎 끝이 갈색으로 마르기 시작할 때가 적기다. 너무 어리고 연할 때 수확하면 수확 후 생육에 지장을 준다. 입초 부분이 많이 함유되지 않게 지상에서 20~30cm에서 벤다. 또 꽃이삭이 나오기 전에 수확한다. 출수 후에 수확하면 정유성분이 대개 함유되지 않는 부분이 많다. 벤 잎은 일기가 나쁠 때는 바로 증류할 수도 있으나 어느 정도 건조시킨 것을 증류하는 것이 좋다(2~3일 정도 건조시킴).

**49
시
호**

과명 : 미나리과
학명 : *Bupleurum falcatum L.*
영명 : Hare's Ear
생약명 : 柴胡
원산지 : 한국, 중국, 일본
이용 부위 : 뿌리

유망한 동·서양 약초재배기술

시호는 중국의 〈신농본초경〉에도 올라있는 역사가 오랜 중요 생약재 중 하나다. 중요한 한방약뿐 아니라 전망이 밝은 수출 약재의 하나로 수요가 많은 약초로 60년대까지는 자생지에서 수집 공급했으나 수요에 공급이 미치지 못하여 재배약초로 인기를 얻기 시작한 것은 70년대부터다. 시호 중에서 우리나라 종인 *Bupleurum falcatum*이 약효가 가장 우수하며, 중국시호(*B. Chinense*)나 제주도와 백두산에 자생하는 참시호(*B. Scorzonerifolium*)를 중국에서 북시호(北柴胡) 또는 시호라 하여 약용한다. 일본산의 미시마시호(三島柴胡)는 우리 시호와 흡사하나 지금은 생산이 줄어서 한국에서 수입해 가고 있다.

숙근초로서 높이 60~90cm로 줄기는 곧게 서며 가늘고 굳으며 녹색으로 줄기 중간 쯤에서 가지치기한다. 잎은 호생하며 근생잎은 잎자루가 있다. 댓잎처럼 평행맥이 있다. 꽃은 7~8월에 가지 끝에 노란색의 잔꽃이 복산형화서로 핀다. 열매는 흑갈색의 원판형으로 맺혔다가 분과(分果)로 나누어지며 뿌리는 담황갈색을 띠며 근경(根經) 1~1.5cm, 길이 15cm로 더덕처럼 주름이 많다. 뿌리의 안쪽은 황백색이며 더덕보다 딱딱하고 독특한 냄새가 나며 약간 신맛이 있다. 시호재배에서 가장 주의할 점을 연작하면 치명적인 근부병의 발생이 심하므로 연작을 피하고 윤작해야 한다.

시호의 뿌리에는 사포닌(Saponin) 3%, 주성분은 사이코시드(Saikoside), 그밖에 스피나스테롤(Spinasterol), 스티그마스테롤(Stigmasterol) 등 사포닌과 스테로이드, 지방유가 함유되어 있어서 간기능 장해의 개선작용이 인정되고 있다. 전염성 간염의 해열, 소염, 해독에 응용된다. 예부터 한방약으로 해열, 해독, 진통, 진정, 강장 등의 요약으로 이용했고 정신안정작용도 있어 히스테리, 심인성 우울증, 흉부고통을 제거하는 효과도 있다. 만성위장장해, 식욕부진, 폐렴, 기관지염, 감기, 고혈압, 당뇨병, 담낭염, 황달, 불면증에 처방하며 소화기계통, 호흡기계통, 순환기계통의 병증에 쓰였다. 또 근(筋)의 장력(張力)을 높이는 작용이 있어 탈항(脫肛), 자궁탈출(子宮脫出), 위하수에도 쓰인다.

① **적지** : 해가 잘 들고 통풍이 잘 되는 서늘한 곳이 좋다. 우리나라 경기도, 강원도 이남의 중남부 지역이 적지다. 해풍과 안개가 많은 지역에서는 잘 쓸어지고 탄저병이 발생하기 쉽다. 토질은 배수가 잘 되고 표토가 깊은 비옥한 사질양토나 부식질양토가 좋다. 보수력이 있는 것도 중요하다. 개간지에서의 재배는 생육은 다소 부진하나 병의 발생이 적다. 산성토양에서도 비교적 잘 자란다.

② **번식** : 씨로 번식한다. 파종 적기는 3월 중순~하순경 18℃가 발아적온이다. 채종은 2년생포기에서 채종하며 묵은 씨는 발아율이 좋지 않으므로 해마다 채종토록 한다.

파종 요령은 씨를 소금물(벼씨와 같은 요령)에 담가 가라앉는 씨만 건져서 물에 씻어 그늘에서 말려 파종용으로 쓴다. 파종하기 전에 씨를 자루에 넣어 2일간 흐르는 물에 담가서 발아억제 물질을 제거한 후에 파종한다. 대개 직파하는데 미리 밭에 비료를 넣고 갈아 엎은 뒤 90cm 너비의 두둑을 만들고 20cm 간격으로 1cm 깊이로 골을 켜서 줄뿌림 한다. 파종 후 흙을 덮고 수분증발을 억제하기 위하여 볏짚을 위에 덮어준다. 대개 25~30일이면 발아한다. 파종종자량은 10a당 1kg기준이다.

③ **육묘관리** : 밑거름을 충분히 넣었지만 덧거름을 6월 중순, 7월 중순, 8월 중순에 덧거름 전용 복합비료를 주어 비배한다. 관리에서 가장 중요한 것은 제초작업이다. 발아가 2/3 정도 되면 볏짚을 벗기고 밀파된 곳은 솎아주며(본잎 2~3장) 제초를 게을리 하면 잡초에 지고 만다.

④ **순치기** : 7월 상순~중순경에 원줄기가 40cm쯤 자라면 30cm쯤 남기고 윗순을 잘라주며 다시 50cm가 되면 40cm를 기준으로 하여 윗부분을 잘라 순치기는 9월 상순 전에 모두 끝낸다. 맑은 날에 순치기하여 자른 부위에서 병균의 침입을 줄여준다.

**수 확
조 제**

종래에는 2년생 뿌리를 수확했으나 1년생 뿌리나 2년생 뿌리 간의 약효성분의 함량 차이가 크지 않다. 오히려 1년생 뿌리가 약간 더 많은 것으로 밝혀져 과거에는 육묘이식재배나 직파재배 모두 2년생 뿌리의 생산을 목표로 재배하였으나 지금은 비옥한 땅에서 직파로 1년생 뿌리의 수확을 목표로 재배하고 있다. 병충해의 피해도 이편이 적다. 수확 적기는 11월 중~하순경 얼음이 얼기 전이 적기다. 수확 전 줄기를 20cm 정도 남기고 잘라버린 후 뿌리를 캐낸다. 캐낸 뿌리는 잔뿌리를 제거하고 맑은 물에 씻어 지상부를 제거한 후 햇볕에서 건조시킨다. 대개 7~10일이면 완전히 건조된다. 통풍이 잘 되는 곳에 저장한다.

50 쓴풀

과명 : 용담과
학명 : *Swertia japonica Makino, Ophelia japonica Makino*
생약명 : 当藥
영명 : Swertiae Herba
일본명 : センブリ(千振)
원산지 : 한국, 일본, 중국
이용 부위 : 전초(全草)

내 력

쓴풀은 이름 그대로 그 맛이 얼마나 쓴가 하면 뜨거운 물에서 1000번 흔들어 씻어도 여전히 쓰기 때문에 일본명이 1000번 흔든다는 천진(千振)이다. 당약이라는 이름은 '당연히 약이다' 라는 뜻이라 한다.

학명 *Swertia*는 네델란드의 식물학자인 에만벨스워트(Emanvel Swert)에서 유래한 것이다. 쓴풀은 유명한 약초인데 당약이란 이름이 그 약효를 잘 표현해 주고 있다. 쓴풀은 동양 3국 외에도 중앙아시아와 북미 서부에 10여 종이 분포하고 있다. 민간에서 고미건위제로 쓰고 있는데 네팔에서는 간장병에 쓰고 있다.

성 상

내한성 1~2년초로 높이 10~20㎝로 자라며 줄기는 흔히 네모지고 자주빛을 띤다. 잎은 대생하며 1.5~3.5㎝의 선형~좁은 피침형으로 가장자리가 약간 뒤로 말린다. 1년째는 근생잎 뿐이지만 2년째는 가지를 많이 치며 화아분화하여 갑자기 키가 자란다. 꽃은 가을 9~11월에 흰~연노랑바탕에 자주색 줄무늬가 있는 별모양의 5판화가 줄기 끝에 모여 핀다. 열매는 삭과로 씨는 둥글고 밋밋하다. 뿌리는 황갈색이다.

약효와 용도

쓴풀은 전초에 고미(苦味)배당체, 스웨르티아마린(Swertiamarin), 젠티오피크로사이드(Gentiopicroside), 스웨로사이드(Sweroside), 아마로젠틴(Amarogentin), 아마로스웨린(Amaroswerin)과 그밖에 스웨르티신(Swertisin), 스웨르자포닌(Swertijaponin), 이소비텍신(Isovitexin) 등이 함유되어 있어서 타액, 담즙, 취장액의 분비촉진효과가 있어서 고미건위제로서 소화불량, 식욕부진, 위통, 설사 등에 약용한다. 최근에는 알코올 추출물을 발모 촉진작용이 있어 육모제로 이용되고 있다(탈모증에 효과 있다). 민간에서 위장병이나 간장병에 쓴다. 이용이 쉬운 약초인데 건조시킨 것은 꽃 1개나 반개 정도를 끓는 물에 차처럼 침출시켜 미지근하게 식혀서 마시면 효과가 있다. 스테비아 잎을 2~3장 함께 넣고 차를 우리면 쓴맛을 줄일 수 있다. 골수염, 편도선염, 결막염에 '개쓴풀(Odiluta)'을 중국에서 淡味藥이라 하여 약용한다.

재배법

① **적지** : 해가 잘 드는 숲풀가나 초지에 자생하고 있고 재배가 쉬운 약초다. 해가 잘 들고 물이 고이지 않는 곳, 배수가 잘 되면서도 보수력이 있는 땅이 좋다.

② **번식** : 씨로 번식한다. 씨가 미세하므로 파종상에 뿌렸다가 이식하는 것이 좋다. 파종 적기는 5~6월이 좋으며 파종할 때 가는 모래와 씨를 섞어서 뿌리면 몰리지 않아서 좋다. 파종 후는 흙을 덮지 말고 볏짚이나 낙엽을 덮어 건조를 방지한다. 발아할 때까지 차광하여 준다. 발아하면 덮은 것을 제거하고 본잎이 4~5장 때 이식,정식한다. 20cm 간격으로 심는다. 장마 때는 물이 고이지 않도록 배수에 주의하며 개화기가 수확기와 겹치게 되므로 해가 잘 드는 것이 좋다. 2년째에 개화하게 되므로 심은 해 겨울에는 서릿발에 뿌리가 들떠서 동해를 입지 않도록 낙엽이나 볏짚을 덮어주어 보호한다.

수확 조제

수확 적기는 10월 중순~11월까지인데 꽃잎에 약효성분이 가장 많이 함유되어 있으므로 꽃이 피기 시작 할 때 뿌리째 뽑아서 흙을 씻어 제거한 후 그늘에서 빨리 건조시켜 보관한다.

51
아니스

과명 : 미나리과
학명 : *Pimpinella anisum*
영명 : Anice
생약명 : 아니시드
(Aniseed), 茴芹
원산지 : 지중해 연안,
시리아, 이집트, 그리스
이용 부위 : 씨, 잎,
줄기, 꽃, 뿌리

내 력 아니스는 지중해 연안에서 아시아에 걸쳐서 자생하고 있는데 이집트에는 B.C 3000년경
에 이미 미이라를 만들 때 보존재 향료로써 이용된 재배역사가 오랜 식물이다. 고대 이집
트의 약초 목록에도 올라 있는 것이 발견되고 있다(B.C 1600년경에 기술한 것). 미이라
는 원래 포르투갈 말로 '향료를 쓴다' 또는 '포대를 감는다' 라는 뜻이다.

고대 이집트인은 정기적으로 반복되는 나일강의 범람이나 태양의 운행 등 자연현상의 관
찰에서 얻어진 지혜로 죽음과 부활은 반복된다고 생각했다. 태양신이나 죽음의 신에 대
한 신앙은 그 표현방법의 일종이다. 영혼은 만약에 시체가 없어지면 부활할 수 없다고 했
기 때문에 시체가 부활하는 날까지 안전하게 보존되는 것이 절대적으로 필요했던 것인데
이것이 미이라라는 형태로 발전하게 된 것이다. 미이라는 만드는 방법도 신분에 따라서

달랐는데 국왕이나 왕비는 귀중한 향료와 약초(방부제)를 듬뿍 사용하여 만들었으며 매장한 묘실도 방처럼 꾸몄고 도굴을 방지하기 위하여 피라미드을 만들었다.

아니스의 학명 *Pimpinella*는 라틴어의 Bipinnula에서 비롯된 것인데 Bis 즉 2중(二重)의 Pinnula(Penna · 날개)라는 뜻으로 잎이 새의 깃털(羽毛)을 연상시킬 만큼 섬세한 데서 얻은 이름이다. 종명 *Anisum*은 이 식물의 옛이름인데 아라비아어의 anysum에서 비롯된 것이다.

예부터 아니스는 씨를 향신료로도 이용했는데 고대 로마제국 시대에는 연희의 만찬 끝머리에 아니스 씨를 넣은 케이크가 즐겨 나왔다. 이것은 아니스씨가 소화를 촉진한다고 생각했기 때문이다. 이 케이크가 오늘날 유럽에서 전통적으로 쓰이는 웨딩케이크의 원형이라 한다. 아니스씨는 달콤하면서도 상쾌한 맛이 있어 입 냄새를 없애주므로 식후에 씨를 씹는 습관도 있다. 미국의 개척 당시(식민지 시대)에는 류마티스의 진통제로도 쓰였는데 이때는 아니스 기름, 로즈마리 기름을 담배에 섞어서 파이프로 피웠다는 것이다.

성 상

내한성 1년초로 직근성이어서 이식을 싫어한다. 높이 30~50㎝로 자라며 줄기는 가늘고 대궁의 속이 비었다. 잎은 밝은 녹색으로 2회우상복엽으로 잘게 찢어져 있으며 향기가 있다. 꽃은 5~6월에 줄기 끝에 유백색의 잔꽃이 산형화서로 피며 약 1개월 후 갈색의 씨가 맺는다. 씨는 톡쏘는 향기와 단맛이 있으며 감초를 닮은 달콤한 향미가 있다. 이 열매는 2개의 분과(分果)가 붙어서 구형을 이루는데 익으면 자연히 분과되어 떨어진다.

약효와 용도

아니스의 씨에는 정유가 3.5% 함유되어 있는데 성분은 아네톨(Anethole)이 85%, 아스트라골(Astragol)이 15%, 구마린(Coumarin), 배당체 불휘발성유로 살균, 소독, 거담, 구풍, 이뇨, 진통, 진해, 건위, 정장작용 등이 있다. 기관지염, 마른기침, 감기, 복통, 복부팽만, 최유, 소화촉진, 구취제거 등에 약용한다.

꽃과 어린잎은 샐러드에 쓰며 줄기와 뿌리는 스프, 스튜에 조리용으로 쓰이며 씨는 향신료로 과자, 빵, 케이크, 비스켓, 카레, 피클, 스프, 릭큘 등의 부향제로 쓰인다. 씨로 만든 허브 차는 소화를 촉진하며 매스꺼움을 진정시키고 복부팽만에 구풍작용도 하고 선통도 완화하며 근육이완작용도 하고 거담작용도 한다. 1일 3회 복용한다. 허브와인(아니스와인)을 만들어 치료제로 쓰며 중국의 오향가루(五香粉)에도 쓰인다. 씨를 증류하여 얻은 기름은 치약이나 향수, 구강세정제에 소량 이용한다. 다량 사용은 맹독이 되므로 주의한다. 씨는 가루로 빻아서 쓰는데 부수면 향이 곧 날아가 버리므로 쓸 때마다 빻아야 한다. 쓴약을 싫어하는 어린이의 약이나 물약에 배합하기도 하고 당이정으로 이용하기도 한다.

유망한 동·서양 약초재배기술

재배법

① **적지** : 해가 잘 들고 배수가 잘 되는 비옥한 가벼운 사질양토가 좋다. 내한성은 있지만 여름의 더위에는 약한 편이므로 따뜻한 지역이 이상적이다. 알칼리성 토양을 좋아한다.

② **번식** : 씨로만 번식된다. 씨는 깨알만하다. 파종 시기는 4월이다. 밭은 질소질이 적은 밑거름에 소석회를 섞어 갈아엎은 위에 뿌린다. 직근성이므로 이식을 싫어하기 때문에 직파가 좋다. 부득이할 때는 지피포트에 뿌렸다가 이식할 수 있다. 너비 23cm 이상 두둑에 15~20cm 간격으로 3~4알씩 점뿌림 하면 20일이면 싹이 튼다. 생육적온은 20~30℃로 건조한 듯하게 가꾼다. 생육 정도에 따라 1~2회 정도 덧거름으로 화성비료를 준다.

수 확 조 제

씨가 황갈색으로 물들면 익은 가지부터 잘라서 수확할 수도 있고 포기째 잘라서 바람이 잘 통하는 그늘에서 엷게 펴서 말려 후숙시키며 건조시킨다. 잘 마르면 비벼서 털어 밀폐 용기에 넣어 보존한다.

52 아 마

과명 : 아마과 **학명** : *Linum Usitatissimum L.* **영명** : Flax, Linseed
생약명 : 亞麻仁 **원산지** : 중앙아시아, 이집트 **이용 부위** : 씨(기름), 줄기(섬유)

내 력

아마는 곡물조차도 알려져 있지 않던 유사 이전(有史 以前) 스위스의 호서유적지에서 아마씨가 발견되었으며 이집트의 고분 발굴에서 씨와 천(布)이 발견되어 B.C 5000년부터 재배했던 것으로 추측되고 있다. 4500년 전의 고대 이집트에서 이미 미이라를 아마포로 싸고 있었음을 고분 발굴에서 입증하고 있다. 고대의 벽화에도 아마를 재배 가공하는 사람들의 그림이 그려져 있는 것을 보게 되며 〈성경〉 출애굽기 28장에는 유태교 제사장들의 옷이나 천막을 만든 천이 아마포(亞麻布)였으며 솔로몬왕은 애굽에서 아마실을 수입해왔다고 말해주고 있어 이집트가 고대에는 아마산업이 융성했음을 알 수 있다. 아마포 짜는 기술이 얼마나 정교했는가 하면 1인치(2.54cm) 폭에 540줄의 세로줄(씨줄) 실을 사용했다 한다. 지금 유럽에서 짜여지는 아마포는 가장 정교한 것이라도 1인치에 350줄 정도라고 하니 옛날의 세마포 직조술을 짐작할 수 있다. 유럽에는 B.C 2세기경 로마 시대에 재배가 왕성하여 제조법도 진보했으나 중·근동에서 재배된 아마는 차차 중부 유럽으로 아리안족의 손에 의해 퍼져갔다. 고대 인도에도 B.C 3000년경에 중남유럽에서 전해져 지금도 히말라야의 표고 2000m까지에서 재배되고 있다. 고대 유태(이스라엘)에서는 아마 섬유에 다른 것(삼)을 섞어 짜는 혼방을 금했다고 한다. 그 당시는 배의 돛대나 밧줄도 만들고 양초나 등잔(램프)의 심지도 만드는 등 쓰임새가 많은 아주 유용한 식물이었다.

아마의 학명인 *Linum*은 아마의 라틴 옛이름으로 linea 즉 '실'에서 비롯된 것인데 실을 채취하는 식물이라는 뜻이다. 종명 *Usitatissimum*은 usitatus 즉 '유용한'이란 말의 최상급을 뜻하며 가장 유용한 식물임을 말해주고 있다. 그러나 영명은 플랙스(Flax)라 하며 주톤계의 고어로서 껍질을 벗겨서(to flay) 섬유를 취한 데서 비롯됐다고 하며 씨의 경우에는 린시드(Linseed)라 한다.

주톤족의 신화에는 대지의 여신 훌다(Hulda)가 처음으로 아마를 수확하여 실을 뽑아 천을 짜는 기술을 사람들에게 가르쳤다 한다. 그녀는 치롤의 '운틀라센(Unterlassen)' 근처의 동굴에서 살며 일 년에 두 번 지상에 나타나서 그녀가 베푼 은혜를 제대로 시행하는지 살피고 다니는데 여름에는 파란 꽃이 필 때 나타나서 작황이 잘 되었는지 여부를 살펴보고 겨울에는 충분히 수확한 아마로 열심히 천을 짜고 있는지를 살펴보고는 게을리하는 집이 있으면 그 벌로써 다음해의 수확량을 줄여버린다는 것이다.

카루 1세로 서로마 제국의 황제가 된 샤루투마뉴(7~8세기 초)는 아마재배를 권장하기 위해 조성금을 내어서 재배자를 보호했다 한다. 영국에는 15세기에 알려졌고 16세기에 영국 왕 헨리 8세는 의회의 의결을 거쳐 아마재배를 장려했으므로 17~18세기에 융성했다. 미대륙에는 17세기에 전해져 유지용 재배가 퍼졌다. 인도에서도 종자를 유지용으로 쓰는 목적재배가 많았고 그 생산량은 세계 5위를 차지한다. 1위는 미국, 2위는 캐나다, 3위는 아르헨티나, 4위는 러시아다.

아마를 고대 그리스에서는 리논(Linon)이라 했고 로마 시대에는 리눔(Linum)이라 부르고 있어서 프랑스에서는 13세기에 라틴어의 리눔에서 파생된 린(Lin)이 되고 영어로는 리넨(Linen·아마포)이 되었다. 스페인어와 이탈리아의 리노(Lino)나 독일어의 레인 (Lein) 등 모두가 같은 계통의 이름이다. 이것은 유럽에 널리 전파되어 재배 이용했음을 말해주고 있다.

아마는 이 식물에 주어진 중국이름이며 중국은 명주나 삼베가 직물의 주종을 이루고 있었는데 대마(大麻·삼)는 중국의 가장 오래된 문헌에도 나타나는 섬유식물이다. 아마가 중국에 들어갔을 때 삼처럼 줄기껍질의 섬유로 직물을 만들지만 삼베만큼 질기지 못하므로 삼베 다음간다는 뜻으로 '버금아(亞)' 자를 붙여 아마(亞麻)라 했다고 한다.

유럽에서는 목화가 등장하기 전까지는 삼보다 부드러워서 중요한 위치를 차지했으며 지불수단(화폐처럼)으로 쓰이기도 했다. 고대에는 섬유식물로 유명했을 뿐 아니라 약용으로도 널리 쓰였다. 우리나라에서는 비단과 모시라는 가볍고 시원한 직물이 있어서 백성들은 삼베와 무명을 이용했고 상류층은 겨울에는 명주(비단), 여름에는 모시를 애용하여 아마의 섬유식물로서의 도입은 우리나라 농사문헌에는 없다. 일본에 아마가 17세기에 약용목적으로 씨를 중국에서 도입했다고 하며 섬유작물로는 19세기 미국과 유럽에서 도입했다.

일본의 강점기에 일본인들에 의해 근대적인 농업연구가 시작되면서 1907년 수원에 '권업모범장(勸業模範場)'이 설립되면서 아마 재배시험이 시작된 것이 처음이며 1910년부터 함경도와 평안도에서도 적응시험재배가 시작되었고 1930년에는 함경남북도의 산간지대 화전에서 재배면적을 넓혀 갔다. 2차 대전 중에는 군수작물로서 강제재배가 실시되어 삼이나 모시재배의 규모를 웃도는 때도 있었다. 1945년 이후 아마 생산이 급격히 줄어들고 수입이 증가됨에 따라 한국전쟁 후인 1958년부터 연차계획으로 아마 생산 확대를 펼쳐 정부가 태평방직회사로 하여금 강원도 평창에 제사공장을 세우게 하여 강원도 일원에 아마 계약재배를 권장했다. 그러나 아마는 연작하면 입고병 피해가 심해 답전작(畓前作)으로 전환하게 했는데 1964년 제사공장을 논산으로 옮기고 전남지방과 논산에서 아마 계약재배를 시작하여 아마섬유와 합성섬유인 테트론과의 혼방인 린네트론을 만들어 의복지의 새 경지를 열기도 했다. 그 후 값싼 합성섬유가 등장하고 정부의 식량 증산계획 실시로 벼의 이앙기가 앞당겨져 답전작이 어렵게 되자 1974년 아마정선공장은 도산 폐쇄되었으며 아마는 자취를 감추게 되었다. 다만 약용의 아마인유를 위해 씨가 도입되어 이용되고 있을 따름이다.

성상 줄기가 가는 1년초로서 1m 정도로 자라며 위쪽에서 가지를 친다. 털이 없는 줄기는 곧게 자라며 잎은 호생하고 가늘며 3~5cm 길이로 현저한 3엽맥이 있다. 꽃은 여름에서 초가을까지 줄기 끝에 1.5~2cm 크기의 청색 5판화가 핀다. 씨는 5mm 크기의 타원형의 납작한 씨가 황갈색으로 익는데 광택이 있으며 물에 젖으면 표면이 젤리처럼 되는 특성이 있다. 씨에는 30~40%의 건성유가 있다. 아마에는 숙근종도 있어 꽃빛이 흰색, 붉은색 등으로 아름답다.

아마는 저온작물이며 100일이면 수확할 수 있는 단기작물(섬유용)이다. 연작을 싫어하므로 5~7년 간격으로 돌려짓기를 한다. 아마 줄기의 안쪽 껍질에 희고 질긴 섬유가 있다. 이 섬유는 길고 부드럽고 광택이 있으며 보풀이 일지 않고 매끄러우며 강도(強度)는 삼보다 떨어지나 섬유의 확장력이 강하고 마찰에 대한 저항력이 솜의 3배나 되는 특징을 가지고 있다. 또 수분의 흡수, 발산이 빠르고 열에 강해 열의 전달이 잘 된다. 또 자외선을 잘 통과시키며, 자외선의 저항력이 크다. 이런 특징을 가진 천을 리넨(Linen)이라 한다.

<table>
<tr><td>약효와
용도</td><td>

아마에서는 불휘발성유 30~40%를 함유하고 있는데 주성분은 리놀린(Linolin), 리놀레인(Linolein), 오레인(Olein) 등의 지방산과 점액질 6%, 25%의 단백질과 청산배당체 린나마린(Linamarin)과 구마린(Coumarin)이 함유되어 있어서 미네랄이 풍부한 씨에서는 상온압착으로 식용유가 채취되며 가열압착으로 얻어진 기름은 유화물감, 공업용 아마인유로 인쇄용 잉크, 페인트, 리노륨, 가구나 구두 닦는 기름(광내는) 비누 등의 제조에 쓰이는데 이 기름은 공기에 접하면 마르기 쉬운 특성이 있다.

약용으로는 진통작용, 항염증작용, 완화작용 등이 있어 변비의 완하제로 쓰이고 담석의 통과를 돕는 작용도 있고 류마티스와 기침에 쓰고 화상, 농양 종기의 도포제로도 쓰이며 기름에 함유된 지방산은 체내의 알미늄 같은 유독중금속을 체내에서 녹여 배출시키는 작용도 있다고 한다. 단, 주의할 것은 씨를 한꺼번에 100g 이상의 복용은 중독을 일으키므로 내복 시는 60g을 넘지 말아야한다.

아마의 실은 모기장실, 재봉실, 레이스실, 등잔이나 양초의 심지, 어망실 등에 쓰이며 직물(linen)은 세마포를 짜는 옛날과는 달리 여름복지, 시트, 셔츠감, 어린이나 여인의 내의감, 손수건, 네프킨, 테이블크로스, 타올, 방수포, 텐트, 돛대천, 병원 외과용 거즈, 우편낭, 유화캠퍼스 등에 쓰이고 섬유찌꺼기에서 리넨페퍼를 만든다. 이 종이는 양질의 지폐용지를 만들며 기름을 짜고 난 깻묵은 가축의 사료가 된다.
</td></tr>
<tr><td>재배법</td><td>

① **적지** : 섬유를 목적으로 재배할 때는 서늘하고 습도가 높은 기후가 적합하고 채종목적일 때는 따뜻하고 저지대가 좋으며 해가 잘 들고 배수가 잘 되며 바람이 잘 통하는 비옥하면서도 건조한 듯한 곳이 좋다.
</td></tr>
</table>

② **번식** : 씨로 번식하며 파종은 봄 3~4월에 직파한다. 저온에서 발아하므로 이른 봄에 뿌리면 대개 1주일~10일이면 싹튼다. 더위가 오기 전에 크게 키운다. 이식을 싫어하므로 직파한다. 채종용은 줄뿌림 하였다가 본잎이 3~4장 때 솎아서 넓혀주며 섬유채취용은 밀식하는 것이 길고 곧은 줄기를 얻을 수 있고 곁가지 치는 것을 억제할 수 있다.

③ **관리** : 다비재배는 쓰러지는 것과 병해가 생기기 쉬우므로 채종용일 때만 덧거름을 준다.

**수 확
조 제**

섬유용일 때는 꽃이 피기 시작할 때 베어서 2~3일 말려서 쌓아 발효시킨 뒤 두들겨서 섬유를 채취한다. 채종용은 8~9월 중순경 열매가 누렇게 익으면 씨가 쏟아지기 전에 줄기째 베어서 탈곡하여 1~2일 말려 후숙시킨 후 저장한다. 화학 섬유직물이 알레르기를 유발하여 자연섬유를 찾게 되는데 아마를 재배하면 농촌의 대체작물로 크게 환영받을 수 있다.

53 안젤리카

과명 : 미나리과
학명 : *Angelica archangelica L.*
영명 : Angelica
별명 : 유럽당귀
원산지 : 유럽 북부
이용 부위 : 잎, 뿌리, 씨, 잎자루

내력

안젤리카는 큰 속으로서 수십 종이 있는데 우리나라의 참당귀, 구릿대, 바다나물, 궁궁이 등이 안젤리카속에 속해 있으며 우리나라에서도 이것들을 식용, 약용하고 있다. 그래서 안젤리카를 유럽당귀라 하여 구별한다.

안젤리카의 학명 *Angelica*는 라틴어의 angelos 즉 천사에서 비롯된 이름으로 여기에는 하나의 전설이 있다. 종명 *Archangelica*의 Arch는 크다는 뜻이고 Angelica는 천사라는 뜻으로서 대천사 '미카엘(Michael)'을 지칭한 것인데 고대 로마 시대부터의 신앙에 의한 것이다. 옛날 전염병이 크게 유행했을 때 한 수도승의 꿈속에 나타난 천사가 이 풀은 악질(전염병)을 막아주는 신통한 힘이 있다고 알려주었다고 한다. 그 천사가 미카엘이다. 이 천사의 계시대로 사람들이 안젤리카의 뿌리 한쪽씩을 입속에 물고 있어서 그 전염병을 막을 수 있었다는 전설이다. 그래서 대천사 미카엘은 병자의 수호신이 되었다.

안젤리카는 뿌리뿐만 아니라 포기 전체에서 사향 같은 향내가 나는데 마력이나 저주를 막는 강력한 힘이 비장되어 있다고 믿어서 '성령의 뿌리' 또는 '마녀의 영약'이라고도 했다. 6세기 말 유럽에 '페스트(흑사병)'가 대유행했는데 서로마제국의 인구 중 약 절반이 죽었다고 했을 정도로 맹위를 떨쳤다. 그 당시의 로마교황 그레고리우스 1세는 바티칸의 성천사성(聖天使城) 위에 대천사 미카엘이 나타나 칼을 칼집에 꽂는 것을 본 후 신의 노여움이 거쳤다고 했다는데 그 후 페스트는 차차 고개를 숙였다고 한다. 사람들은 '알칸개리카' 즉 대천사의 힘을 가진 약초라 하여 안젤리카를 마법이나 저주에 대한 식물이라고 널리 믿게 되었다.

원산지는 유럽북부 또는 시리아라 하는데 지금은 유럽 각지, 아이슬란드, 러시아, 북미 등에 야생상태를 이루며 프랑스, 독일 벨지움, 미국, 캐나다 등지에서 상업적으로 재배하고 있다.

성상

내한성 2년생~다년생초본으로 사람의 키만큼 자라는 장대한 식물이다. 높이 1.5~2m씩 자라며 잎은 우상복엽으로 소엽은 넓은 난형이며 거치가 있다. 줄기는 굵고 속이 비었으며 잎자루가 팽대해져서 줄기를 감싸고 있다. 잎은 녹색으로 매끄럽고 광택이 난다. 초여름에 황록색의 꽃이 산형화서로 피고 씨가 결실하기 전에 꽃대를 자르면 2년초이지만 오래간다. 꽃필 때는 달콤한 강한 향기가 퍼진다. 씨에도 정유가 있어 채유하여 부향제로 쓴다.

약효와 용도

안젤리카는 정유 1%(페란드린·Pinene) 대량의 구마린(Coumarin), 수지(樹脂) 전분, 당(糖)류가 함유되어 있어서 부인병의 강장제, 진정제, 소화촉진제로 탁월한 효과가 있으며

유망한 동·서양 약초재배기술

이뇨, 발한작용이 있어 감기, 기침, 빈혈 등에 치료제로 쓰며 혈액순환 촉진, 항진균작용, 진정, 진경, 불면증, 히스테리에도 쓰인다. 소화불량, 복통, 선통 등에 쓰며 장내에 이상 가스가 찰 때 구풍작용을 하므로 잎을 씹는 것이 널리 알려져 있다. 수족냉증에도 추천되고 있다. 뿌리와 씨에서 정유를 추출하여 릭큘주나 브랜디의 부향제로 쓰며 향수로도 쓴다. 정유의 피넨성분은 항(抗)미생물작용이 있어 거담작용도 있다. 전초의 차(茶)는 발한 작용이 있어 감기를 경감시키고 습기나 추위로 악화된 천식이나 기관지염의 치료에도 유효하다. 정유는 소독작용, 이뇨작용이 있어 비뇨기의 감염증에 유효하며 항경련작용은 생리통을 완화한다. 단 임신한 부인이나 당뇨병환자는 사용해서는 안 된다.

잎은 신맛나는 과일과 함께 끓이면 신맛이 감해진다. 새싹은 샐러드로 쓰고 줄기와 뿌리는 채소로도 쓰고 설탕조림도 한다. 봄에 뿌리에 칼로 상처를 내면 휘발보유제(揮發保留劑)로 쓰는 고무질의 유액이 나온다. 뿌리는 간장과 자궁의 부활제가 되며 뿌리, 씨, 잎은 달여서 류마티스의 치료에 습포제로 쓴다. 잎을 비벼서 자동차 안에 두면 차멀미를 경감시킨다. 잎, 씨, 뿌리는 썰어서 포푸리로도 쓴다(건조시켜도 향이 좋기 때문이다).

재배법

① 적지 : 여름의 직사광선을 피한 반 그늘진 곳이 이상적이다. 토질은 배수가 잘 되면서도 보수력 있는 다소 습한 비옥한 땅이 좋다.

② 번식 : 씨와 포기 나누기로 번식된다. 씨는 수명이 짧아서 곧 발아력이 상실되므로 9월에 채종하여 9~10월에 직파한다. 봄에 파종하면 발아율이 좋지 않다. 파종 전에 밭에 밑거름으로 퇴비나 부엽토를 충분히 넣고 깊이 갈아엎은 후에 2~3개씩 점뿌림 하면 쉽게 싹튼다. 포기 사이 30㎝ 정도로 정식한다. 월동시킨 뒤 90㎝로 넓혀 준다. 직근성 식물이므로 이식은 싫어하는 편이다. 봄에 파종하려면 가을에 땅에 묻든가 5℃ 정도의 냉장고에 넣어 추위를 만나게 해야 싹이 튼다. 포기 나누기는 밑둥 곁으로 곁순이 나오므로 이것을 쪼개어 심으면 된다. 꽃이 핀 포기는 말라 죽고 만다. 대개 파종한 2년째 꽃이 핀다.

수 확
조 제

잎은 개화 전에 잘라서 건조시키며 잎자루는 연하고 어릴 때 잘라서 설탕절임으로 만든다. 뿌리는 첫해 가을이나 다음해 봄에 파내어 물에 씻어 흙을 제거한 후 얇게 썰어서 건조시킨다. 씨는 익은 다음에 따서 채유용으로 쓴다.

54 알로에

과명 : 백합과 **학명** : *Aloe vera L, A. barbadensis Mill.* **영명** : Aloe vera
생약명 : 蘆薈 **원산지** : 남아프리카 **이용 부위** : 잎

내 력

알로에는 인류가 최초로 사용하기 시작한 약초 중 하나라는 것과 그 뛰어난 약효에 의학계에서도 놀라고 있다. 잎 표면에 상처를 입으면 즉시 스스로 아물게 하는 특수한 생화학적 기능을 가지고 있어서 고대인들이 이것을 보고 알로에를 약초로 쓰기 시작했는지도 모른다고 추측하고 있다. 고대 이집트의 고분 속 미이라의 관 속에서 파피루스의 고문서(의서)가 발견되었는데 유향, 몰약, 아편, 벌꿀 등과 함께 알로에의 약효가 적혀 있었다고 한다. 이 문서는 B.C 1552년에 기록된 것이라 하며 3500여 년이나 되었으니 알로에를 사용하기 시작한 연대는 그보다 훨씬 전일 것이라고 보고 있다. B.C 4세기에는 알로에 사용이 보편화되었음을 히포크라테스가 기록에 남겼다. 그 무렵 알렉산더대왕은 페르시아 정복에 나서기 전 해인 B.C 333년 소코트라 섬을 정복했는데 이 섬에는 알로에의 큰 군락지가 있었으므로 전장에 나갈 장병들의 질병이나 부상에 사용할 다량의 알로에를 확보하기 위한 것이었다. B.C 1세기의 고대 이집트의 클레오파트라여왕은 알로에 즙액으로 목욕하고 그것으로 화장함으로써 미모와 매력을 유지했다고 전해온다. A.D 1세기 그리스의 의사 디오스코리데스는 그의 저서 〈그리스본초〉에서 알로에의 효능과 용도, 조제방법 등을 자세히 기록했는데 수렴작용, 창상치유, 안면(安眠)작용, 강장작용, 정장작용(整腸作用), 변통(便痛), 타박상, 피부병, 두통, 구내염 등 만병통치약이라 적고 있다.

유망한 동·서양 약초재배기술

〈성경〉에도 4번 나오는데 고귀한 향료(방부제)로 쓰였음을 말해준다(요한복음 19장 39절, 시편 45장 8절, 잠언 7장 17절, 아가 4장 14절). 여기서 침향이라 한 것이 곧 알로에를 말하는데 영역(英譯) 성서에는 Aloe라고 기록되어 있다. 중국에서 침향이라고 잘못 번역한 것을 우리나라에서 그대로 옮겨 쓴 것으로 사실 침향은 팥꽃나무과의 상록교목으로 알로에와는 전혀 별개의 식물이다.

A.D 15세기에 미대륙을 발견한 콜롬부스는 신대륙에 알로에를 전파시킨 사람인데 그의 항해일지에 알로에의 약효를 기록하고 있어 그 중요성을 알게 한다. 중국에는 실크로드를 따라 페르샤(이란)에서 당나라 때 전해졌을 것이라고 추측한다. 13세기 원나라 때 중국을 여행한 마르코폴로는 〈동방견문록〉에 중국인들이 알로에를 위병, 종기, 피부질환에 사용하고 있다고 적고 있다. 중국에 전해진 알로에는 우리나라에도 다른 약초와 함께 소개되었는데 그 연대는 알 수 없다. 문헌에 올라있는 것은 조선조 선조대왕 때의 어의였던 허준이 쓴 〈동의보감〉(1610년 광해군 2년)에 실려 있다. 이것이 다시 일본으로 전해졌다 (1709년 〈大和本草〉에 수록됨).

학명 Aloe는 그리스 이름인데 아라비아어의 Albeh 즉 '쓴맛이 있다' 라는 데서 비롯된 것이며 잎의 껍질에 쓴맛이 있다(약용). 종명 Vera는 Verus, '진짜' 라는 라틴어에서 비롯된 것인데 고대인들이 가장 믿을 수 있는 약이라고 생각되어 붙인 것이라고 한다. 노회라고 한 중국 이름은 Aloe의 아(A) 소리가 모음이어서 불분명하므로 중국인의 귀에는 로에 (Loe)로만 들려 가깝게 음사(音寫)한 것이 '노회' 가 됐다고 한다. 중국, 한국, 일본 모두가 예전에는 노회라 했는데 정부수립 후 1958년 〈대한약전〉에 알로에로 수록하게 되었는데 약전에는 알로에 잎의 즙액을 말린 것(빛이 검고 물엿같다.) 또는 그것을 빻은 가루를 규정하였으나 1974년부터 김정문 씨가 도입 재배하여 생잎사용법과 제품을 개발공급하기에 이르렀고 멕시코에서 우리 생산업자가 남양알로에라는 이름으로 대량생산하고 있다.

세계에는 325종이 있지만 약전에는 세 가지 품종이 소개되어 약효를 인정받고 있다. '케이프알로에(Cape aloe · *Aloe ferox MILL*)', '소코트라알로에(Socotra Aloe · *Aloe perryi BNK*)', '쿠라소알로에(Curacao Aloe · Aloe vera · *Aloe barbadensis MILL*)' 등이 올라있고 일반적으로 알로에베라(Aloe vera), 알로에아보레센스(Aloe arborescens), 알로에사포나리아(Aloe saponaria)가 대표적이다. 약효가 없고 관상용 알로에도 있다. 긴 세월 체험과 연구 실험결과로 알로에는 인체에 해로운 성분이 거의 없을 뿐 아니라 습관성도 없고 내성도 전혀 없는 가장 이상적인 약초라는 사실이 밝혀져 있다.

성 상　열대성 상록다년초로서 줄기는 없으며 잎이 밀집하여 로제트형으로 전개된다. 잎 빛은 옅은 녹색이며 다육질로 두텁고 잎가에 날카로운 가시가 나있다. 잎 끝은 뾰족하다. 잎 면에는 불규칙하게 흰색 반점이 얼룩져 있다. 높이는 60㎝쯤 자란다. 잎 껍질 속에 투명하고 끈적끈적한 젤라틴 같은 즙액이 꽉 차 있다. 봄에 긴 꽃대가 나와서 주황색 통 모양의 꽃이 총상화서로 핀다. 꽃은 불염성으로 결실되지 않는다. 한 포기에서 대개 12~16개의 두터운 잎이 돋아나며 큰 것은 1개가 1㎏나 되는 것도 있다. 한 포기의 무게가 10㎏ 가까이 된다. 줄기 밑둥 주위에 새끼가 많이 돋아나 번식이 잘 되고 성장도 빠르다. 꽃이 피면 90~100㎝나 된다.

**약효와
용도**

알로에는 잎 속의 젤라틴 같은 물질 속에 탁월한 의료효과를 내는 여러 성분이 들어 있는데 현재 알려진 것만 60여 종에 이른다고 한다. 대표적인 성분은 알로인(Aloin), 알로에에모딘(Aloe emodin), 알로에신(Aloesin), 알로에울신(Aloe Ulcin), 알로미신(Alomicin), 사포나린(Saponarin), 프로테인(Protein)(18종의 아미노산), 비타민류인 V-A·B_1·B_2·B_6·B_{12}, C, E, 엽산과 미네랄인 철분, 인, 칼슘, 칼륨, 망강, 마그네슘, 나트륨, 아연 등과 다당류, 생리활성물질, 고미질 등이 함유되어 있다. 약리작용은 항궤양, 항암, 항바이러스, 항균, 항진균, 항종양, 면역기능강화, 완화건위, 설사, 세포부활, 이상세포 파괴, 수렴, 보습, 소염, 흉터개선, 해독, 항알레르기, 항히스타민, 방충, 방부, 진통, 진정, 체취제거 등이 있다. 특히 살균작용은 사상균(진균, 곰팡이균), 녹농균(중이염이나 방광염의 원인균), 그람양성균(디프테리아균, 결핵균, 파상풍균, 폐렴균)과 그람음성균(이질균, 대장균, 페스트균, 콜레라균), 포도상구균(화농증의 원인균), 바이러스(감기), 홍역, 광견병, 소아마비, 유행성뇌염 등의 병원체와 유행성 감기, 유행성 인플루엔자, 아폴로 눈병 등의 세균이나 바이러스를 직접 죽인다. 탈모를 방지하고 발모를 촉진하다. 혈액순환 촉진, 혈관 내의 콜레스테롤 수치를 내리며 혈압을 정상화 시킨다. 위궤양, 십이지장궤양을 정확하게 치유하고 환부를 신속히 재생시킨다. 동맥경화를 연화시키며 소화기능을 강화하고 간장, 췌장, 담낭 등의 기능을 항진시켜 주며 내분비선의 활동을 조절 촉진한다(인슐린 분비촉진 등). 신경통, 근육통, 치통, 생손앓이, 류마티스, 신경성위염, 신경성심장병 등에 진정진통작용이 있고 숙취나 차멀미, 배멀미를 진정 예방해준다. 이뇨작용으로 심장병, 신장병, 부종 등의 부기를 빼주며 만성 간장질환으로 복수가 찼을 때도 이뇨효과가 있다. 식욕증진, 건위작용, 변비치료에 특효가 있다. 잎의 젤라틴질에 항암(항종양)작용이 있어 피부암을 고치며 티눈, 사마귀, 군살 등을 없애준다. 피부의 수렴, 유연화, 보습, 소염, 표백, 각질화 해소 및 흉터개선작용이 있어 얼굴의 잔주름예방, 여드름, 기미, 주근깨까지 제거해준다. 해독작용은 암 치료용 방사선이나 핵방사능의 화상으로 인한 피부 궤양치료에 해독과 함께 새 세포가 나게 하며 암예방 효과도 있다. 여름에 알로에 즙액을 피부에 바르면 모기가 물지 않고 그것을 문에 뿌려두기만 해도 모기가 방안에 들어오지 않는다(방충효과). 알로에는 대부분의 알레르기(기관지천식, 두드러기, 코의 이상 등)에 유효하며 항히스타민 약제의 부작용까지 중화시켜 준다. 화상, 볕에 탄 피부, 건조한 거친 살결, 무좀, 옴 등 진균감염증 등에도 쓰며 현재 화장품으로 크림, 로션, 샴푸 등에 쓰이며 선크림에도 쓴다. 목욕제로 치료효과가 있다.

재배법

① **적지** : 해가 잘 드는 곳이 좋으며 내한성이 없으므로 10℃ 이상이 필요하며 5℃가 한계점이다. 우리나라에서는 분화초로 실내에서 재배한다. 배수가 잘 되도록 용토는 왕모래에 부엽토를 2:1의 비율로 섞어서 쓴다. 공중습도가 높은 곳이 좋다. 배양토는 통기성이 있고 보수력도 있는 편이 생육에 좋다.

② **번식** : 4~9월에 포기 밑쪽에 생긴 새끼포기를 잘라 뿌리가 붙어 있어도 떼어낸 상처에 발근촉진제를 발라 모래에 심는다. 이 포기 나누기는 식물체보다 다소 적다 싶은 화분에 심어 반나절은 해를 받는 곳에 둔다. 뿌리내릴 때까지 관수하지 않는다. 건조에 강하고 또 좋아하므로 관수는 1주일~10일 간격으로 화분의 위 흙이 마르면 관수한다. 여름에는 3일에 한 번씩 저녁 때 관수한다. 기온은 21℃가 적온이다.

거름주기는 깻묵 썩힌 건조비료(둥글게 뭉친 대추알만한 것)를 2개 정도 화분에 올려놓아도 되고 하이포넥스 등을 액비료하여 관수를 겸해 월 1회 주어도 된다. 서리를 맞으면 말라죽고 기온이 내려가도 죽으므로 가을에는 실내의 창가에 들여 놓는다. 기업재배는 차광하여 여름에 관리하고 늦가을부터는 차광한 것을 벗기고 기온이 내려가지 않게 주의한다. 새끼를 심고 20~30일 지나면 뿌리가 3~4개 이상 나온다. 잎이 자라서 서로 맞닿아 웃자라기 시작하면 20cm 간격으로 넓혀준다.

**수확
조제**

알로에는 연중 수확할 수 있다. 생잎을 사용하지만 심어서 3년 이상 된 포기의 잎을 밑쪽에서 잘라낸다. 어린 것이나 그늘에서 웃자란 것은 약효가 적다. 생잎이면 2~4cm로 잘라 가시를 제거하고 잎의 표피는 쓰지만 젤라틴질과 함께 갈아서 1일 4회 공복에 먹는다. 건조시킨 것은 차로도 이용하고 가루로 만들어 이용할 수 있고 젤라틴질은 껍질과 분리하여 환부에 바르기도 하고 먹을 수도 있다. 생즙을 만들어 먹을 수도 있다. 단 임신부나 치질환자는 내복약으로 쓰는 것은 피한다. 또 맛이 쓰다고 설탕 등을 섞어 먹으면 약효가 떨어지므로 그대로 아작아작 씹어 먹든가 오렌지주스를 섞어 복용한다. 효과는 일반적으로 피부질환은 10일 정도, 중풍은 3~6개월 정도, 그 밖의 질병은 2개월 내외 걸려서 치유된다.

55

에키나세아

과명 : 국화과　**학명** : *Echinacea purpurea L.*　**영명** : Echinacea, Purple coneflower
생약명 : 에키나세아　**원산지** : 미국 동부~중앙부　**이용 부위** : 뿌리의 근경, 씨, 지상부

내 력　에키나세아는 이주민들이 아메리카 원주민에게서 전수받은 유용한 약초다. 원주민들은
방울뱀에 물렸을 때 뿌리를 짓찧어서 물린 상처에 붙여서 해독하는 법을 가르쳐 주었고
목 안의 염증과 치통에도 사용했다고 한다. 에키나세아를 오늘날처럼 각광받는 약초로
발전시킨 것은 유럽(독일)의 식물채집학자들이었으며 이 식물을 가져가 50여 년간 연구
를 진행하여 그 약효가 지금은 인체의 면역기능을 강화하는 작용(면역촉진제)이 있다는
것이 입증되어 주목받고 있다. 즉 건강한 조직과 병원균 사이에 경계를 허무는 '아루로니
탄젠'이라는 효소의 형성을 방해한다는 것을 밝혀냈다. 즉 에키나세아는 바이러스의 침
입에서 몸을 지켜준다. 에키나세아는 독성이 없는 장점도 있다. 좋은 약이지만 계속해서
8주 이상의 사용은 오히려 면역력 저하를 가져온다는 것이 밝혀져 2~6주간 복용 후 얼마
간 쉬었다가 다시 복용해야 한다는 것이 주의점이다.

성 상　다년생초본이며 매우 튼튼하고 내한성도 있다. 줄기는 곧게 자라며 높이 60~150㎝로 자
란다. 잎은 장타원형이며 갈색인 줄기 끝에 7~10월까지 한 송이씩 홍자색의 두상화가 핀
다. 꽃잎인 설상화는 홍자색으로 아름다우나 관상화인 꽃술은 원통형으로 볼록하게 솟아

유망한 동·서양 약초재배기술

있고 다갈색인데 씨가 익으면 흑갈색이 되고 가시처럼 거칠다. 이 관상화는 오래도록 남아있으므로 꽃꽂이의 소재로도 이용되며 포푸리로도 쓰인다. 일찍 피었던 꽃은 결실하여 늦여름 장마 때 줄기에 붙어 있는대로 발아할 만큼 발아력도 좋다. 단 파종 2년째에 꽃이 핀다.

품 종 *E. purpurea*는 약효가 가장 좋으며 가장 많이 이용되는 에키나세아다.

*E. angustilfolia*도 같은 용도에 쓰이나 약효는 *E. purpurea*만은 못하다. 개량된 에키나세아에는 꽃빛(설상화)이 흰색인 것과 노랑색인 것도 있으나 약용에는 쓰이지 않는다.

**약효와
용도** 세상에 알려진 것이 100년도 안 되는 약초로서 지금도 유효성분의 추출과 분석이 계속 진행되고 있는 장래가 유망한 약초 중 하나다. 알려진 성분은 정유(후무렌, 카리오페렌), 배당체, 다당류, 포리아세치렌, 이소브칠아미드, 타닌, 비타민C, 효소, 수지, 미네랄염, 유기산(페놀산(phenol acid), 오레인산(olein acid), 세로틴산(cerotin acid), 리놀산(linol acid), 팔미트산(palmitic acid), 카페산(caffen acid)) 13종의 포리아세치렌 성분이 함유되어 있다고 한다. 에키나세아의 추출액은 종양의 확대를 멈추게 하므로 화학요법(항암제)을 받는 환자의 백혈구 증가를 가져와 면역기능을 회복시키는 효과가 인정되고 있다. 뿌리의 추출액은 헤르페스, 인플루엔자의 감염을 막는 역할도 하고 회복도 촉진한다. 항생작용과 항바이러스작용으로 발열 감염증의 치료에 쓰며 피부염, 습진, 건선에도 항진균크림과 섞어 쓰면 효과적이다. 백혈병, 결핵, 에이즈, 다발성경화증, 관절염에도 쓰이고 알레르기를 경감시킨다. 희석시킨 액체는 두드러기의 견디기 힘든 가려움증도 경감시키는 효과도 있다. 뱀에 물린 상처나 화농한 상처의 세정과 치료의 유명한 약이 되어있다. 건조시킨 잎은 차(茶)로도 쓰인다.

재배법 ① **적지** : 해가 잘 들고 배수가 잘 되는 비옥한 토질을 좋아한다. 산성토양보다 알칼리성에 가까운 토양에서 더 잘 자란다.

② **번식** : 씨와 포기 나누기로 번식된다. 파종은 직파해도 좋고(9~10월) 봄 3~4월에 뿌린다. 재배는 쉽다. 포기 나누기는 봄 3~5월에 파내어 싹을 붙여 쪼개어 심으면 잘 활착한다.

③ **관리** : 봄에 싹트기 전에 액비(복합비료)를 시비하면 꽃이 잘 핀다.

에키나세아는 이용 부위에 따라 수확기가 다르다. 6~10월에는 지상부를 수확하여 잎은 차로 이용할 수 있다. 뿌리와 굵은 근경은 2~4년생의 것을 수확하는데 너무 오래 묵으면 심이 생겨 딱딱해지므로 목적에 따라 심을 때 깊이 갈아엎어 땅을 부드럽게 할 필요가 있다. 봄은 뿌리에 수분함량이 많아 주로 가을에 수분함량이 적은 10~11월에 뿌리를 파내어 깨끗이 물에 씻어 흙을 제거한 후 그늘의 저온(서늘한 곳)에서 건조시킨다.

56 엘더

과명 : 인동과 **학명** : *Sambucus nigra L.* **영명** : Elder, European Elder.
별명 : Bore Tree, Pipe-tree **한국명** : 서양접골목 **원산지** : 유럽, 서아시아, 북아프리카
이용 부위 : 꽃, 열매, 뿌리, 잎

내 력

엘더는 서양접골목을 말하며 유럽에서는 많은 전설과 민화가 얽혀있는 친숙한 식물이다. '서민의 약상자'라고 불릴 만큼 식물의 모든 부위에 갖가지 약효가 많아 치통에서 전염병까지 각종 질병에 뛰어난 효력을 발휘하고 있다. 뿐만 아니라 여러 가지 형태로 실생활에도 기여하는데 차, 술, 시럽, 식초 등 이용 면이 다양한 약용 및 향미식물이다. 엘더(Elder)라는 이름은 앵글로색슨어의 Oeld 즉 '불꽃'이라는 뜻에서 비롯된 것이다. 어린 가지의 심(髓)을 뽑아 속이 빈 가지에 불을 일으키는 데 이용했기 때문이다. 그래서 '파이프트리(pipe-tree)'라는 별명도 얻고 있다. 이 구멍 뚫린 가지를 남자 어린이들이 공기총

을 만들어 가지고 놀았다 하며 고대 로마 시대부터 있어 온 놀이라 한다.

학명 *Sambucus*는 그리스어의 Sambuca라 하는 나팔의 일종인 트롬본과 닮은 음색을 내는 고대악기에서 비롯된 것이며 그 악기의 재료가 이 나무라는 데서 유래했는데 고대 로마인이 즐겼던 악기다.

유럽에는 옛날부터 엘더에 얽힌 전설민화, 미신 등이 헤아릴 수 없이 많다. 특히 마녀신 앙과 깊은 관계가 있는데 액운을 물리치는 액막이 효과가 있다고 믿어서 집 주위에 심는 습관이 있었다. 엘더의 가지를 도끼로 찍으면 붉은 피가 솟아난다고 했다. 그래서 이 나무를 벌채하는 것을 기피했는데 이 나무는 가지를 자르거나 괴롭히면 보복한다고 전해오는 옛 미신을 믿어서 두려워했기 때문이다. 이것은 유용한 것을 지키려는 지혜로서 불길한 전설이 만들어져야만 명맥이 유지되고 남벌을 면할 수 있었기 때문이다.

그 속신의 위력이 얼마나 대단한가 하면 절대로 엘더는 땔감으로 쓰지 않았으며 집시도 이 나무만은 불에 태우지 않는다고 한다. 이 나무를 불에 태우면 가족에게 불행이 온다고 믿었기 때문이다. 옛날에는 서민들이 4월 30일 날에 엘더의 잎을 따다가 문에 붙여서 마녀의 저주를 물리쳤다는 오랜 습관이 17세기의 문헌에도 남아있을 정도다. 한편으로는 엘더의 꽃에는 아름다운 처녀가 될 수 있는 비밀이 숨겨져 있다고도 했는데 특히 꽃에는 약효가 뛰어날 뿐 아니라 늙지 않게(주름지지 않게) 하는 성분이 있어서 여자들이 좋아했는데 지금도 스팀팩에 이 꽃의 미용효과를 이용하고 있다.

성 상

높이 2~9m로 자라는 관목 같은 낙엽수로서 밑쪽에서부터 가지를 많이 치며 위로 벌어지면서 총생한다. 어린가지에는 피목이 있으며 중심부에 심이 있는데 흰색이다. 잎은 대생하며 우상복엽으로 잔잎은 5~10cm 길이의 계란꼴의 원형으로 거치가 있으며 비비면 불쾌한 냄새가 난다. 꽃은 매우 향기로운데 6~7월에 유백색의 잔꽃이 산방화서로 핀다. 꽃핀 뒤 조그만 열매가 결실하게 되는데 익으면 윤기가 있고 흑자색 빛을 띠게 되며 송이가 진 것은 볼만하다. 우리나라에 있는 접골목(딱총나무)은 열매가 빨갛게 익는 것으로 구별된다.

약효와 용도

꽃에는 정유(팔미트산(palmitic acid), 리놀산(linol acid), 리노렌산(linolen acid)), 트리텔펜, 후라보노이드(루틴), 페쿠틴, 점액 당류를 함유하고 있고 열매는 당류, 유기산, 비타민C, 비오후라보노이드를 함유하며 잎에는 청산배당체, 비타민류, 타닌, 수지, 지방 당류, 지방산을 함유하고 있다. 엘더의 약효는 꽃과 열매에 가장 많으며 꽃은 발한작용이 있어서 엘더 차를 감기나 인플루엔자에 마시면 특효약이라 하는데 아스피린 대용으로 잘 듣는다. 또 최면효과도 있다. 꽃의 증류수는 '엘더플라워 워터'라 하여 화장수로 유명하다. 꽃은 기관지염, 상기도염에 쓰며 화분증 치료에도 쓰인다(티). 편도선염과 완화작용이 있어 류마티스와 통풍에도 든다. 엘더 열매는 불로장수한다고 했는데 술을 만들면 맛이 좋을 뿐 아니라 감기, 류마티스, 천식 등에 잘 들고 씨는 비만증에 좋다고 한다. 열매는 술뿐 아니라 잼, 젤리, 시럽, 식초 등을 만들며 애플파이에 엘더베리를 넣으면 맛과 풍미가 더욱 좋아진다.

꽃도 달콤한 향기를 잼, 젤리, 밀크를 이용한 과자 등에 즐겨 쓰며 여름의 청량음료로도 쓰이고 튀김을 만들어 디저트용으로도 이용한다. 잎은 일종의 강한 향(냄새)이 있어서 벌레들이 싫어하므로 잎을 찧든가 삶아서 그 즙을 뿌리면 진딧물, 모충, 개미, 쇠파리, 모기, 쥐, 두더지 등을 퇴치하는 효능이 있으며 과수나 채소의 동고병 예방에도 쓰인다. 이 나무그늘에는 다른 식물이 돋아나지 않는다는데 이 나무가 풍기는 일종의 마취성 때문이라 한다. 그래서 이 나무그늘에서 낮잠 자는 것을 피하고 있는데 그것을 권장하려고 이 나무 밑에서 자면 마녀에게 재앙을 당한다고 경계하고 있다.

잎, 뿌리, 열매 등은 염료로 상용된다(녹색, 자색, 흑색). 잎은 타박상이나 삔 데 외용약으로 쓰며 수피는 간질병에 쓰고 뿌리는 임파선과 신장병의 치료에 쓰인다. 한방에서는 잎, 가지, 뿌리를 골절과 근육 경련의 치료제로 쓰며 잎을 달인 액체는 살충제가 된다.

재배법

① 적지 : 해가 잘 드는 곳이나 반 그늘진 곳 어디서나 잘 자란다. 유럽에서는 생울타리나 길가에서 흔히 볼 수 있으며 고옥에 큰 나무가 있다.

② 번식 : 씨와 꺾꽂이로 번식되며 포기 주위에 돋아난 싹을 포기 나누기 할 수도 있다. 파종은 과육을 제거한 씨를 봄에 묘상에 12mm 깊이로 뿌린다. 싹이 나면 가을에 이식하여 순을 쳐주면 큰 포기로 자란다. 꺾꽂이는 봄과 가을에 다소 굳어진 가지를 15cm 길이로 잘라 꺾꽂이 하면 된다. 또 봄에 나오는 곁순(땅에서)을 뿌리에 붙여 쪼개어 독립시킨다.

수 확 조 제

유럽에서는 엘더의 꽃이 고루 피기 전까지는 여름은 오지 않으며, 열매가 익기 전에는 여름이 끝나지 않는다고 할 정도로 여름을 대표하는 나무이며 가을에는 단풍이 아름답다. 꽃의 성화기에 꽃송이를 따서 거꾸로 매달아 건조시키며 건조되면 비벼서 꽃을 털어 밀폐용기에 보관한다. 열매는 흑자색으로 익으면 따서 건조시키는데 건포도처럼 될 때까지 건조시킨다. 꽃은 냉동보존도 할 수 있고 열매는 생과를 잼, 젤리, 술, 비네거(향식초) 등을 만들어 이용할 수도 있다. 엘더는 용도에 따라서 보존법을 선택한다.

57 여주

과명 : 박과
학명 : *Momordica charantia* L.
영명 : Bitter melon, Bitter gourd, Balsam pear
중국명 : 苦瓜, 蔓荔枝, 錦荔枝
일본지방명 : ゴーャー
(カゴシマ현 鹿兒島縣)
일본명 : ツルレイツ, ニガゥリ
원산지 : 동인도, 열대아시아
이용 부위 : 열매

내 력 얼마 전까지만 해도 여주는 덩굴성 열매의 관상용 식물로 재배되었으나 지금은 수출용 과일 및 채소로 소득 작물이 되었다. 그러나 식용 외에 뛰어난 약효가 인정되어 새로운 각도에서 주목받고 있다. 중국에는 명나라 때 동남아에서 들여와 광동, 광서, 대만 등지에서 재배하였으며 화북지방에서는 장아찌로 공급하고 있다. 유럽에서는 식용이나 약용은 없고 관상용으로 재배하며 일본에는 1603년에 중국에서 전해졌다 한다. 우리나라에 도입된 연대는 확실치 않으며 일제 때였을 것으로 추정된다. 그런데 1966년에 '차란친'이라는 혈당강하성분이 분리되어 당뇨병과 합병증의 예방에 활용될 것을 기대하고 있다. 여주는 지금 중국, 인도, 하와이, 남미 등 세계 각지에서 재배가 성하고 있다. 여주에는 비타민과 미네랄이 풍부하게 함유되어 있어서 비타민C의 함유량은 레몬의 3배에 이른다고 한다.

성 상 1년생 덩굴성 식물로서 덩굴 길이가 1~2m씩 자란다. 암수 꽃이 같은 포기에 핀다. 줄기는 가늘고 덩굴손으로 지주나 다른 것에 감겨 덩굴을 안정시킨다. 잎은 잎자루가 있는 장상엽으로 5~7쪽으로 깊이 갈라진다. 꽃은 노란색으로 꽃잎은 5장이며 수꽃은 하루 만에 떨어지고 암꽃은 저녁에 시든다. 주두색은 짙은 녹색에서 녹색, 황록색으로 변한다.

열매는 10~50㎝ 길이의 긴 원통형으로 양쪽 끝이 좁다. 혹같은 돌기가 덮여 있다. 긴 것을 '양초여주'라 한다. 열매 빛깔은 흰색, 녹색, 짙은 녹색 등이 있어 일반적으로 짙은 녹색을 좋아하나 맛은 흰색이 쓴맛이 덜하다. 열매가 익으면 적황색으로 변하여 꼬리부분이 찢어져 열매 속에 빨간 종의(種衣)에 싸인 큰 씨가 들어있다. 빨간 종이(과육)은 맛이 달다. 열매는 쓴맛이 있다. 고온성 과채(果菜)로 고온과 건조에 강하며 생육적온은 최저 15~28℃범위다. 병충해도 별로 없는 재배가 쉬운 식물이다.

약효와 용도

여주는 알칼로이드 모몰데이신(momordeisin), 차란친, 인슐린, 비타민C 등이 함유되어 있어서 혈당치를 조정하는 작용이 있고 면역기능을 높이는 효능도 있으며 에이즈의 원인이 되는 HIV바이러스에 대한 저항력을 높이는 기능성도 있다고 한다. 또 해열, 구충, 이뇨작용도 있다. 탄수화물을 과잉 섭취하는 식생활이 비만과 질병의 원인이 된다고 경고하고 있다. 이 체질은 당뇨병에 걸릴 위험이 있다고 보고 있다. 선천적으로 인슐린이 결핍되는 것이 Ⅰ형 당뇨병이고 인슐린의 생성능력은 있으나 세포가 인슐린에 대하여 둔감해 버린 것이 Ⅱ형 당뇨병이다. 이 당뇨병을 치료하지 않고 방치하면 심장병, 신경손상, 신기능장해, 시각소실 등 심각한 문제를 야기시킨다. 여주는 이 당뇨병에 효과가 크다. 중국이나 인도에서 아유뷰베타 의학에서 Ⅱ형 당뇨병의 치료에 여주와 다른 약초를 섞어서 써서 혈당치를 안정시키는 작용이 있다는 것을 인정하고 있다. 전문가들은 여주가 인슐린의 분비를 촉진하든가 여주 자체에 인슐린을 닮은 작용을 하는 것이 있다고 생각하고 있다.

비타민C의 함유량은 채소 중에서 가장 높은데 100g에 120㎎다. 쓴맛은 건위작용이 있어 여름 타는 데 좋다고 한다(채소로 섭취할 때). 채소로는 차, 튀김, 생주스, 볶음요리, 굽기도 하고 초절임도 만들어 먹을 수 있고 장아찌로 된장에 절일 수도 있다. 특히 차는 혈당강하약의 효능을 증강시킨다는 보고도 있다. 여주차는 건조시킨 잎 수북이 1차숟갈(3g)을 150cc의 끓는 물에 넣어 뚜껑을 덮고 5분간 우려낸 후 마시는데 1일 3회씩 복용한다. 단 임신부나 수유부는 이 차의 사용을 금한다. 동남아에서는 여주의 어린순을 먹는다.

재배법

① **적지** : 해가 잘 들고 배수가 잘 되며 토질은 양토나 사질양토가 좋다. 토양산도는 약산성~약알칼리성이 좋다. 대개 비닐턴넬이나 덕을 만들어 올려서 재배한다. 따라서 미리 잘 썩은 퇴비를 넣고 깊이 갈아덮어 풍화시킨 뒤 심을 수 있도록 3주 전에 밭을 만들어 둔다.

유망한 동·서양 약초재배기술

② **번식** : 씨로 번식하며 파종하기 전에 씨를 따뜻한 물에 4~5시간 담가서 충분히 흡수시킨 뒤 5cm 깊이의 파종상자에 모래를 넣어 고르게 한 후 관수하고 씨를 뿌린다. 파종시기는 3~4월이다. 턴넬이나 비닐하우스 안의 온도가 25~28℃면 4~5일이면 싹튼다. 대개 35~40일이면 본잎이 5~6장 나온다. 대개 5월에 정식한다.

③ **정식** : 생육적온은 25℃가 유지되게 한다. 두둑은 2.0~2.5m로 하고 포기 사이 1.5~2.0m로 하여 두둑의 중앙에 1줄로 심고 지표에 멀팅하여 건조를 방지한다. 덕에 올릴 때는 원줄기를 두고 곁줄기를 제거하여 덕에 덮이면 새끼 줄기나 손자줄기를 발생시켜 포기를 퍼지게 한다. 기온이 낮으면 착과하지 않으므로 유의한다. 다른 방법은 본잎이 5~6장 때 어미줄기를 적심하여 초세가 강한 새끼 줄기를 2~3개 만들어 기르는 방법도 있다. 지주는 곧게 세울 수도 있고 V자형으로 세울 수 있는데 높이는 1.8m 정도로 하여 유인한다. 햇볕을 많이 받도록 유의한다.

④ **관리** : 덧거름은 착과비대기에 1번, 수확최성기에 또 1번 시비한다. 관수와 동시에 액비를 400배 정도로 희석하여 준다. 수확기간이 150~180일간이므로 덧거름은 생육상태에 따라 횟수를 늘릴 수 있다. 여주는 비교적 건조에 강하므로 과도한 관수는 피한다. 정식 후 과실비대최성기에 중점적으로 관수한다. 하우스일 때는 7~10일 간격으로 관수한다. 하우스 내의 온도가 너무 높으면 환기하여 온도를 조절해 준다. 과습에는 약하므로 노지재배 때는 장마철에 다습이 원인이 되어 뿌리썩음병이 생겨 말라죽는 예도 많다. 배수조건이 좋도록 두둑을 높여준다. 턴넬재배 시는 피복 비닐을 제거하고 계절풍 때문에 줄기나 잎이 손상되지 않도록 방풍벽을 만들어 준다.

수 확 조 제

파종에서 수확까지 소요일수는 대개 100~120일이다. 대개 수확할 수 있는 열매는 200~300g 정도의 청과로서 과숙시키면 상품가치가 떨어진다. 초세에도 나쁜 영향을 미치므로 익기 전에 수확한다. 당뇨병이 문명병이라고 일컬어지는데 제약회사와 계약재배하면 외국에서는 캡슐로 제품이 나와 있어 국내 수요에 응할 수 있기 때문에 고려해 볼 만하다.

58
오미자

과명 : 목련과
학명 : *Schisandra chinensis Baillon.*
영명 : Schizandrae Fructus, Chinese Magnolia Vine
색약명 : 五味子
원산지 : 한국, 중국
이용 부위 : 열매

내 력 오미자는 열매에 맛이 다섯 가지가 있어서 五味子라 한다. 신맛(酸), 단맛(甘), 쓴맛(苦), 매운맛(辛), 짠맛 등이 있어서 흔히 우리는 여름에 발그레한 청량음료로서 특이한 맛이 있어 즐겨 먹으나 오미자에는 여러 종이 있어 북오미자라고도 하고 남오미자는 한국, 중국, 일본, 대만 등에 분포하므로 남오미자라 하며 오미자 대용으로 쓰인다. 제주도에 자생하는 열매가 흑색으로 익는 흑오미자는 낙엽덩굴식물이다.

성 상 전국의 표고 200~1600m의 산골짜기에 군총(群叢)을 이루어 자라는 낙엽활엽덩굴나무로서 10m까지 자라며 남오미자는 상록덩굴나무다. 음지에서 잘 자라며 내한성이 강하나 공해에 약하고 내염성도 약하여 해안지대에는 잘 자라지 못한다. 줄기는 적갈색으로 나무에 기어오르는 성질이 있다. 잎은 호생하며 길이 7~10㎝, 너비 3~5㎝의 넓은 타원형~긴타원형으로 뒷면 맥 위에 털이 있다. 가장자리에 치아모양의 톱니가 있다. 꽃은 6~7월에 1.5㎝ 크기의 약간 붉은 빛이 도는 황백색 꽃이 피며 수술은 5개이고 암술은 많다. 꽃이 진 뒤 열매가 이삭처럼 달린다(포도송이처럼). 열매는 8~9월에 홍색으로 익으면 둥글고 길이 6~12mm로 속에 1~2개의 씨가 들어있고 신맛이 강하다. 오미자는 건조하면 검은색을 띤 진홍색으로 변하고 쭈그러진 주름이 생긴다. 양질의 오미자는 수정 모양으로 약간 투명한 느낌이 있고 누굴누굴하고 오미자의 독특한 향기가 난다. 오미자는 뿌리가 가늘고 지표 가까이에 있어서 가뭄이 심한 곳은 좋지 않다.

약효와
용도

오미자 열매에는 정유 중에 α-차미그렌(α-chamigrene), β-차미그렌(β-chamigrene)이 주성분이고 유기산(신맛) 외에 당점액질이 함유되어 있어 수렴작용, 강장작용, 강정작용, 진해작용 등이 있으며 지갈작용도 하고 허약체에 자양제로도 쓰인다. 한방에서는 자양강장제로 쓰며 천식, 밤에 식은땀 흘리는 데, 허약체질에 약용한다. 식용으로는 오미자 술, 오미자 차, 오미자 주스, 오미자 화채 등으로 체력을 보강할 수 있다.

재배법

① **적지** : 우리나라 전역에서 재배가 가능하나 서북향의 서늘하고 경사도가 낮은 해발 300m 되는 곳이 좋다. 센바람이 와 닿는 곳은 좋지 않다. 수분요구도가 높아서 습기 있는 비옥한 사질양토가 좋다. 배수가 잘 되고 통풍이 잘 되며 부식질이 많은 보수력 있는 땅이 좋다. 오미자나무는 새근성 식물이므로 한발지대에서는 생육이 좋지 않으므로 주의한다. 호기성 식물이어서 뿌리가 땅 속 깊이 들어가지 않고 지하 3cm에서 옆으로 뻗어 자라기 때문에 뿌리가 건조되기 쉽다. 건조한 땅에 심었을 때는 짚이나 낙엽 등을 뿌리에 덮어주면 습기를 보존할 수 있다.

② **번식** : 씨와 꺾꽂이, 포기 나누기, 휘묻이 등으로 번식할 수 있다. 열매가 익으면 따서 과육은 식용이나 약용에 쓰고 씨만 노천매장 하였다가 봄 3월에 파내어 묘상에 파종한다. 실생번식은 영양번식에 비하여 수확까지 1년이 더 소요되므로 경영 면에서 손해이므로 이용하지 않는다. 꺾꽂이는 3~4월과 10월에 할 수 있다. 삽수는 지하로 뻗은 전년생 줄기와 지상으로 뻗은 전년생 줄기 중에서 충실한 것을 이용한다. 오미자나무는 지극히 민감하므로 삽수가 상하지 않도록 한다. 지하경과 덩굴이므로 잡아당기기 쉬운데 이런 일은 절대로 해서는 안 된다. 줄기는 1m 정도로 채취하여 비닐주머니에 넣어 삽목상까지 운반한다(건조에 약하다). 서늘한 곳에 이끼로 덮어주면 4~5일 보관할 수 있다. 삽수는 신장부분 40~50cm(끝부분)는 연약하므로 쓰지 않는다. 지하·지상경을 막론하고 눈이 튼튼한 건실한 것을 골라 20~30cm로 잘라 지상경은 산 및 타닌 등의 발근억제물이 있으므로 물에 24시간 이상 담가서 억제물질을 제거한 후에 모래나 부엽토, 파미큐라이트 등에 꺾꽂이 한다. 지상경은 눈이 하나만 보이게 전체를 묻으며 지하경은 옆으로 2cm 이내에서 전체를 묻는다. 관수한 후 해가림을 하여 관리한다. 햇볕이 40% 정도 쬐면 이상적이다. 발근 후는 해가림을 60% 정도로 하며 9월 하순경에 해가림을 완전히 벗긴다.

포기 나누기는 봄 3~4월과 9~10월에 건실한 모주에서 쪼개어 지상 30~50cm로 잘라 심는다. 휘묻이는 5~6월경 또는 휴면한 싹이 활동을 시작하는 봄에 한다. 건실한 햇가지를 땅에 휘어묻어 대까치나 철사로 ∩형으로 만들어 눌러두면 땅에 묻힌 곳에서 뿌리가 나므로 잘라 독립시킨다. 정식은 봄 3~4월과 10월에 하며 사방 1.2m 간격으로 하여 심는다. 뿌리가 가늘어서 비료에 약하므로 비료가 뿌리에 직접 닿지 않도록 주의한다. 식재 간격은 너비 70~80㎝, 깊이 50~60㎝의 구덩이를 파고 밑거름으로 유기질비료를 넣고 흙을 덮은 다음 뿌리를 잘 펴서 심는다. 덩굴이 50㎝ 정도 자라면 지주를 세워 덩굴이 잘 감고 올라 가게 하고 원줄기는 정식 다음해에 3~4㎝ 남기고 잘라 주어 건실한 줄기를 3~4대 기른다.

정식 3년 후 10월에 포도송이 같은 열매가 붉게 익으면 따서 햇볕에서 건조시킨다. 건조된 것은 흑색을 띠나 선명해지고 독특한 향기가 난다. 완숙된 것은 아무리 건조하여도 누굴누굴하고 부드러우며 촉감이 좋다. 햇볕에서라면 일주일이면 건조가 끝난다. 습기가 있으면 곰팡이가 생기므로 종이봉지나 마대에 담아 바람이 잘 통하는 곳에 보관한다.

59 오수유

과명 : 운향과
학명 : *Evodia rutaecarpa Hook.*
영명 : Fructus Evodiae
색약명 : 吳茱萸
원산지 : 중국
이용 부위 : 열매

오수유는 중국 원산의 약재로 황하에서 남부에 널리 분포하여 재배는 양자강 이남에서 이루어지고 있어 우리나라에는 수입에 의존하는 것으로 알려진 약초다. 오수유는 심어서 6~7년이 되어야 결실하게 되며 그 열매의 완숙 전에 따서 건조시킨 것이 오수유인데 이것을 약용한다. 미숙과일 때는 녹색이고 성숙하면 자주색이 되어 벌어진다. 착색되는 것을 약용하는 것이다. 중국에는 약용하는 오수유가 3종이 있는데 오수유 외에 중국명 石虎라 하는 *E. officinalis DODE*는 꽃과 열매가 잘고 잎도 얇고 잔잎이 가지 끝에 꼬리처럼 된다. 또 하나는 *E. bodinieri DODE*라 하며 꽃도 잘고 잔잎 뒷면 맥 위에 털이 나있다. 열매가 큰 것이 오수유다. 우리나라에서는 경북 고령과 경주 지방에서 표고 50m 정도의 지역에서 재배하고 있으나 수확기가 길어서 널리 보급되지 못하고 있다. 가지나 잎을 목욕제로 쓰면 따뜻하게 해주므로 관광 상품으로 시도해 볼만하다.

운향과에 속한 낙엽소교목으로 높이 3m로 자라며 가지는 암갈색~자갈색이며 어릴 때는 황갈색의 털이 밀생한다. 자람에 따라 털이 탈락한다. 잎은 기수우상복엽으로 대생하며 길이는 15~35㎝, 잔잎은 5~9개로 타원형으로 끝이 뾰족하다. 길이 10㎝안팎이며 표면은 짙은 녹색, 뒷면은 연녹색이며 양면에다 연황색 털이 있다. 잎은 다소 두텁다. 유점이 있다. 자웅이주로 5~6월에 가지 끝에 산방화서로 연한 녹백색 잔꽃이 핀다. 가을에 검붉은(자적색) 열매가 결실한다. 열매는 편구형(扁球形)이며 강한 향기와 쓰고 매운맛이 있다. 이 열매를 건조시킨 것이 오수유다.

오수유에는 정유 중에 에보덴(Evodene · 향기성분)과 알칼로이드 에보디아민(Evodia-mine), 루테카르핀(Rutaecarpine), 에보카르핀(Evocarpine), 에보딘(Evodin) 등이 함유되어 있다. 약리학적 연구에 의하면 오수유는 장기생충의 살균력이 강하고, 항균성도 있고, 자궁수축작용이 있고 외용으로 항염작용도 인정되어 있다. 이 생약의 수성진액에는 뇌혈류량을 증가시키는 작용이 인정되어 강심작용, 냉증, 신경통, 류마티스 등에 약용하며 부인병, 감기, 치질 등에 진통효과도 있다. 한방에서는 건위제, 지토제(止吐劑), 진통제로서 두통, 흉통, 위통, 복통에 쓰며 여성호르몬 분비감퇴에 따른 여러 증상에도 쓴다. 변비, 일사병의 치료에도 쓴다. 구충제로도 쓰이며 목욕제로도 몸을 따뜻하게 해주므로 좋다. 이뇨제로도 쓰고 신향성건위(辛香性健胃), 약해독에도 쓰인다.

① **적지** : 중부 이남 지방의 따뜻한 곳이 좋고 동남향의 햇볕이 잘 들고 바람의 피해가 없는 곳이 좋다. 토질은 표토가 깊고 배수가 잘 되는 땅이 좋다. 둑이나 밭 주변, 개간지 등

을 이용할 수 있다. 1년에 1회 정도 풀을 베어주는 정도로 손이 가지 않는 약용식물이다.

② **번식** : 꺾꽂이와 포기 나누기로 한다. 꺾꽂이는 3월 하순~4월 상순에 지난해 자란 가지 중 충실한 것을 골라 세 마디 길이로 잘라 한두 마디가 땅 위로 올라오게 비스듬히 꽂는다. 삽목상은 반 그늘진 곳이나 나무그늘에 만들고 용토는 비료분이 없는 사질양토로 배수가 잘 되게 한다. 삽목 후 충분히 관수하고 낙엽이나 짚을 덮어 건조를 방지한다. 완전히 싹튼 후 덮은 것을 벗긴다. 7~8개월 후에 묽은 액비를 시비한다.

생육이 좋은 것은 가을에 정식하고 작은 것은 1년간 더 길러서 2년생 묘를 정식한다. 포기 나누기는 3월과 10월에 할 수 있다. 나무줄기 주위에 새끼싹이 자라나면 나누어 심는다. 포기 나누기 한 것은 바로 정식하거나 묘상에서 1년간 비배하여 정식한다. 정식 간격은 사방 5m로 하고 구덩이를 너비 30㎝, 깊이 45㎝로 파고 밑에 밑거름을 넣고 흙을 덮은 위에 심는다. 활착 후 덧거름으로 액비를 준다.

수 확 조 제

정식한 5~6년 후의 가을 11월에 열매의 색깔이 자적색을 띠게 되면 열매를 따서 햇볕에 엷게 펴서 말린다. 열매의 수확기가 지나면 흑색을 띠게 되므로 이렇게 되기 전이 수확 적기다. 열매송이를 말리면 열매가 떨어지므로 열매만 골라 선별하여 약용한다. 건조는 단시일에 한다.

60

올리브

과명 : 물푸레나무과   **학명** : *Olea europaea L.*   **영명** : Olive

원산지 : 지중해 연안, 북아프리카, 시리아, 터키 남부, 이스라엘, 레바논   **이용 부위** : 열매, 잎, 씨

올리브는 월계수와 함께 지중해 연안을 대표하는 상록수로서 기원전 3세기부터 재배가 시작된 역사가 오랜 식물이다. 전설과 신화에 많이 등장하며 올리브의 가지는 평화와 승리의 상징이다. 기독교에서는 제단에 올리는 성유(聖油)로서 올리브 열매에서 짠 첫 번째 기름을 '버진오일' 이라 하여 머리에 부어 정결케 하던 성유다. B.C 3000년의 미노스문화의 초기부터 귀중한 교역품이었다.

학명 *Olea europaea*는 올리브속(屬)을 나타낸 것으로 고대 로마인은 기름을 Oleum이라 불러 Olea는 여기에서 비롯되었다고 하며 종명은 유럽을 뜻한다. 올리브는 생장은 느리지만 수명이 긴 것은 전설적인데 몇천 년씩 된 것이 지금도 겟세마네나 올리베스산에 있다 한다. 예루살렘 성전의 문과 기둥이 이 나무로 만들어졌으며 대천사 '가브리엘'이 갇힌 홀도 올리브나무라 한다. 〈성경〉 창세기 8장 11절의 노아의 방주 이야기 중 홍수가(40일 밤낮) 끝나고 노아가 비둘기를 방주에서 내어보냈을 때 입에 올리브 잎을 물고 돌아와 물이 걷힌 것을 알았다는 대목에서 올리브와 비둘기는 평화의 상징으로 유엔의 휘장이 되고 있다.

올리브는 높이 5~10m로 자라는 상록교목으로 수명이 길어 이스라엘에는 1000년이 넘는 노거수도 있다. 내한성은 연평균기온이 15~22℃이며 겨울에 -8℃가 한계점이다. 겨울에 귤 재배가 가능한 제주도에서는 노지재배가 가능하다. 자가 불결실성이 있으므로 단일 품종에서는 결실을 기대할 수 없으므로 몇 종류를 함께 심어 풍매~충매로 수분시킨다. 올리브는 꽃의 자방과 주두의 발달이 불량하여 불완전화가 나오기 쉬워 개화해도 2~3%밖에 결실하지 않는다. 마디가 많고 잎은 굳고 대생하며 꽃은 5~6월에 크림색 잔꽃이 원추화서로 피는데 향기롭다. 열매는 초겨울에 검게 익는다. 가뭄에 강하고 강수량이 많은 곳은 부적당하다. 뿌리가 약하여 강풍에 넘어지기 쉬우므로 풍해에 주의한다.

올리브의 품종은 수천 종에 이른다고 하며 용도에 따라 채유용, 염장용, 겸용 등이 있다. 그 중 대표적인 것을 살펴본다.

① **루카(Lucca)**는 채유 전용으로 튼튼하며 잎이 크고 짙은 녹색이다. 수확량이 많고 유분함유량이 30% 이상이며 생육이 왕성하고 격년결과성이 강하다. 내풍성이 강하고 탄저병에 내성이 있어 면역에 가깝다. 개화기는 가장 늦어 6월 2~3일이 만개다. 열매는 11월 말~12월 초에 익는다.

② **네비딜로브랑코(Nevadillo Branco)**는 꺾꽂이로 쉽게 번식된다. 채유 전용 함유율 20% 재배는 쉽다. 탄저병에 약하고 자가불염성이 강하다. 개화기가 가장 빠르다. 5월 말

열매가 익는 시기는 11월 하순, 비옥한 땅을 좋아한다.

③ **미션(Misson)**은 채유, 염장겸용, 격년결과성이 강하다. 생육은 왕성하며 내풍성은 약하다. 다수확, 함유율은 20% 중파종이다. 토질은 중 정도의 비옥토면 된다.

④ **만자닐로(Manzanillo)**는 채유, 염장 겸용종이다. 생육왕성하고 수고는 높지 않다. 내풍성은 비교적 강하다. 함유율은 전종보다 다소 떨어진다. 염장용도 품질 최고다. 탄저병에는 성숙 직전에 침범 당한다. 수확에 주의한다. 성숙기는 11월 하순이다.

약효와 용도

올리브의 열매에는 지방이 함유되어 있는데 올레인산(Oleine acid), 리놀레인산(Linolein acid), 팔미트산, 스테아린산, 미리스틴산, 칼슘, 무기염, 단백질인 V-A · B 등의 성분이 함유되어 있다. 흑갈색이 된 올리브 열매를 상온에서 압착하여 짠 첫 번째 기름이 버진오일인데 가장 값비싸다. 익은 열매를 여러 번 되풀이 하여 짠 기름은 식용 및 약용한다. 버진올리브 오일은 산도가 1%밖에 안 되는 고급유로서 항산화작용을 하는 성분이 많이 함유되어 있다.

올리브 열매에는 15~30%의 유분이 함유되어 있어 일반 올리브는 식용, 약용, 화장용, 공업용 등유 등 용도가 다양한데 약용으로는 장을 수축시켜 변비를 해소시키며 소화성궤양에도 쓴다. 또 담즙의 분비를 촉진한다. 위액분비를 억제하는 작용이 있어 위산과다에도 쓴다. 특히 올리브에는 불포화지방산이 풍부하여 콜레스테롤 수치를 내려주는데 몸에 좋은 고밀도 '리포프로틴'을 손상시키지 않고 몸에 나쁜 콜레스테롤 수치만 내려주므로 최근에 특히 주목받고 있다. 식사 때 올리브유를 적극적으로 섭취하면 다른 지방을 섭취한 사람보다 심장병을 앓는 확률이 훨씬 적다고 한다.

따라서 심장병 예방을 위해 다른 식용유를 올리브유로 대체할 것을 권하고 있다. 이 기름은 외과용으로 피부염에 좋고 벌레에 물리거나 벌에 쏘였을 때, 가려움증, 모반 등에도 효과가 있다. 화장용으로는 스킨케어 크림, 두피의 건조와 비듬을 방지하는 헤어토닉으로도 쓰이는데 항산화작용이 있는 성분이 많이 함유되어 있어 훌륭하다. 조악한 기름은 비누제조에 쓰이며 윤활유, 등유, 고약의 기제로 도포제로도 이용되며 향수로도 쓰인다. 목질부의 수지(樹脂)는 기관지염의 흡입약으로도 쓴다. 잎에는 살균작용이 있으며 가벼운 발열성 질환에 해열제로 긴장에는 진정제로 쓴다. 잠을 잘 수 없어 얼굴이 푸석할 때 올리브잎의 차를 마시면 없어진다. 1큰숟갈의 오일과 계란 노란자를 섞어 얼굴에 바르면 주름이 없어지며 또 오일에 계란 흰자를 섞은 것을 화상에 바르면 빨리 낫는다. 올리브잎 차는 혈압의 이상을 정상화시켜 주고 혈당치도 내리는 힘이 있어 당뇨병에도 적합한 차다. 좋은 약일지라도 임신 중에 올리브유를 변비의 완화제로 쓰는 것은 삼가야 한다.

식용일 때 올리브 열매는 약간 쓴맛과 떫은맛이 있어서 열매를 따면 2%의 가성소다에 담가 쓴맛을 뺀 후에 물로 씻어 소금물에 절였다가 다시 본 절임으로 소금절임이나 오일절임하여 발효시키는 것이 올리브의 염장법이다. 10수일 후부터 먹을 수 있다. 미숙과인 녹색일 때 따서 절임하면 신맛은 강하나 쓴맛은 없다. 올리브 씨에도 올리브핵유가 있어 채취한다. 올리브유는 식용으로 샐러드나 지중해 요리에 쓰며 식품의 보존제로도 흔히 쓰인다.

재배법

① **적지** : 개화기에 비가 많으면 수정이 안 되므로 나쁘다고 하나 오히려 토양의 다습을 싫어한다. 양수이므로 해가 잘 들고 배수가 잘 되며 비옥한 사질토나 양토가 좋다.

② **번식** : 씨와 꺾꽂이로 번식된다. 파종은 모래에 뿌리며(다습을 피해서) 단단한 껍질을 벗기고 뿌린다. 발아적온은 14~20℃로 1개월 걸린다. 20℃ 이상 되면 발아가 억제된다. 따라서 파종기는 3월 하순이 적기다. 꺾꽂이는 3~4월에 하며 다소 굳어진 가지를 20㎝ 길이로 잘라 반쯤 묻히게 꽂는다.

③ **관리** : 어린 묘일 때는 입고병에 약하므로 특히 주의한다. 겨울에서 봄까지 땅이 건조하면 수분부족으로 불완전 꽃이 많아져서 결실이 나빠진다. 싹트기 전에 통풍과 채광을 위해 도장지나 밀생한 가지를 전정해 준다. 지나치게 건조하면 열매가 잘아진다. 생장한 후의 이식은 싫어한다. 칼리질비료를 많이 시비하여 낙과를 방지한다. 키를 작게 하려면 어린 묘목이 1.5m 정도 자랐을 때 상순을 잘라준다.

④ **벼충해** : 탄저병이 열매에 발병한다. 보르도액을 뿌려 병든 가지나 말라죽은 가지에 년 4회 뿌려 예방한다.

수 확
조 제

3년째부터 수확할 수 있으나 10년쯤 되면 많이 수확된다. 그린올리브는 열매가 미숙과일 때 즉 연황록색일 때 따고 반숙과는 열매가 홍자색일 때 따서 염장용으로 쓰며 채유용은 흑자색으로 익은 11월에 따서 곧 채유한다.

61

와일드스트로베리

과명 : 장미과 **학명** : *Fragaria Vesca L.* **영명** : Wild Alpine strawberry **한국명** : 야생 풀딸기
중국명 : 歐洲草莓 **원산지** : 유럽 북부, 북미, 아시아 **이용 부위** : 잎, 열매, 뿌리

내 력

유럽 야생 풀딸기는 아주 오랜 옛날부터 이용해 왔는데 석기 시대까지 거슬러 올라간다. 지금 우리가 딸기라고 하는 개량종은 14세기부터 프랑스와 벨지움에서 시작되어 18세기에 이르러서 오늘날 같은 영양가있는 과일로 발전했다. 와일드스트로베리는 식용 및 약용 딸기를 말한다.

학명 *Fragaria*는 라틴어의 향기롭다는 뜻인데 열매는 잘지만 매우 향기로우며 잎에도 향기가 있다. 스트로(Straw)는 줄기가 란나로 여기저기 퍼지기 때문에 얻은 이름이다. 기독교에서는 정의(正義)의 상징으로 쓰는데 식물은 다른 것과 함께 심으면 서로 영향을 주는데 좋은 영향을 주는 것보다 나쁜 영향을 주는 것이 많아 상대방을 괴롭힌다.

그런데 와일드스트로베리는 모두가 싫어하는 쐐기풀(넷틀) 밑에 심어도 아랑곳않고 맛있는 열매를 열게 하므로 주위의 악이나 부정에 해를 입지 않고 자기의 할 바를 하는 정의의 기사로 비유되어 정의의 상징으로 쓴다. 딸기는 성모마리아를 상징한다. 게르만의 모신(母神) 후릿그가 죽은 어린이들에게 딸기를 먹여서 천국으로 보냈다는 신화에서 비롯된 것으로 이 신화는 적색 먹을거리는 죽은 자를 위한 것이라고 하는 옛 신앙에서 비롯된 것이라 한다.

중세에는 많은 약효가 인정되어 쓰였는데 간장, 신장, 비장, 방광, 궤양, 상처, 복통, 이질 등에 효과가 있다고 생각했다. 오늘날 과학적 연구로도 약효가 인정받고 있다.

성 상   내한성이 있는 상록다년초로 높이 25cm로 자라며 란나로 잘 퍼진다. 잎은 3출복엽으로 엽맥이 뚜렷하며 질은 연한 편이고 계란꼴 잔잎에 거치가 있다. 이른 봄~여름에 걸쳐 잎자루가 나와 흰색 5판화가 핀다. 열매는 여름에서 가을에 걸쳐 빨간 딸기가 열린다. 크기는 잘지만 향기롭다. 연작을 싫어한다.

약효와 용도   열매에는 철분과 칼륨, 비타민C가 풍부하고 포도당, 과당이 4~7% 함유되어 있고 유기산은 구연산, 능금산 1~4% 함유되어 있어서 릭큘이나 잼, 과실주 등에 쓰인다. 빈혈, 당뇨병, 류마티스, 통풍, 신장, 간장 치료에 효과를 발휘하며 해열작용이 있는 음료를 만든다. 열매를 부수어서 팩을 하면 미백효과가 있다. 또 생과일은 치석이나 치태를 제거하며 누렇게 된 치아를 희게 해준다. 햇볕에 타서 얼굴이 화끈거릴 때 팩을 하면 진정효과가 있고 미백효과뿐 아니라 주름을 없애주며 기미의 색깔을 엷게도 만든다.

잎은 말려서 허브티로 마시면 기분이 안정되고 수렴작용, 이뇨작용, 건위작용이 있으며 잎에 뿌리를 섞어 만든 허브차는 설사나 배설장해를 고친다. 생잎보다 말린 잎은 달콤한 향이 더 강하다. 이 차는 어린이용뿐 아니라 다이어트 효과도 있어 즐겨 쓰인다. 열매는 케이크, 파이, 시럽 등에도 쓰인다. 뿌리에도 강장작용과 이뇨작용이 있어 약용한다.

재배법   ① **적지** : 서늘하고 해가 잘 드는 비옥한 땅이 좋다. 질소질이 많으면 열매가 열리지 않으므로 주의한다.

② **번식** : 씨와 란나로 번식한다. 파종은 4~5월과 9월에 포트나 묘상에 밭흙, 부엽토, 파미큐라이트를 3:2:1의 비율로 섞어 뿌린다. 본잎이 3~4장 때 이식했다가 본잎이 7~8장 때 정식한다. 가을에 자라난 란나를 잘라 새끼포기를 심으면 쉽게 증식된다.

③ **관리** : 여름에 고온일 때 개화가 정지되는 경우가 있다. 이때는 50% 정도 차광해 주어 서늘하게 관리한다. 또 연작을 싫어하므로 1년 건너서 포기를 갱신할 겸 란나로 심는 장소를 옮기고 어미포기는 버린다.

수 확 조 제   4~7월까지와 9~10월까지 열매와 잎을 수확할 수 있다. 잎은 잘 건조시킨 후에 허브티나 약용하며 뿌리는 포기갱신 때 파내어 지장부를 제거하고 물에 빨리 씻어서 햇볕에서 건조시킨다. 란나를 잘라주면 개화결실기를 연장시킬 수 있다.

과명 : 녹나무과 **학명 :** *Laurus nobilis L.* **영명 :** Laurel, Bay tree, Sweet Bay
중국명 : 月桂 **원산지 :** 지중해 연안, 남부 유럽 **이용 부위 :** 잎, 열매

내 력

Laurus는 겔터어의 Laur(녹색)에 유래한 말로서 월계수속(屬)을 나타내는 라틴어다. 학명 Laurus는 월계수의 '칭송한다'는 뜻인 라틴어의 laudis가 변한 말이며 종명 Nobilis도 '고귀한'이란 뜻으로 고대 그리스나 로마 시대에 경기의 승자나 전투의 승리자, 영웅 및 대시인에게 월계수의 잔가지로 엮은 관을 만들어 머리에 씌워주어 승리와 영광을 나타냈다는 고사에서 비롯하여 이러한 품위 있는 목적에 쓰였으므로 얻은 이름이다. 지금도 승계되고 있다. 영명은 빅토르스로럴(Victor's laurel)이라고도 하지만 일반적으로는 베이(Bay), 스위트베이(Sweet Bay)라 하여 잎을 비벼보면 달콤한 향기가 나므로 향료식품으로서의 위치가 더 높이 평가된다.

그리스신화에는 아폴로에게 쫓긴 다프네가 월계수로 변했다고 하는데 이 일로 인해 아폴로는 사죄의 뜻으로 자기의 신목(神木)을 참나무에서 월계수로 바꿨다는 것이다. 그래서 로마 사람들은 월계수가 초자연적인 힘을 갖고 있다고 숭앙하여 '좋은 천사의 나무(Plant of the good angel)'라 불렀다. 이 나무를 심은 집은 병마나 악마의 저주에도 걸리지 않는다고 했으며 영국에서도 월계수 잎을 씹고 있으면 재액(災厄)을 면할 수 있다고 했다. 그들은 예부터 크리스마스 및 결혼식, 장례식 등에 상징적으로 월계수를 사용했다. 한편으로 속명 Laurus는 라틴어 lavo 즉 '맑게 한다'에서 유래했다고도 한다. 로마 시대에는 월계수의 잎이나 열매는 만병통치약으로 여겨 환자가 생기면 그 집 문에 월계수 가지를 걸어 둘 정도로 존중시했다. 특히 달콤한 향기는 공기를 맑게 한다고 했으며 전염병을 예방하는 효과도 있다고 했다. 네로황제는 역병이 유행하면 월계수 숲으로 이사했다고 하니 월계수의 병 예방 효력을 믿었는지 짐작된다. 잎을 태우면 월계수의 향기에 이끌려 떠나간 연인이 되돌아온다는 풍습도 있었다. 발렌타인데이에 지금은 초코렛을 선물하지만 중세에는 월계수 가지를 연인끼리 주고받는 풍습도 있었다.

성 상

월계수는 자웅이주인 상록소교목이지만 원산지에서는 10m씩 자라는 교목이다. 줄기의 밑쪽에서부터 잎이 나며 곁가지도 많이 나므로 흡사 관목 같은 인상을 준다. 수피는 회갈색으로 매끄럽고 새가지는 암자홍색이다. 잎은 호생하며 윤기 나는 짙은 녹색으로 얇으나 혁질로 굳으며 길이 5~12cm, 폭 2~5cm의 장타원형~피침형으로 거치는 없다. 약간 주름지며 뒷면은 연녹색이다. 잎은 조금만 스치거나 찢으면 달콤하고 고상한 향기가 난다. 꽃은 5~6월에 가지 끝 엽액에 연노랑 잔꽃이 원추화서로 피며 향기롭다. 열매는 10월에 익으며 윤기 있는 흑자색의 장과로 씨가 1개씩 들어 있고 독특한 향기가 있다. 열매는 1.5cm 정도 크기다. −10℃ 정도의 반내한성이다. 우리나라에서는 분화초로 가꾸고 있다.

약효와 용도

월계수의 성분은 잎에 게라니올(Geraniol), 리날올(Linalol), 유제놀(Eugenol), 시네올(Cineol) 등의 정유 외에 테르펜(Terpene)류, 고미질, 타닌산(Tannin acid) 등을 함유하고 있고 열매에는 타우린산, Glycerim을 함유한 지방이 함유되어 있어 열매의 정유는 시네올, 피넨(Pinene) 등 잎과 같은 성분이 들어 있고 수피나 수간에는 알칼로이드가 함유되어 있다. 잎의 시네올(Cineol) 성분은 50%나 되어서 방향성 건위제, 흥분제, 방부제 등에 쓰이며 열매의 정유, 지방유는 건위제, 류마티스의 진통제로 도포제 외에 향수의 원료, 소스의 향료, 양고기요리의 향신료로도 쓰인다.

월계수 잎을 쌀독이나 밀가루 담은 그릇에 2~3잎만 넣어두면 방충·방부효과가 뛰어나다. 무엇보다도 월계수 잎은 요리에 가장 많이 쓰이는데 음식물을 끓일 때 1~2잎 넣고 끓으면 중간쯤에서 잎을 건져내어 버린다(잎을 먹지는 않는다). 육류 요리, 생선 요리, 채소 요리, 조류 요리, 조개류 요리 등에 부향제 및 소취제로 쓰면 누린내, 비린내 등을 없애주고 향미를 더해준다.

정유는 양초, 비누의 재료로도 쓰인다. 목욕제로 불면증에 쓰이며 동매염재를 쓰면 꾀꼬리색의 나염(염색)제도 된다. 월계수의 향기는 청량감과 싱그러운 향기인데 건조하면 향이 더 강해진다.

재배법

① **적지** : 해가 잘 들고 배수가 잘 되며 보수력 있는 비옥한 땅이 좋다. 우리나라에는 일제 때 경남, 전남, 제주도 등지에 일본인들이 가져다 심은 것이 남아 있다. −10℃면 밖에서 월동되나 한풍이 와닿는 바람받이 같은 곳은 피하는 것이 좋다.

② **번식** : 씨와 꺾꽂이로 번식하며 씨는 과육에 발아억제 물질이 함유되어 있어서 과육을 물로 씻어 제거한 후에 파종한다. 실생번식은 생장에 다소 장기간이 소요되므로 대개는 쉽게 활착하는 꺾꽂이를 이용한다. 꺾꽂이 시기는 봄에 지난해 자란 가지를 이용할 수도 있고 여름에 그해 자란 가지의 다소 굳어진 녹지(綠枝)를 이용해도 된다. 15~20㎝ 길이로 잘라 1/3 정도 밑쪽 잎을 따버리고 3시간쯤 물에 담가 물올림 한 후 잎 딴 부위가 묻히게 꽂는다. 활착율이 좋아 2~3개월 후면 이식하고 이식묘는 겨울에 얼지 않게 관리한다. 정식은 봄 3~4월에 구덩이를 깊게 파고 퇴비, 부엽토 등 유기질 비료를 넣고 심으면 된다.

③ **관리** : 월계수 재배에서 주의할 것은 한파와 그을음병, 개각충의 발생이다. 가지와 잎이 무성하므로 통풍이 잘 되지 않으면 그을음병과 개각충이 발생하기 쉽다. 그러나 잎을 이용하기 때문에 함부로 농약을 쓸 수 없으므로 가끔 가지를 솎아서 통풍이 잘 되게 하고 해충이 발생하면 비눗물로 닦아주며 개각충은 포살해야 한다.

수 확
조 제

상록수이므로 1년내내 신선한 잎을 딸 수 있다. 생잎은 다소 쓴맛이 있으나 말린 잎은 달고 강한 독특한 향기가 있으므로 주로 건조시켰다가 사용한다. 잎의 수확은 아침 일찍 손으로 따서 바람이 잘 통하는 그늘에서 말린다. 마르면 잎이 쭈글쭈글해지는 것이 특징이므로 엷은 널빤지로 잎 위에 얹어서 이를 방지해야 한다. 완전히 마르면 밀폐용기에 보존한다. 이렇게 하면 잎에 함유된 정유가 공기 중으로 날아가는 것을 막을 수 있다. 수확한 잎은 될 수 있는대로 빨리 사용하는 것이 바람직하다. 남부지방이면 정원수로, 중부 이북이면 분화초로 재배하여 자가 향신료로 이용할 수 있다.

63

율무

과명 : 포아풀과
학명 : *Coix lachryma jobi L. var ma yuen Stapf*
영명 : Coicis Semen
중국명 : 回回米, 川穀
생약명 : 薏苡仁(껍질 벗긴 것)
별명 : 율미, 올미
원산지 : 인도를 중심한 동남아시아
이용 부위 : 열매, 잎, 뿌리

내 력 중국에는 후한 때 베트남에서 들어왔다 하여 회회미(回回米)라 한다. 동남아시아에 옥수수가 들어가기 전 16세기까지는 중요한 작물이었다 하며 지금도 인도네시아에서는 상식(常食)하는 곳도 있다. 율무는 단백질의 성질이 밀과 흡사하지만 '아미노산'으로는 '구루타민산'이 적고 '로이신'이나 '지로신'이 많은 것이 다르므로 자양강장제로 노약자나 환자의 식품으로 많이 이용되었다. 그러던 것이 세계적으로 공해의 심각성이 대두되자 율무는 약품으로서 영역을 뛰어넘어 건강식품으로 새로이 인식되었다. 종래의 밥, 죽, 미음, 떡, 빵, 스프뿐 아니라 엿, 장, 술 등 다양하게 개발 이용되고 있으며 율무차는 상품화되어 호평 받고 있다. 율무재배의 문제점은 자연낙과가 쉬워 태풍의 오기 전에 수확할 수 있는 품종이나 낙과되지 않는 품종개발이 요구되며 이런 일이 농민의 살길을 열어주는 첩경이다.

성 상 율무의 껍질을 제거한 것이 율무쌀이며 한약재의 '의이인(薏苡仁)'이다. 1년초로서 1.5~2m씩 자라며 마디가 있고 잎은 밑쪽은 넓고 끝 쪽은 좁아지며 잎집은 줄기를 싸고

176

있다. 7~8월경 위쪽 마디에서 나온 가지에서 꽃 이삭이 나와 열매를 맺는다. 열매는 1.2cm 크기의 타원형으로 9월 이후에 암갈색으로 익는다. 자연 낙과하는 결점이 있다. 껍질을 벗기면 흰색이 된다.

약효와 용도

율무의 성분은 코익세놀라이드(Coixenolide · 종양억제작용), 루신(Lucine), 티로신(Tyrosin), 뿌리에 코익솔(Coixol)이 함유되어 있고 열매에 전분 62%, 단백질 17.6%, 조지방 8%, 회분 2.3%, 아미노산, 비타민 B_1 등이 함유되어 있다. 이뇨작용, 진통작용, 소염작용, 자양강장작용 등이 있어 한방에서는 자양강장제, 이뇨제, 건위제, 진해제, 해열제, 소담제, 진정제로 폐결핵의 기침, 부종, 각기, 신장방광결석, 신경통, 근육통, 조갈증, 종기의 배농 등에 쓰며 만성위장병이나 궤양에도 쓴다. 민간약으로는 티눈이나 무사마귀 없애는 데도 쓰인다. 최근에는 항암성분인 코익세놀라이드가 율무에 많이 함유되어 있어 임상실험결과 42%의 항암효과를 얻었다는 보고도 있다. 율무잎 차는 건위와 피로회복에 좋고, 향기롭다. 뿌리는 민간에서 신경통, 관절염, 류마티스, 견비통의 진통약으로 이용한다. 약용 시 임신부와 변비일 때는 피한다.

재배법

① **적지** : 전 지역에서 재배가 가능하나 동남향의 따뜻한 남부지방이 유리하다. 토질은 배수가 잘 되고 보수력이 있는 사질양토나 부식질양토가 좋다. 율무는 비료 여하에 따라 수확량이 좌우되므로 황무지, 개간지, 간척지 등에서도 비배하면 재배가 가능하다. 단 연작하면 엽고병과 깜부기병이 만연하므로 피해야 하며 질소과다가 되면 넘어지기 쉽고 열매도 잘 여물지 않으므로 주의한다.

② **품종** : 재래품종 중 숙기가 빠르고 수확량이 많은 '김제종'이 있다.
'애월율무'는 일본에서 도입되어 비교 시험한 보급종으로 숙기는 김제종과 비슷하고 수확량은 18%나 증수된다.
'율무1호'는 껍질이 얇고 수확량도 많은 1993년 우량 보급종으로 결정한 품종이다.

③ **번식** : 씨로 번식하며 파종은 밭에 직파하는 방법과 묘상에 뿌려 본잎이 4~5장 때 밭에 정식하는 방법 등이 있다. 4월에 이랑 사이 60cm, 포기 사이 30cm로 콩 심듯이 2~3알씩 점뿌림 한다. 본잎이 4~5장 때 1대만 남기고 솎아준다. 파종 시기가 늦어지면 수확량이 감소된다. 파종하기 전에 씨를 '베노람수화제(베레이트티)' 300배액에 24~36시간 담가서 소독을 겸해 싹을 티우기 위해 불린다. 묘상에 뿌린 것은 파종 후 30일쯤 지나면 본잎이 4~5장 나오므로 충분히 관수한 후 뽑아서 밭에 30cm 간격으로 정식한다. 밭은 잘 썩은 퇴비, 닭똥, 재 등을 충분히 넣고 갈아엎어 밑거름이 충분하도록 만드는 것이 중요하다.

잎줄기가 누렇게 변하는 9~10월 중순이 수확 적기다. 열매가 황갈색~흑갈색으로 변하는 시기다. 수확이 늦어지면 자연낙과가 많아 수확량이 감소되고 너무 빠르면 덜 여문 씨가 많아 말리는데 시간이 걸린다. 베어낸 줄기를 햇볕에 3~4일 건조시킨 다음 탈곡, 정선하여 다시 햇볕에 말려 저장하거나 가공용으로 쓴다. 껍질은 필요에 따라 벗긴다. 껍질 벗긴 율무(의이인)는 저장 중 충해나 쥐의 피해를 받기 쉽다. 벌레가 생기면 다시 햇볕에 말린다. 장기저장은 껍질을 벗기지 않는 것이 유리하다. 율무재배에서 유의할 것은 근처에 염주재배가 없어야 한다. 만일 동일 지역에 있으면 자연교배되어 껍질이 딱딱해져 품질이 저하된다.

영양가 있는 녹사료로써 축산농가의 사료작물로도 인기 있다.

64 인동덩굴

과명 : 인동과 **학명** : *Lonicera Japonica Thunb.* **영명** : Japanese Honeysuckle, Woodbine
별명 : 金銀花, 通靈草 **생약명** : 忍冬 **원산지** : 한국, 중국, 일본, 대만 **이용 부위** : 꽃, 잎, 줄기

인동덩굴은 우리나라뿐 아니라 아시아, 유럽 등 온대권에 널리 분포하고 있어서 겨울에 낙엽이 지지 않고 상록으로 월동되므로 중국명인 인동초(忍冬草)가 우리 이름 인동덩굴이 된 것인데 〈동의보감〉, 〈산림경제〉, 〈쾅제비급〉, 〈임원십육지〉, 〈방약합편〉, 〈물명고〉, 〈조선산야생약용식물〉 등 많은 문헌에 실려 있는 우리 곁에서 널리 이용된 식물이다. 인

동덩굴은 옛날의 찬란했던 고대 예술문화의 유산에서도 그 면모를 찾아볼 수 있는데 인동무늬라고 하여 고대 이집트, 고대 그리스, 로마, 앗시리아, 인도, 중국 등 건축이나 공예의 장식무늬로 쓰였던 것이 남아 있다.

우리나라에도 조각기법에 영향을 미쳐 고구려의 벽화에서도 찾아 볼 수 있다. 평남 강서 지방의 고구려 중묘(中墓)벽화에 새겨진 인동무늬와 평남 중화지방의 진파리 1호분 벽화에서도 인동무늬가 새겨져 있어 이를 증명하고 있다. 일본에는 우리나라 삼국 시대에 전해졌다. 그런데 유럽에서는 다른 나무에 휘감겨 붙는 것을 중요시하여 우드바인 (Woodbine)이라 하고 꽃에 꿀이 있어 꿀벌이 모이는 밀원식물이라 하여 허니썩클 (Honeysuckle)이라 한다. 독일이나 프랑스, 이탈리아에서는 인동덩굴 잎을 염소나 산양이 즐겨 먹었기 때문에 옛 이름 Caprifole(goat-leaf)라 부른다.

그러나 동양에서는 장식무늬의 의미 외에 약초로서의 의미가 강했는데 중국의 금은화에 얽힌 전설 때문에 약으로 쓰게 되었다 하며 〈본초강목〉에도 인동덩굴이 '오시병(五尸病)'을 고치는 명약으로 기록되어 있다. 오시병이란 귀신의 기운이 몸에 덮쳐서 오한과 고열이 나고 정신이 어지러워져서 마침내는 죽게 된다는 무서운 병이다. 그래서 귀신을 다스리는 약이라 해서 '통영초' 라고도 불렀다.

<table>
<tr><td>성 상</td><td>낙엽덩굴성관목으로 길이 10m씩 뻗어 자라며 제주도에서는 반상록덩굴이다. 줄기는 오른쪽으로 감겨가며 자라는 특성이 있다. 잎은 대생하며 6~7월에 엽액마다 목이 긴 꽃이 두 송이씩 양쪽에 꽃피며 처음 피었을 때는 백색이나 나중에 노랗게 변색하므로 한 줄기에 흰 꽃과 노란 꽃이 핀 듯하여 금은화(金銀花)라고 한다. 꽃이 많이 피고 향기 나며 꿀이 있다. 꽃이 지면 가을에 까만 장과가 결실되나 독이 있다. 인동덩굴 전체에 솜털이 덮여 있다. 허니썩클(L. periclymenum)이라고도하고 향인동덩굴이라고도 하고, 유럽인동덩굴이라고도 하는 유럽, 소아시아, 북아프리카, 아시아서부, 코카사스가 원산지인 이 식물은 꽃이 6~9월까지 계속 피고 꽃봉오리일 때는 붉고 꽃잎 안쪽은 붉은색을 띤 크림색, 바깥쪽은 적자색인데 매우 향기롭고 울타리용으로 많이 도입되어 있다. 피부감염증에 목욕제로 쓰면 땀띠나 습진에 잘 듣는다.</td></tr>
<tr><td>약효와 용도</td><td>인동덩굴의 꽃과 잎에는 지방산과 타닌(Tannin), 사포닌(Saponin), 플라보노이드 (Fravonoid) 등의 성분이 함유되어 있어서 해열, 소염, 이뇨, 건위제로 약용하며 늑막염에도 쓴다. 포에놀(Foenol) 성분은 항산화작용도 있어 신경통, 류마티스, 요통, 화농증, 관절염 등에 쓰이며 목욕제로 습진, 땀띠 등에 유효하여 한방에서는 다른 생약과 배합하</td></tr>
</table>

유망한 동·서양 약초재배기술

여 해열, 해독약으로 인플루엔자, 종기 등에 쓰며 설사치료제, 이뇨제로 쓴다. 혈당치를 올리기도 하고 내리기도 하는 역할이 있다는 것이 연구결과 알려져 있다. 항균작용, 해독 작용은 인플루엔자, 기침, 인후염, 종기, 임파선의 염증, 식중독의 치료에 이용된다. 인동 덩굴의 꽃이나 잎에는 타닌이 함유되어 있어서 2차 대전 말엽에는 차(茶)로서 많이 쓰였 는데 우리 조상들도 옛날에 인동잎을 차로 이용했다는 기록이 있다. 중국에서는 여름음 료로 즐겨 쓴다. 꽃으로 빚은 금은화주는 신장병의 약으로 뛰어난 효과가 있다. 잎과 줄 기로 빚은 인동주는 종기의 해독약으로 썼으며 인동덩굴을 삶은 물은 피부병에 효험있고 화상에 찜질하면 화기가 가시고 쉽게 새 살이 돋아난다.

재배법

① **적지** : 해가 잘 들고 배수가 잘 되고 보수력 있는 비옥한 사질양토가 좋다. 지나치게 건조하면 가지가 더디 자라서 꽃이 잘 피지 않으므로 주의한다.

② **번식** : 씨와 꺾꽂이로 쉽게 번식한다. 파종은 봄 3~4월 상순이나 가을에 채종하여 직 파할 수 있다. 봄에 파종하려면 가을에 씨를 따서 땅에 묻어 습층처리하였다가 봄에 뿌리 면 발아가 잘 된다. 가을 파종은 8~11월 상순까지 뿌릴 수 있다. 꺾꽂이는 5월 하순~11월 초순까지 할 수 있으며 그해 자란 줄기가 반쯤 여문 것을 골라 3마디 이상 길이(1.5~2.0㎝) 로 잘라 밑쪽 잎을 반쯤 제거하고 진흙이나 모래에 꽂으면 쉽게 활착한다. 3개월 후에 옮 겨 심는다. 이때부터 줄기를 유인할 지주를 세워준다. 인동덩굴은 줄기가 굳어서 한번 감 겨 엉키면 쉽게 풀 수 없으므로 유인하는 것에 주의한다.

③ **관리** : 봄 싹트기 전에 웃자란 곁가지나 속에 엉킨 가지 등을 전정하여 바람이 잘 통하 게 하며 덧거름으로 깻묵 썩힌 액비를 월 1회 정도 주면 꽃이 계속 피게 된다. 여름에는 과도한 건조에 주의한다.

수 확 조 제

꽃은 개화한 다음날이 수확기다. 오전 중에 따서 그늘에서 빨리 건조시켜 밀폐용기에 보 관하며 생으로 샐러드나 차로 이용할 수 있다. 잎은 수시로 수확한다. 꽃은 향기로워 포 푸리로 좋다. 전정한 잎, 줄기는 그늘에서 말려 주머니에 넣어 목욕제로 쓴다.

65

인삼

과명 : 오과과　**학명** : *Panax ginseng C. A. Meyer.*　**한국명** : 고려인삼
영명 : Korean ginseng　**생약명** : 人蔘(白蔘, 紅蔘)　**중국명** : 人參
원산지 : 한국, 중국 북부, 연해주(러시아)　**이용 부위** : 뿌리

내 력　인삼의 발견과 함께 약용으로 쓰인 연대는 확실치 않으나 B.C 33~38년 전한(前漢) 원제(元帝) 때 〈급취장(急就章)〉에 최초로 기재되었으며, A.D 120년 후한(後漢) 안제(安帝) 때 산서성에서 발견되었다고 한다. 또한 후한 때 장중경(張仲景)의 〈상한론(傷寒論)〉에 약물로서 인삼이 기록된 것이 처음이다. 〈신농본초경〉에도 상약(上藥)이라 하여 예찬하며 기록되어 있다.

삼국 시대와 고려 시대에는 자연산의 산삼(山蔘)을 채취하였으며 이것이 조공물이나 진상품으로 큰 몫을 차지하였다. 중국에서는 당나라 때 관상용으로 심은 것이 재배역사 기록의 시초다. 청나라 때는 남획이 심하여 자연삼 고갈상태가 되자 길림(만주)에서 야생인삼의 종묘를 자연환경으로 만들어 해가림으로 산림 속에서 재배 생산하게 된 것이 현재 재배방법의 시초라 한다.

조선조 선조 때(1567~1608)부터 인조 때(1625~1649)에 걸쳐 수요증가에 따른 산삼의 남획으로 감소되자 산삼 주산지 주민은 인삼 공물(貢物)의 과중한 압박을 모면하려고 산 속에서 인삼을 재배하여 받쳤다고 한다. 개성인삼의 재배기원은 개성의 보부상이 유망한 사업임을 알고 종묘를 개성으로 가져가 그곳 풍토에 맞게 재배법을 고안해 냈는데 이것이 그 유명한 고려인삼(개성인삼)이다. 조선조 초기에는 홍삼 제조가 없었다. 중국의 명

유망한 동·서양 약초재배기술

나라에 공물로 보내던 수삼과 건삼이 중국까지 가는 도중 변질, 부패되기 때문에 그것을 막기 위해 인삼을 쪄서 보내기 시작했는데 이 삼을 파삼(把蔘)이라 했고 이것이 홍삼의 기원이다. 〈세종실록〉에는 이태조가 등극한 무렵의 산삼징수와 소비량이 1,500근에 이르던 것이 80년 후인 세조 때에는 3,000근에 이르렀다는 기록이 있다.

조선조 중엽부터는 인삼이 더욱 귀해짐에 따라 인삼공납을 위한 폐단도 적지 않았다. 이때부터 삼상(蔘商)이 생기고 청나라 무역상이 의주를 근거지로 암거래를 하기에 이른다. 인삼은 나라가 허락한 상인만이 거래할 수 있었기 때문인데 숙종 12년에는 금삼절목(禁蔘節目)이 생겼으며 정조 때 홍삼제조가 본격화되었다. 순조 11년에는 인삼정책의 종합적인 법규가 제정 공포되었다. 중국 연경으로 가는 사절의 수행원인 역관들이 은화 대용으로 이것을 사용했는데 양에 대한 규제와 역관들에게 근마다 과세하여 그 세액을 국고에 충당했으며 범법자에게 대한 처벌도 규정되었다. 고종 21년(1884)에 홍삼제조권을 전부궁내부가 관장했으나 고종 31년(1894)에 홍삼제조 권리권 일체가 궁영(宮營)으로부터 도지부(度支部) 소관으로 이관되어 홍삼전매의 기틀이 마련되고 융희원년(1908)에 홍삼전매법이 공포되어 우리나라 최초의 전매제도(專賣制度)가 시행되었다.

오늘날 일본인삼은 A.D 739년이라 하며 재배인삼은 1727년 청나라 상인이 인삼 8뿌리와 씨 60개를 가지고 간 것이다. 미국인삼(*Panax quinquefolia L.*)은 캐나다 몬트리올 지방 삼림 속에서 자생한 것을 1714~1716년에 발견하였는데 우리 인삼과 비슷하나 약성분은 현저히 떨어진다. 이것을 중국과 동남아로 양삼이라 하여 수출하고 있다.

인삼의 학명 *Panax*는 라틴어의 '모든 것'을 뜻하는 Pan과 '의학'을 뜻하는 Axos가 결합된 것으로 인삼이 모든 병에 효과가 있다는 뜻이라 하며 한편 *Panax*는 그리스 만능의 여신 'Panacea'에서 비롯되어 만능약이라는 뜻이라 한다. 종명 *Ginseng*은 인삼에 대한 중국음이 와전된 것으로 보고 있다. 우리는 인삼의 생김새가 주근은 몸통, 지근이 두 팔과 다리로 흡사 사람 같다 하여 人蔘이라고 했다.

성 상

다년초로 높이 60cm 내외로 자라며 잎은 윤생하고 잎자루가 길고 장상복엽이며 잔잎은 긴 난형~타원형으로 끝이 날카롭다. 가는 톱니가 있다. 4월에 잎줄기의 가운데서 긴 꽃대가 나와 끝에 녹백색의 잔꽃이 산형화서로 5월 중순경에 핀다. 열매는 납작한 구형이며 빨갛게 익는 장과다. 뿌리는 인삼이라 하며 비대한 주근이 있고 2~5개의 지근이 생기며 실뿌리가 많다. 빛깔은 담황백색이다. 봄에 발아하고 가을에 줄기와 잎이 말라죽으나 지하경은 뇌두라 하여 줄기가 말라 죽을 때 흔적이 남겨져 뇌두를 만들어 체형의 요소가 된다(몇 개라는 뇌두 숫자가 몇 년생이라는 것을 말해준다). 인삼뿌리는 3년생~6년근까지가 우량품이고 7년이 넘으면 생장이 더디고 근부에 균열이 생기며 껍질이 목질화되어 품질이 저하된다.

약효와 용도

인삼의 성분은 파나퀼론(Panaquilon), 파낙스-사포기놀(Panax-sapoginol), 정유, 파낙신(Panaxin), 파낙스-아시드(Panax acid), 파낙센(Panacene)과 비타민류(B_1, B_2, B_{12}) 효소, 인산염, 타닌류, 전분, 당류, 지방, 미네랄(아연, 동, 마그네슘, 칼슘, 철, 망간) 등의 염기성 물질이 함유되어 있다. 인삼의 효능은 소량은 체중을 증가시키고 반대로 다량은 체중을 감소시킨다. 진정작용과 흥분작용이 있으며 항암작용, 혈압강하작용, 과혈당치 강하, 적혈구와 헤모글로빈의 양을 증가시킨다. 피로회복과 장운동을 항진시켜 식욕을 증진시키고 위산결핍성 위염에도 좋다. 신진대사기능의 저하와 노인병 등에 폭넓은 효능을 가지고 있다. 또 스트레스에 대한 적응력을 증강시켜 준다.

당뇨병, 우울증, 성욕감퇴에 쓰며 집중력과 지구력을 향상시킨다. 단, 급성염증이나 기관지염에는 증상을 악화시키므로 복용을 금한다. 중국에서는 강장약의 왕이라 하고 서양에서는 최고급 인삼뿌리는 수세기 동안 금보다 가치가 높다고 했다. 인삼은 약용일 때 백삼, 수삼, 홍삼, 삼정(蔘精)이라 하여 한약, 양약, 민간약으로 쓴다. 이밖에 인삼주, 인삼차, 인삼드링크, 인삼정과, 과자재료에 쓰이며 삼계탕은 여름 보양식이다. 인삼의 줄기와 잎은 목욕제로 쓰이며 화장품으로 비누, 비듬약 등을 만든다.

재배법

① **적지** : 여름철에는 서늘하고 봄, 가을에는 고온이며 생육기간 중 낮과 밤의 온도차가 클수록 좋다. 북향 경사지가 이상적이다. 인삼의 생육 최적온도는 25℃내외다. 약한 광선에서 잘 자라며 적합한 광선량은 3,000~4,000룩스 정도다. 연강수량은 1,200㎜ 내외로서 여름의 장마와 폭우 및 심한 가뭄이 없고 겨울철에 폭설이 없는 곳이 좋다.

토질은 배수가 잘 되고 부식질이 많은 비옥도가 중 정도의 사질양토나 양토가 좋다. 즉 화강편마암, 운모편암계의 사질양토 또는 식질양토의 숙전(熟田)으로서 40㎝ 정도 경토(耕土)가 있고 심토(心土)는 점질이 약간 강하고 그 경계가 확실한 것이 좋다. 저습지, 진흙땅, 척박한 땅은 좋지 않다.

② **번식** : 씨로 번식한다. 인삼은 보통 3년생부터 개화결실하며 점차 결과(結果)의 수가 증가된다. 개화결실 시기는 재배지의 기후 환경에 따라 차이가 있으나 보통 7월 중순~하순이다. 번식용은 발육이 좋고 병들지 않은 4~5년생 포기에서 1년에 1회 채종한다. 채종주 외는 5월에 꽃대가 나오면 빨리 제거해 준다(뿌리를 비대시키기 위해). 빨갛게 익은 열매 장과는 따서 마포주머니에 넣어서 하천이나 우물물에 주물러서 과육을 제거한 다음

2일 이상 그늘에서 건조시켜 물기가 마르면 얼개미(5.3mm)로 쳐서 굵은 씨만 파종용으로 이용한다. 인삼씨는 껍질이 딱딱한 경실종자(硬實種子)이기 때문에 채종정선 후 바로 뿌려도 대부분 21개월 만에 발아되므로 인위적으로 최아(催芽)를 촉진시켜 파종함으로써 발아시기를 단축시킨다. 이 최아법을 개갑(開匣)이라 한다.

③ **개갑** : 시기는 7월 하순~8월 5일 이전에 해야 한다. 개갑기간은 씨눈(胚)의 생장을 촉진시키는 기간이다. 파종기까지 계속된다. 방법은 씨앗 1ℓ을 개갑처리 하는 데는 너비 45cm, 길이 75cm, 깊이 115cm의 나무상자나 배수가 잘 되는 같은 크기의 구덩이를 준비하고(배수가 잘 되는 울안 양지바른 곳에 팔 것) 밑바닥에 굵은 자갈을 20cm 정도 깔고 그 위에 깨끗한 강모래 15cm 정도 깔고 그 위에 가는 모래 10cm 정도 편 다음 모래(지름 2mm 얼개미로 쳐서 씨앗과 잘 구분할 수 있는 최대 크기가 배수에 좋다) 3:씨앗 1의 비율로 섞어 넣고 고루 편 후 잘 누르고 그 위에 10cm 정도의 가는 모래를 펴고 맨 위에 10cm 정도 자갈을 깐다. 이때 쓰는 돌이나 모래는 깨끗한 냇가에서 가져다 써야 한다. 개갑처리가 끝나면 깨끗한 우물물을 1회 2ℓ 내외로 관수한다. 관수시간은 해뜨기 전과 해진 뒤가 좋다.

④ **관리** : 고온기인 9월 중순까지는 1일 2회, 10월 중순까지는 1일 1회 그 뒤에는 2~3일에 1회씩 관수하되 비오는 날은 관수하지 말며 흐린 날은 적게 준다. 8월 하순경에 씨앗을 꺼내어 그늘에서 공기가 잘 통하도록 뒤섞어서 3시간 방치하였다가 다시 처음처럼 순서대로 모래를 넣는다.

㉠ 파종 : 10월 하순~11월 상순까지가 파종적기다. 씨앗을 꺼내어 물에 깨끗이 씻어 물기가 마른 뒤 12-12식 보르도액에 5분간 담근 후 맑은 물에 2~3번 씻는다. 개갑에 소요되는 기간은 100일 정도다. 묘포(苗圃)는 동북 또는 북향으로 된 경사지 또는 평지로서 사질양토를 택한다. 배수가 잘 되고 청결한 땅을 택한다. 두둑은 2.1m 너비로서 78cm의 두둑과 너비 90cm 내외, 높이 30cm 내외의 두둑을 만들어 3.6cm×3.6cm 간격으로 점뿌림한다. 소독한 강모래를 9mm 정도로 모판과 가지런하게 덮은 후 다시 12mm 두께로 소독하지 않은 강모래를 고르게 덮는다.

㉡ 묘포관리 : 이엉을 2벌 맞대어 덮고 바람에 날리지 않도록 새끼로 고정한다. 4월 중순경 해가림시설을 해준다. 발아하기 시작하면 곧 덮었던 것을 제거한다. 관수는 묘포가 너무 건조하지 않도록 수시 관수해야 하며 1회 관수량은 3.3㎡에 10ℓ 내외다. 비를 맞히면 병해가 발생한다. 발육도 좋지 않다. 해가리개를 파종 후 땅이 얼기 전에 지주를 박아 놓았다가 농한기에 서가래 대나무를 묶어놓든가 해토 후 지주를 박고 서까래 대나무발 등을 묶어 놓았다가 4월 중순경 발아가 시작되어 30% 정도 싹트면 이엉을 벗기며 70% 정도 싹트면 모두 벗긴다. 해가리개는 5월 하순까지 맑은 날이면 해

뜨기 전에 걷어 올리고 해가 진 뒤 내린다. 6월 상순부터는 반대로 묘상면에 햇빛이 지나갈 때까지 해가리개를 내려 두었다가 다시 걷어 올린다. 근경의 도복방지와 덧거름으로 복토한다. 얼기 전에 골의 흙을 파서 9~12㎝ 정도로 덮어 월동시킨다. 해가림은 발아 전에 해가림 시설을 한다. 해가림은 매년 갈아 덮어야 하며 3년근부터 6년근까지는 전후 기둥을 해마다 9~12㎝씩 올려 주어야 한다. 복토한 흙은 봄에 제거한다.

⑤ **병충해** : 적부병, 요절병, 입고병, 엽소병 등에는 보르도액을 뿌려주고 하늘밥도둑, 굼뱅이, 딱정벌레, 꼬치벌레, 깍지벌레가 삼잎, 인삼뿌리를 먹어 피해를 주는데 잎을 먹는 벌레는 보르도액에 비산연을 더해서 뿌려주고 땅속 해충은 포살한다.

수 확 조 제

5~6년째 9월 중순~10월 중순, 백삼재료는 8월 중순에 수확한다. 수삼을 껍질을 벗기든가 그대로 햇볕에 건조시킨 것이 백삼이다. 홍삼은 수삼을 수증기로 쪄서 건조시킨 것인데 색이 홍색을 띤다. 백삼이나 홍삼을 만들기 위해 잔 실뿌리를 제거하는데 이것이 미삼(尾蔘)이다. 차로 많이 이용되며 약효는 다르지 않다. 뿌리 끝을 돌돌 만 것이 곡삼(曲蔘)이다.

66 잇꽃

과명 : 국화과 **학명** : *Carthamus tinctorius L.* **영명** : Safflower, False saffron **생약명** : 紅花
원산지 : 이집트, 이디오피아, 아프리카, 중앙아시아 **이용 부위** : 꽃, 씨

유망한 동·서양 약초재배기술

잇꽃은 예부터 널리 알려진 홍색염료로 유명한 식물이다. 이집트에서는 B.C 2500년의 제6왕조 시대 비문에 잇꽃의 기록이 있을 정도로 재배역사가 오래 되었다. 이집트에서는 미이라를 싸매는 천을 잇꽃으로 물들여서 사용했다 하며 B.C 1300년경 왕의 무덤에서도 잇꽃의 식물조각이 발견되어 이를 증명하고 있다. 기원원년경에도 염료 및 기름을 얻기 위한 유지식물로 널리 재배되었으며 인도에서도 기원전부터 재배했다는 기록이 있다. 중국에는 한(漢)나라 때(B.C 2세기경) 장건이 서역(이란)에서 가져왔다고 전해지며 우리나라에 들어온 연대는 확실치 않으나 고구려 때(6세기) 승려 담징(曇徵)이 일본으로 가져갔다고 하는 것으로 미루어 볼 때 중국에서 들어와 고구려 초기에 흔히 재배되었던 식물임을 알 수 있다. 북한의 평양 외각의 고분에서 출토된 화장품 상자 속에 솜에 적신 연지(紅)를 발견할 수 있었다 한다.

잇꽃의 학명을 *Carthamus tinctorius*라 하는데 *Carthamus*는 아랍어의 Korthom 즉 '염색하다' 라는 말에서 비롯된 것이며 종명 *Tinctorius*도 '염색용의' 라는 뜻이라 하니 이 식물이 고대에 염료로서의 위치의 중요성을 알 수 있다. 영명 Safflower는 사프란(Saffron)과 유사하여 사프란 대용으로 쓰이는 염료라는 뜻에서 붙인 이름이라 한다. 잇꽃에는 카르타민(Carthamin)이라는 물에 녹지 않는 적색소(赤色素)와 사플로르 옐로(Safflor yellow)라는 물에 잘 녹는 황색소(黃色素)가 있어서 염료로 이용할 때는 꽃을 물에 담가 황색소를 제거한 후 붉은 색소만을 이용하는데 이것을 연지(燕脂)라 한다.

연지가 처음 만들어진 것은 은(殷)나라 주왕(紂王)의 왕비였던 요염하고 음탕하며 독부로 유명한 달기가 연(燕)나라에서 가져다가 만들었기 때문에 '연지'라 했다 하며 진한 화장은 달기를 연상시켜 천박하게 대접했다고 전한다. 옛날 중국의 한나라 때는 천자제후의 궁녀들이 생리를 할 때는 잇꽃에서 만들어진 붉은 연지를 얼굴에 묻혀서 생리중임을 표시했다 하며 나중에는 생리의 유무에 상관없이 화장용으로 볼, 입술, 손톱 등에 붉게 칠하기에 이르렀다. 오늘날 루즈나 매니큐어의 원조라 할 수 있다. 우리나라에서는 결혼식 때 새색시의 얼굴에 연지, 곤지를 찍는 풍습이 있는데 붉은색이 악귀를 물리친다는 주술적인 의미가 부여된 화장술의 하나로 신성한 결혼식을 지키기 위함이다. 연지 중에 함흥 연지를 최고로 쳤다. 잇꽃은 염료뿐 아니라 중요한 약초다.

1~2년생 초본으로서 얼핏 보아서는 엉겅퀴와 흡사하다. 높이 1m 안팎으로 곧게 자라며 포기 전체에 털이 없고 줄기 끝에서 가지를 친다. 잎은 호생하며 피침형으로 톱니가 있으며 잎 끝이나 잎 가장자리가 날카로운 가시로 되어있다. 6~7월에 가지 끝에 한 송이씩 엉겅퀴 같은 두상화가 피는데 가시가 있는 많은 꽃받침에 싸여있다. 이 가시들은 수확할

때 큰 장애가 된다. 꽃받침 중앙에 1.5~3cm 크기의 관상화가 뭉쳐서 핀다. 꽃은 처음에는 선황색이다가 3~4일 지나면 오렌지색으로 변한 후 다시 2~3일 지나면 선홍색이 되며 그대로 방치하면 검붉은 색으로 변하여 마지막에는 흑갈색이 되므로 꽃으로서의 이용가치를 잃는다. 꽃은 개화 당시부터 독특한 향기가 있으며 홍화(연지)로 조제한 후에도 계속 향기가 남아있다. 꽃이 진 후 팥알 크기만한 씨가 백색으로 익는다.

약효와 용도

이시진(李時珍)은 〈본초강목〉에서 잇꽃이 혈액순환을 좋게 하고 통증을 제거하며 월경불순의 통경제(通經劑)로도 좋다고 했다. 특히 산전산후의 부인병에 정혈제로 널리 쓰인 약초이기도 하다.

한방에서 생약으로 이용할 때는 홍화(紅花)라 하여 잇꽃을 그대로 사용한다. 홍화는 혈행장해, 통경약, 냉증, 산전산후, 갱년기장해 등에 쓰이며 한방에서는 뇌일혈 후의 반신불수에 중요하게 쓰인다. 완화작용, 발한작용, 하열(下熱)작용이 있으며 히스테리칼한 기분을 진정시키는 효과도 있다. 특히 씨에는 20~30%의 지방유(fatty oils)를 함유하고 있어서 이 기름을 홍화유(Safflower oil)이라 하는데 반건성유다. 주성분은 리놀산(Linoleic acid)과 유산(Glyceride)이다. 사프롤 오일에는 리놀산이 70% 이상 함유되어 있어서 콜레스테롤의 대사정상화의 작용이 있어 혈액 중 콜레스테롤을 배출시켜 혈관을 확장시킴으로써 혈압을 강하시키는 중요한 작용을 한다. 또 동맥경화예방과 치료제의 원료로 크게 각광받고 있어서 미국에서는 사프롤 오일 목적으로 대량 재배하고 있는 실정이다.

민간요법으로는 끓는 물 1컵에 말린 잇꽃 1차숟갈을 넣어서 잇꽃차로 마시면 감기기운을 완화하며 피로회복에도 효과가 있어 즐겨 쓰인다. 홍화주도 담아서 약술로 마신다(피로회복제). 옛날에는 잇꽃 기름을 태워서 얻은 그을음으로 먹을 만들기도 했는데 이 먹을 홍화묵이라 하여 서예가가 귀히 여긴 상등품 필묵이었다. 씨에서 짠 잇꽃 기름은 약용 외에 양질의 식물유로서 샐러드오일로 써서 성인병 예방 조리용으로 애용되며 공업용으로 페인트, 봐니스 등의 유료작물로도 중요한다. 또 꽃꽂이의 소재로도 쓰이며 말라도 그대로 있고 향도 있어 드라이플라워로도 이용될 수 있다. 홍색소에는 방충성이 있으므로 기름을 짜고 난 깻묵은 말렸다가 여름의 모깃불로 태우면 향기도 있고 훌륭하다.

〈규합총서〉에는 잇꽃의 여러 가지 이용법이 소개되어 있는데 옷감을 물들이는 염료, 화장품으로서의 연지, 씨에서 짠 기름으로 나물을 무쳐 먹으면 고기 맛 같아서 진미라 하여 식용유적인 측면에서도 다루어지고 있다.

잇꽃의 염료는 옷감 외에 서화용 물감으로도 썼고 음식물의 착색제로도 쓰였다(떡, 과자, 음료수 등). 그릇을 채색할 때 쓰고 은물에 연지를 덧칠하면 금빛이 나므로 금박 대용으로도 귀히 쓰였다. 연지의 장점은 무해무독하며 오래가도 퇴색되지 않으며 향기도 오래 지속되는 점이다. 잇꽃 염료가 한동안 타르계의 값싼 화학염료에 밀려 잊혀진 듯했지만 화학염료의 공해문제(약해)가 대두되면서 잇꽃 염료의 무해무독함이 재인식되어 홍색염료로서의 위치를 다시 회복하고 있다.

재배법 ① **적지** : 우리나라 전역에서 재배가 가능하며 해가 잘 들고 배수가 잘 되며 바람이 잘 통하는 곳이 좋다. 토질은 표토가 깊은 사질양토가 좋으며 중정도의 비옥토가 이상적이다. 연작을 싫어하므로 2~3년에 한 번씩 윤작한다.

② **번식** : 씨로 번식하며 직근성이기 때문에 직파한다. 파종은 남부지방에서는 10월에 뿌리고 중부 이북은 봄 4월에 파종한다. 단 봄에 파종한 것은 수확량이 적다. 75cm 이랑 너비에 30~40cm 간격으로 줄뿌림 한다. 10일이면 발아한다. 파종 후 흙을 덮은 위에 볏짚이나 건초를 덮어주어 건조와 새나 들쥐의 피해로부터 막아준다. 벤 곳을 솎아주고 바람에 쓰러지기 쉬우므로 포기 사이는 12~20cm 정도로 세운다. 다습과 지나친 건조에도 약하다. 저온도 싫어한다. 비료는 질소과다가 되지 않도록 주의한다.

수 확 조 제 염료용 꽃의 수확은 두상화가 오렌지색에서 붉은색으로 변하는 때가 적기다. 잎이나 꽃받침에 가시가 있어서 아프지만 꽃잎만 따야 하므로 아침 일찍 이슬이 마르기 전에 따든가 가죽장갑을 끼고 비닐포대를 몸에 두르고 따면 안전하다. 채화(採花)에 시간이 많이 걸리는 것이 난점이다. 근래에는 미국에서 잎이나 꽃받침에 가시가 없는 품종이 개량되어서 환영받고 있다. 수확한 꽃잎은 바람이 잘 통하는 햇볕에서 하루 1~2회 뒤집으며 빨리 말린다. 대개 3~4일이면 건조된다. 말린 잇꽃은 습기 없이 저장한다.

연지 만드는 법은 잇꽃을 물에 담가서 황색소(Safflor yellow)를 제거한다. 황색소는 물에 잘 녹는다. 남은 적색소(Carthamin)는 물에 녹지 않으므로 발색용(發色用)으로 유기산이나 초(酢)로 중화하면 아름다운 홍색으로 발색한다. 마(麻), 무명, 종이 같은 식물섬유는 사플로르옐로를 흡착하지 않으므로 염색은 간단했다. 그러나 명주(silk)는 양색소를 흡착하여 오렌지색으로 염색된다. 황색소를 제거한 명주의 홍염(紅染)은 고대 중국에서 개발되었다고 보고 있다. 고대 한국, 중국, 일본에서는 짚 태운 재로서 추출했는데 갈색 추출액을 과일의 산(酸)으로 중화하면 액체는 아름다운 홍색으로 발색한다. 발색용 산을 차차 유기산이나 식초로 바꾸었다. 채종은 꽃잎 채취 후 그대로 두어 7월 하순경 잎줄기나 포엽이 누렇게 되면 씨가 여물기 때문에 포기째 베어서 햇볕에서 말려 탈곡한다. 특히 베어서 탈곡하기까지 쥐의 침해를 받지 않게 주의한다.

과명 : 작약과 **학명 :** *Paeonia albiflora Pall. var trichocarpa Bunge.*(참작약 · 한국),
Paeonia lactiflora Pall(백작약 · 중국), *Paeonia veitchii Lynch.*(적작약), *Paeonia japonica Miyabe et Takeda.*(산작약) **영명 :** Paeoniae Radix, peony **생약명 :** 白芍藥, 赤芍藥
원산지 : 한국, 중국, 티베트. 시베리아, 일본 **이용 부위 :** 뿌리

내 력

작약은 옛날부터 약용으로 귀히 쓰인 식물이다. 동양의 작약 외에 서양작약도 있는데 서양작약은 남유럽에서 서아시아에 걸쳐 분포하고 있다. 고대 그리스 시대에서 중세에 걸쳐 최대의 효능을 가진 약초라 하여 존중했다.

학명 *Paeonia* 나 영명 Peony는 그리스신화의 의신 Paion에서 비롯되었으며 이 의신이 작약 뿌리를 써서 많은 신들의 상처를 고쳐주었다는 데서 생겨났다고 한다. 지금은 약용 외에 많은 품종이 개량되어 있어 관상용으로서의 비중도 적다 할 수 없는 양작약이라 하는 것이 그것이다.

성 상

작약은 3월 하순에 싹이 나와 5~6월에 꽃이 피는 다년생초본으로서 한 포기에서 여러 대의 줄기가 나오는데 줄기는 50~80㎝로 자란다. 줄기는 연녹색이고 잎은 짙은 녹색을 띠고 호생한다. 잎은 밑쪽 것은 1~2회 우상으로 갈라지고 위의 것은 셋으로 깊게 갈라지며 잔잎은 피침형, 타원형으로 털이 없고 잎자루와 엽맥은 붉은 빛이 돈다. 5~6월에 원줄기 끝에 1~3, 4송이의 큰 꽃이 핀다. 꽃빛은 적색, 백색, 분홍색 등 여러 가지가 있다. 꽃은 취산화서로 핀다. 열매는 4~5개의 골돌로 이루어지고 그 안에 15개의 씨가 들어있다. 뿌리는 6년생이면 지름 25㎜, 길이는 25㎝ 정도 되고 껍질은 회갈색이다.

품 종

작약은 식물분류학상 적작약과 백작약으로 구분하고 있다.

① **백작약 계통(Paeonia japonica)** : 백작약과. 산작약이 포함되며 뿌리의 껍질은 황색을 띠는 유백색이다. 꽃받침은 3개다.

② **적작약 계통(Paeonia albiflora)** : 작약, 적작약, 참작약, 호작약 외에 화훼용으로 개발되어 도입된 양작약 등이 포함된다. 뿌리는 굵고 길며 껍질은 적자색이다. 꽃받침은 5~8개다.

약효와 용도

작약은 뿌리에 페오니플로린(Paeoniflorin), 페오닌(Paeonine), 벤졸페오니플로린(Benzoylpaeoniflorin), 옥시페오니플로린(Oxypaeoniflorin) 등의 주요 성분이 함유되어 있어서 진경작용, 진통작용, 항균작용, 항진균작용, 지한작용(止汗作用), 이뇨작용, 수렴작용 등의 약리작용이 있다. 근육강직, 복통, 복부팽만감, 두통 등에도 쓰며 말초혈관 확장, 혈류량증가촉진, 항알레르기, 스트레스궤양억제, 기억학습장해개선, 혈소판응집억제 등의 작용이 인정되고 있다. 한방에서는 위경련, 신경통, 월경불순, 냉증, 혈도증, 혈행장해에 의한 수족마비에 약용한다. 뿌리에는 면역부활작용이 있어 혈압, 통증, 경련, 염증을 억제하고 자궁에의 혈액이 흐름을 좋게 한다. 중국에서는 적작약에는 혈액냉각작용과 진통작용이 있다 하고 백작약에는 혈액의 영양 보급작용과 간장의 강장작용이 있다고 하며 빈혈도 고친다고 하고 살결을 아름답게 한다.

재배법

① **적지** : 우리나라 전역에서 재배가 가능하다. 해가 잘 들고 바람이 잘 통하며 표토가 깊고 배수가 잘 되며 비옥한 양토나 식질양토로 유기질 함량이 많은 곳이 좋다. 점질토에서는 뿌리의 비대성장이 불량하고 사질토에서는 잔뿌리의 발생이 많고 뿌리에 병해를 입기 쉽다. 연작을 싫어하므로 수확하면 2~3년간은 다른 작물을 심도록 한다(윤작할 것).

② **번식** : 씨와 포기 나누기로 번식된다. 종자로 번식하면 수확까지 장시일이 걸리므로 목단의 대목을 양성할 때 흔히 이용한다. 약용으로 뿌리를 수확할 목적일 때는 포기 나누기로 한다.

㉠ 파종은 8월 하순 작약의 꼬투리가 누렇게 익어 벌어질 때 꽃대를 잘라 꼬투리 속의 씨를 빼낸다. 채종된 씨는 건조시키지 말고 곧바로 모판에 파종하거나 젖은 모래와

섞어서 땅에 묻어 발아에 지장이 없을 정도로 수분을 유지시켜 준다. 10월 초순에 싹이 트기 시작하여 백색의 뿌리가 약간 보일 때 꺼내어 파종한다. 작약종자는 가을에 뿌리를 땅속에 내리고 봄에 지상부를 나타내는 특성이 있다. 파종용 묘상은 배수가 잘 되고 비옥한 용토를 만들어 2회 이상 갈아엎은 뒤 높이 20cm, 너비 1.2~1.5m의 두둑을 만들어 10cm 간격으로 3cm 깊이로 골을 파고 5cm 간격으로 점뿌림 한 후 흙을 덮어 충분히 관수한 후 볏짚을 두껍게 덮어 동해를 방지해준다. 해동하면 볏짚을 제거한다.

ⓒ 포기 나누기는 9월 하순~10월 상순에 줄기와 잎이 시들었을 때 포기를 완전히 캐내어 굵은 뿌리는 약재로 쓰고 머리 부분을 쪼개는데 한 그루에 건실한 싹눈을 세 개씩 붙여서 쪼갠다. 이때 잔뿌리는 상하지 않게 많이 붙여야 수확까지의 기간을 단축시킬 수 있다. 쪼갠 상처난 부위에 재나 유황, 베노람수화제 등으로 소독겸 발라서 썩는 것을 방지한다. 작약은 11월부터 뿌리 및 새로운 눈이 활동을 시작하므로 이전에 심어야 한다. 봄에 포기 나누기 이식은 하지 않는다. 작약은 한 번 심으면 적어도 3년 이상 되어야 뿌리를 수확하게 되므로 심기 전에 밑거름을 충분히 넣는 것이 중요하다.

③ **정식** : 너비 60cm 또는 120cm의 두둑을 만들고 60cm 두둑에는 포기 사이 40cm로 하고 120cm의 두둑에는 줄 사이 60cm, 포기 사이 40cm로 하여 심는다. 이때 싹눈 위로 흙이 2cm 정도 덮이게 하고 가볍게 눌러준다.

④ **관리** : 밑거름을 충분히 했더라도 생육상태를 보아 유기질비료를 덧거름으로 준다. 꽃망울이 생기면 절화용이나 채종 외는 한 포기에 건실한 것 두 송이 정도 남기고 개화 전에 잘라버린다. 작약은 가을에 심기 때문에 겨울이 오기 전에 동해와 건조에 의한 피해를 방지하기 위하여 싹 위에 흙을 성토해 주며 제초에도 힘써 잡초에 눌려 생육에 지장이 없도록 한다.

⑤ **병충해** : 공기 유통이 나쁠 때나 햇볕이 잘 들어오지 않는 곳이나 질소질비료가 과다할 때 또는 연작한 곳에서는 병해가 발생한다. 잿빛곰팡이병, 흑반병, 백분병 등의 발생이 있다. 이때는 석회보르도액을 뿌려준다. 충해로는 하늘소벌레, 진딧물, 개각충 등이 발생한다. 농약을 뿌려 구제한다.

**수 확
조 제**

작약은 심은지 3~4년 후 9월 하순~10월 중순에 잎과 줄기가 마르기 시작하면 잎과 줄기를 잘라 버리고 뿌리가 끊어지지 않게 캐내어 흙을 털고 생약재로 쓸 굵은 뿌리는 자르고 가는 뿌리는 묘두에 붙여서 포기 나누기를 하는 데 쓴다. 잘라낸 굵은 뿌리(약용할 것)는 물로 씻어 겉껍질을 벗긴다. 햇볕에서 40~50% 정도 건조시킨 후 통풍이 잘 되는 그늘에서 건조시킨다. 작약은 길이 10㎝, 지름 10㎜ 이상이고 바깥면이 회갈색, 안쪽은 백색이 좋은 것이다. 종래에는 껍질을 벗겼는데 껍질에도 유효성분이 풍부하게 함유된 것이 밝혀져 지금은 그대로 건조시킨다. 물에 씻은 뿌리를 뜨거운 물에 한참 동안 담갔다가 쪄서 말린 것을 진약(眞芍)이라 하여 고가에 거래되고 있다.

68 하수오 (적하수오)

과명 : 마디풀과
학명 : *Polygonum multiflorum Thunb, Pleuropterus multifolius*
생약명 : 何首烏
원산지 : 중국
이용 부위 : 덩이뿌리(塊根)

내 력 하수오는 옛날부터 유명한 강장강정약으로 그 뿌리가 적갈색을 띠어 적하수오라 하며 중국, 우리나라, 일본, 대만 등에서 한약재로 이용한다. 적하수오와 비슷한 나도하수오 (*P. Cilmervis NAKAI*)는 우리나라에 자생하고 있으며 약효도 비슷한 것으로 알려져 있다. 이것들은 여뀌과에 속한 덩굴성다년초다. 그런데 하수오와는 전연 다른 식물인 백하수오(白何首烏·*Cynanchum wilfardii HEMSL*)는 박주가리과에 속한 은조롱을 이른 것으로 이는 유독성 약초이므로 하수오에 적·백자가 붙었다고 해서 같은 약초라고 오해하지 않기를 바란다.

동서고금을 막논하고 인간은 강정과 불로장수를 염원하는데 이에 얽힌 중국의 전설이 있다. 〈본초강목〉에는 하수오가 혈기(血氣)를 더하고 머리를 검게 하며 안색에 윤기가 나게 하고 오래 복용하면 뼈와 근육을 튼튼하게 할 뿐 아니라 정력이 왕성해져서 생식작용을 강화하며 뱃속의 모든 병을 없애주고 수명을 연장시켜 주며 노쇠하지 않는다고 적혀 있다. 중국의 당세종(唐世宗)이 후사가 없던 중 하수오의 효력을 듣고 이를 먹은 후 자식을 계속해서 얻었다고 한다. 그 소문이 전국에 퍼져 다투어 사용했다하는데 이는 하수오의 신효(神效)를 말해준다.

하수오를 처음 세상에 알게 한 것은 순주남아현(順州南阿縣)에 나면서부터 생식기가 작고 약해서 남자구실을 못한 능사(能嗣)라는 사람이다. 그는 수도생활에 전념하던 어느날 밤 풀밭에 누워 무심히 바라보니 이상한 덩굴이 석자 가량 서로 엉켜 얼싸안았다가는 떨어지고 다시 엉켜 안아 감곤 하는 것이었다. 이상히 여겨 그 뿌리를 가져다 물어도 누구 하나 아는 사람이 없었는데 늙은 수도승이 이 말을 듣고는 "그 덩굴은 신통한 효력이 있는 신선약이니 먹어보라."하기에 가루로 만들어 공복에 먹었다. 그 후 7일에는 성적충동을 느꼈고 수개월 후에는 생식기능이 생겨 계속복용 1년 후에 모든 질병을 고치고 백발이 검어지며 용모도 다시 젊어지고 그 후 수십 년간 많은 자녀를 얻었다. 그 아들도 이 약을 먹고 160세로 장수했으며 그 손자인 하수오는 130세를 살았고 많은 자녀를 두었다고 한다. 그래서 그 손자의 이름을 붙여 이 약초에 하수오라 했다는 것이다.

중국에서는 이 약초에 지정(地精), 적갈(赤葛), 산노(山奴), 산백(山伯), 산옹(山翁), 전향초(全香草), 교등(交藤), 야합(夜合) 등의 별명이 주어져 있다. 하수오의 약효는 전설뿐 아니라 오늘날에도 강장강정(强壯强精)의 자양제뿐 아니라 병후나 쇠약자회복과 노인무기력증의 회복에 뛰어난 효과가 인정되는 우수보약이다. 인삼에 눌려 우리나라에서는 크게 빛을 보지 못했지만 그래도 꾸준히 수입되고 있고 70년대부터 재배도 시도되어 국내산도 있어 부작용이 없는 천연 강장제로 큰 매력이 있다.

성 상

다년생 숙근초로 시계 방향으로 감겨 올라가는 덩굴성 괴근(塊根)식물이다. 덩굴은 담갈색 길이는 2m씩 자란다. 잎은 약모밀 잎을 닮아 심장형으로 호생한다. 꽃은 8~10월에 흰색잔꽃이 원추화서로 액생한다. 열매는 삭과다. 뿌리는 옆으로 뻗으며 뿌리줄기의 마디와 마디 사이에서 부정근이 나와 방추형으로 비대하여 고구마 모양의 단단한 과근이 된다. 괴근의 표피는 적갈색이며 절단해보면 중심부는 유백색, 담황색의 무늬가 있으며 맛은 쓰다. 괴근의 큰 것은 어린이 머리통만한 것도 있다.

하수오에는 전분 45%, 조지방 3.1%, 질소량 1.1%, 광물질 4.5%, 레시틴(Lecithin), 크리소파놀(Chrysophenol), 히포림(Hyporim), 라인(Rhein), 에모딘(Emodin) 등이 함유되어 있어서 콜레스테롤 저하작용, 동맥경화억제작용, 사하작용, 항바이러스작용, 스테로이드호르몬유사작용, 중추신경흥분작용 등의 약리작용이 있다. 하수오 알코올엑기스에는 고지혈증개선작용도 보고되고 있다. 완하제로서 약효가 우수하여 한방에서 변비나 정장목적에도 쓴다. 중국에는 인삼하수오탕이 있어 무기력증, 과로했을 때, 신경쇠약, 건망증, 불면증, 식욕부진, 노화방지 등에 쓴다.

① **적지** : 우리나라 중 · 남부의 고구마가 생산되는 곳이면 재배가 가능하다. 서늘한 기후조건이 괴근의 비대가 잘 된다. 토질은 사질양토나 퇴적토로 유기물의 함량이 많고 토심이 30~40㎝로 깊지 않은 곳이 적지다. 배수가 잘 되는 곳이 좋다.

② **번식** : 꺾꽂이와 뿌리줄기 나누기로 번식한다. 씨로도 번식되나 수확하는데 4년이 걸린다. 주로 뿌리줄기 나누기로 한다.

　㉠ 뿌리줄기 나누기 : 4월 중순에 수확과 동시에 뿌리줄기를 전부 캐내어 뿌리줄기에 부정근이 나와 있는 것을 3~4마디씩 잘라 2~3마디는 땅속에 묻히게 하고 한 마디만 지표면에 약간 보일 정도로 심는다. 뿌리줄기 나누기로 증식시키면 모주 포장의 10~20배 면적에 증식할 수 있다.

　㉡ 꺾꽂이 : 늦가을에 충실한 덩굴을 1m 정도로 잘라 다발을 지어 움저장하여 동해를 방지한다. 4월 중~하순에 10~15㎝ 길이의 삽수를 만들어 모래에 7~12㎝ 깊이로 꽂고 마르지 않게 관리하면 쉽게 뿌리가 난다. 또 7월 장마 때 그해 자란 굳어진 가지(줄기)를 10~15㎝ 길이로 잘라 모래에 꺾꽂이하면 쉽게 뿌리내린다.

　㉢ 파종 : 3~4월에 파종 15일 전에 밭에 밑거름을 충분히 뿌렸다가 갈아엎은 뒤 이랑 너비 120㎝, 두둑 높이 30㎝로 하여 뿌리되 파종 전에 씨(파종량)의 5~6배의 젖은 톱밥과 섞어 흩뿌림 하여 고운 부엽토로 엷게 복토하여 가물 때 관수에 힘쓰면 발아가 잘된다. 10a당 파종용 씨는 1ℓ면 된다. 모판 소요면적은 70㎡(20평)이다. 본잎이 5~6매 때 본밭에 정식한다.

③ **정식** : 4월 중순 증식시킨 모종을 밑거름을 넣고 갈아엎은 밭에 이랑너비 30㎝, 깊이 10㎝로 20㎝ 간격으로 머리 부분이 보이게 심는다.

④ **관리** : 덩굴이 20㎝ 정도 자라면 지주를 세워 유인하며 덧거름은 8월에 준다.

하수오의 수확은 보통 심은 지 3년째 가을에 수확한다. 수확할 때는 뿌리가 굵은 것만 수확하고 작은 것은 밭에 옮겨 심어 1~2년 비배하여 굵은 뿌리(괴근)를 수확한다. 수확한 뿌리는 물에 씻은 다음 솥에 고구마를 찌는 것처럼 찐다. 이것을 꺼내어 60℃ 온도에서 건조시킨다. 대개 7~8일이면 건조된다. 이 찌는 것을 여러 번 거듭하면 붉은색이 된다. 한방에서 구증구폭(九蒸九曝)이라 하여 아홉 번 찌고 아홉 번 말려야 약효가 좋다고 한다.

69 쥐오줌풀

과명 : 마타리과
학명 : *Valeriana Fauriei BRIQVET.*
영명 : Valerian
생약명 : 吉草根
원산지 : 한국, 중국, 일본, 사할린
이용 부위 : 뿌리

쥐오줌풀은 은대가리라고도 하며 약초일 때는 길초 또는 길초근이라 하여 뿌리를 약용함을 알 수 있다. 쥐오줌풀 외에 긴짚쥐오줌풀, 털쥐오줌풀, 넓은잎쥐오줌풀 등이 있고 쥐오줌풀과 넓은쥐오줌풀의 뿌리를 길초근이라 하여 약용한다. 신경과민, 히스테리, 심계항진, 정신 불안 등에 진정제 및 각종 질환의 진통제로 이용하는 중요한 약초다.
서양쥐오줌풀은 발레리안(Valerian)이라 하며 유럽이 원산지인데 우리나라 쥐오줌풀보다 약효가 덜 강하다. 같은 마타리과에 속해 있다.

학명 *Valeriana officinalis*는 라틴어의 Valere 즉 '강해진다' 또는 '건강하다'는 뜻인데 약효가 강한 것을 말한다. 발레리안은 옛날부터 모든 병에 잘 듣는다고 하여 일반적으로는 '만병약(All heal)'이란 이름으로 더 친숙해져 있었다. 그 당시는 이 뿌리로 간질병, 신경통, 산통(疝痛), 불면증, 장다리의 갑작스런 경련, 백일해, 두통 등 모든 병에 약용했다. 1차 대전 때는 탄환공포증 환자를 치료하는 데도 성공했다 한다. 이 식물은 뿌리가 건조하면 악취가 나는데 그 냄새가 얼마나 지독한지 코를 쥐어싸고 싶을 정도이므로 이때 나는 감탄사가 'Fu' 또는 'Phu'라 하여 냄새가 날 때 코를 잡으면 나는 소리를 이 식물의 별명으로 붙여 푸플랜트(Phuplant)라고도 한다. 냄새가 지독하므로 귀신이 이 식물을 겁내어 접근하지 않는다는 속설도 있어서 벽사의 주술로서 문에 매달아 두었다고 하며 반대로 마녀가 주술에 이용한 풀이었다고도 한다. 그 고약한 냄새는 흡사 고양이의 노린내 같으며 고양이가 이 냄새를 아주 좋아해서 옛날에는 들고양이의 퇴치용으로 이용했으며 쥐사냥에도 이용되었다고 한다.

성 상   내한성이 강한 다년초로 높이 60~150cm로 자라며 근경에 향기가 있다. 줄기는 곧게 자라며 얕은 골이 져 있다. 잎은 대생하며 피침형으로 7~8쌍으로 깊이 갈라져 있다. 잔잎은 거치가 있다. 꽃은 6~8월에 가지 끝에 연분홍색의 잘다란 꽃이 산방화서로 피는데 관상용으로도 손색이 없다. 열매는 황록색의 수과(瘦果)로 깃털같은 관모가 있다. 뿌리는 황백색으로 가늘고 적다. 수염뿌리의 속살은 황백색이다. 씨는 발아가 잘 되지 않는 결함이 있다. 연작을 싫어한다.

약효와   쥐오줌풀은 뿌리에 정유를 4~8% 함유하고 있는 성분이 모노(Mono) 및 세스퀴터페노이
용도   드(Sesquiterpenoid), 길초산(Valerian acid)의 에스테르 화합물, 초산에스테르(酢酸·Ester), 콜린, 타닌, 수지 등을 다량 함유하고 있어서 진정제로서 히스테리 신경과민증, 정신 불안등에 치료제로 쓰며 피로한 사람에게는 자극작용이 있어 피로회복에 효과가 있다고 한다. 불면증에도 뛰어난 치료제이며 두통에도 듣는다. 강심작용이 있어 가슴이 두근거리는 것을 진정시키며 혈압을 내리고 항암작용도 인증되고 있으며 항경련작용이 있어서 신경성 소화불량, 위경련, 경련성이나 과민성 장염에도 뛰어난 치료약이다. 생리통에도 진통효과가 뛰어나다. 상처나 궤양, 습진에도 국소적 치료제로 쓰인다.
수증기로 증류하여 얻은 정유(길초근유)는 담배의 향료로도 쓰며 길초근팅기는 머리의 비듬을 없애준다는 보고도 있다.
최근의 연구보고에 의하면 수면제에 포함되는 '염산발비탈' 같은 작용이 있어서 불면증

에 잘 드는 것이 증명되고 있다. 다만 다량 또는 장기복용 등 과용하면 오한, 두통 등에 시달리게 되는 부작용이 있으므로 함부로 사용하는 것은 삼가는 것이 안전하다. 잎을 퇴비에 쓰면 미네랄이 풍부하므로 유기농업에 효과적이며 쥐오줌풀이나 발레리안은 다른 식물과 혼식하면 인산염을 방출하므로 주위의 식물에 생장을 촉진한다.

재 배 법 ① **적지** : 해가 잘 들고 다소 서늘한 곳을 좋아한다. 토질은 표토가 깊고 부식질이 많으며 부드럽고 배수가 잘 되면서도 보수력이 있는 다소 습기 있는 땅이 좋다. 식질양토나 양토에 유기질을 많이 넣어주면 된다. 점질토나 사질토는 뿌리의 생육이 떨어진다. 또한 한해(寒害)를 받기 쉽다. 연작을 싫어하므로 5년 이상의 간격을 두고 윤작할 것을 권한다. 새로 개간한 땅에서 생육이 좋다.

② **번식** : 씨로도 할 수 있으나 발아율이 나쁘므로 주로 포기 나누기로 번식시킨다. 번식 시기는 봄 4월과 가을의 9~10월이다. 겨울에 동해의 우려가 있을 때는 봄에 해동하여 동해를 입을 염려가 없는 4월 중순~하순이 적기다. 쥐오줌풀은 다비성이지만 비료가 직접 닿으면 거름탈을 일으키므로 심기 전에 유기질을 밭에 뿌려서 깊이 갈아엎은 뒤 흙을 위에 덮고 심을 밭을 만든다. 종근은 근경이 굵고 조근(條根)이 많이 달린 것을 골라서 눈(芽)을 3~4개 붙여서 20~30g 크기로 나누어서 쓴다. 너무 잘게 쪼개면 수량이 떨어지므로 주의한다. 자른 종근의 상처난 부위(절단 부위)에 재나 유황을 발라 부패를 방지한다. 이랑너비 60cm에 골을 켜고 포기 사이 20cm로 하여 1개씩 심는다. 깊이는 덮는 흙이 5~6cm 쯤 덮이는 깊이로 심고 흙을 덮는다. 10a당 종근량은 120~150kg이다.

③ **관리** : 가을에 심은 것은 겨울 동안 한해나 가뭄의 피해를 입기 쉽다. 흙이 가벼울 때 서릿발 때문에 묘가 솟아나는 것과 바람에 의한 건조를 방지하기 위하여 다시 흙을 덮고 밟아주면 좋다. 겨울 동안에 심은 이랑에 해가 잘 들도록 경사가 되도록 사이갈이를 해 놓으면 좋다. 5월 하순경에는 꽃대가 서며 꽃이 피게 되므로 꽃봉오리 때에 꽃이삭을 잘라버려 뿌리의 충실을 기한다. 이랑 사이에 마른 풀이나 짚을 덮어 건조를 방지한다. 덧거름은 가을에 심은 것에는 이듬해 봄에 싹이 고루 나왔을 때 준다. 다비성이며 비료의 효과가 잘 나타나지만 잘못 시비하면 거름탈이 나므로 주의한다.

수 확 조 제 7~8월 또는 지역에 따라서는 9~10월에 지상부가 누렇게 변하며 근경부가 충실해진 때가 수확 적기다. 이 시기를 놓치게 되면(11월 이후) 뿌리의 빛깔이나 향기가 나빠져서 품질이 떨어진다. 남부지방에서는 8월 중순~9월 상순, 북부지방에서는 10월 상~중순쯤이 적기다. 지상부를 베어버리고 근경을 파올려 흙을 털어버리고 큰 포기는 알맞게 나눈다.

뿌리가 엉켜 있으므로 대꼬챙이로 흙을 때면서 나눈다. 큰 것은 물에 담가서 흙을 씻어버린 후 햇볕에서 말린다. 잘다란 것은 번식용으로 쓴다. 건조는 뿌리가 붙은 부분을 구부려서 부러지는 정도면 된다. 맑은 날씨면 7일 정도 필요하다. 화력건조도 할 수 있으나 온도가 너무 높으면 향기가 없어지는 결점이 있으므로 주의한다. 말리는 도중에 뿌리를 얼리면 품질이 떨어지므로 주의한다.

70 지모

과명 : 지모과
학명 : *Anemarrhena asphodeloides BUNGE.*
영명 : Anemarrhena Rhizoma
생약명 : 知母
원산지 : 중국 동북부, 한국 황해도 서흥 지방
이용 부위 : 근경

내 력

지모라는 이름은 묵은 뿌리 옆에 처음으로 새끼가 생겨 그 뿌리 모양이 개미의 알 같아서 저모라 한 것이 잘못 되어서 지모(知母)가 되었다고 하는 중국의 식물명이다. 지모는 1970년대 초까지는 수입에 의존했던 약초였으나 1977년부터 국내 재배로 수입은 중단되고 오히려 수출 약재가 되었다. 지모는 다른 약재보다 단가도 비싼 편에 속하나 상품화까지 재배기간이 긴 것이 결점이다. 근경을 약용한다.

성 상

다년초로 근경(根莖)은 짧고 지표 바로 밑에서 옆으로 뻗어가며 수염 같은 실뿌리가 많다. 잎은 근생잎으로 총생하며 선형으로 20~70cm나 되며 끝이 실처럼 가늘다. 꽃은 6~7월경 60~90cm의 긴 꽃대에 연보라색 꽃이 2~3송이씩 총상화서로 올라가면서 핀다. 꽃필 때는 관상용으로도 훌륭하다. 열매는 삭과로 장타원형이며 양끝이 좁고 속에 검은 씨가 세 개씩 들어있다. 씨에는 날개가 있다. 지표의 근경은 길이 10~20cm, 지름이 1~1.5cm로 두세 갈래로 갈라지며 가볍고 부러지기 쉬우며 독특한 냄새가 있고 단맛과 약간의 쓴 맛이 있으며 점액성이다.

약효와 용도

지모의 성분은 티모사포닌(Timosaponin), 치모닌(Chimonin), 마르코제닌(Markogenin), 사르사사포게닌(Sarsasapogenin) 등 사포닌이 함유되어 있어서 진정작용, 해열작용, 항균 작용, 거담 작용, 혈당강하작용 등이 있다. 소염, 해열, 지사, 이뇨, 진정, 진해, 소담제로 쓰며 호흡기질환, 폐결핵, 폐염, 방광염, 소갈, 산욕열, 변비 등의 치료제로 쓰며 양허증(陽虛症)에도 쓴다. 사포닌은 혈당강하작용도 인정되고 있어 당뇨병에도 쓴다.

재배법

① **적지** : 기후나 토질을 별로 가리지 않으나 지나치게 건조한 곳과 지나치게 습한 곳만 아니면 우리나라 어디서나 재배가 가능하다. 특히 중·남부지방이면 더욱 유리하다. 토질은 배수가 잘 되고 부식질이 많은 사질양토가 가장 이상적이다. 지모는 석회암지대를 좋아하므로 산성토양과 연작은 생육이 저하되므로 피한다. 근경이 지표 가까이에 생육하므로 가뭄에 주의하는 것이 포인트다.

② **번식** : 씨와 포기 나누기로 번식한다.

   ⓐ 파종 : 실생 번식은 수확기가 포기 나누기보다 1년 더 걸리며 육묘해서 이식해야 하는 번거로움이 있으나 종묘대가 절약되고 한꺼번에 많은 양을 재배할 수 있다. 파종 시기는 4~5월 초순에 해가 잘 들고 배수가 잘 되는 따뜻한 장소에 묘상을 만들어 밑거름을 충분히 넣고 10cm간격으로 줄뿌림 한 후 1~2cm 두께로 흙을 덮은 후 볏짚을 덮어 건조를 방지한다. 10일이면 발아한다. 볏짚을 벗기고 7월쯤에 솎아 주어 5cm 간격으로 세운다. 파종한 다음해에 묘상에서 2~3회 엷게 탄 액비를 덧거름으로 주어 비배한다. 더운 지방이면 2년째 가을에 정식하고 추운 곳이면 3년째 봄에 18~21cm 간격으로 정식한다. 가을 정식 때는 추위가 오기 전에 활착시켜야 하므로 유의한다. 10a를 경작하려면 묘상은 33~50m²(10~15평)이 소요되며 씨는 1~2ℓ 정도 있으면 된다.

ⓛ 포기 나누기 : 포기 나누기는 수확기간이 단축된다. 정식 후 1~2년째에 수확할 수 있다. 남부지방이면 봄, 가을에 할 수 있고 중부지방은 봄에 한다. 실한 포기를 골라 근경에 2~3개의 싹눈을 붙여 쪼개어 자른 자리에 재나 유황가루를 발라 부패를 방지하며 20cm 간격으로 2cm 깊이로 심는다. 실뿌리가 붙어 있으면 잘 활착한다. 종근 1개의 무게는 15~20g인 것이 좋으므로 수확 시 잔 근경을 번식용으로 사용할 수도 있으므로 파종보다 유리하다.

③ 관리 : 밭에 밑거름으로 인산칼리를 충분히 시비한 후에 정식한다. 수확량을 높이기 위해 덧거름을 해마다 주어 비배한다. 비료흡수를 잘 하는 식물이므로 5월과 9월에 인산칼리질 비료를 덧거름으로 준다. 6월 초순경에 꽃대가 올라오는데 채종주를 제외하고는 꽃대를 모두 잘라주어 뿌리의 충실을 기한다. 채종주는 2~3년된 충실한 포기를 택한다. 열매는 8월에 익으므로 채종하여 2~3일 햇볕에 말려서 저장한다. 모주 33㎡(10평)에서 1.5~1.8kg 정도 채종된다.

**수 확
조 제** 정식 후 2~3년째 늦가을 11월부터 봄에 싹트기 전까지가 수확 적기다. 줄기가 시들면 뿌리가 상하지 않게 캐내어 흙을 턴 후 근경을 10~15cm 길이로 잘라 잔뿌리와 지상부를 제거하고 물에 깨끗이 씻어서 햇볕에 건조한다. 이때 물에 오래 담가두면 품질이 저하되므로 재빨리 씻어야 한다. 지모는 육질이 충실하고 잔털이 없으며 속이 연한 황갈색을 띠는 것이 상등품이다. 품질은 조제 및 건조과정에서 양, 부가 결정되므로 조제 및 건조에 각별히 주의하여 규격품을 만든다.

71 지황

과명 : 현삼과
학명 : *Rehmannia glutinosa Libosch. var Purpurea Makino.*
생약명 : 地黃
원산지 : 중국의 중부~북부, 몽고
이용 부위 : 뿌리

내 력 중국에서는 상한론(傷寒論) 이래 한방에서 중요한 약재로 쓰여온 식물로서 지황은 뿌리를 약재로 쓰는데 생뿌리를 물에 띄워서 뜨는 것을 천황(天黃)이라 하고, 반쯤 가라앉는 것을 인황(人黃)이라 하고, 완전히 가라앉는 것을 지황(地黃)이라 했다 하며 약용에는 지황이 가장 효과가 있고 인황이 다음 천황은 쓸모가 별로 없다고 한다.

옛날 중국의 한자치(韓子治)는 지황의 묘종으로 50살의 늙은 말을 길렀더니 세 마리의 새끼를 낳았을 뿐 아니라 130살까지 살더라고 강정(强精)의 효과를 말해주고 있다. "가마잽이에게 술 안 먹이는 것은 마누라에게 지황 안 먹이는 것과 같다. 지황은 정력증강 작용이 강하여 아내에게 먹이면 처치 곤란한 일을 당하기가 쉽다."는 속담까지 나올 정도로 유명한 보양강장제다. 경옥고나 십전대보탕, 쌍화탕 등에 널리 쓰인다. 한약을 잘 쓰지 않는 사람일지라도 숙지황(熟地黃)이 들어간 약과 무우를 같이 먹으면 머리가 희어진다는 것쯤은 상식으로 알고 있을 정도로 우리에게 널리 알려진 약초다. 그러나 지황은 금기도 있다. 철동기(鐵銅器)와 차, 무, 패모(貝母) 등을 금기로 하므로 피해야 한다.

성 상

지황은 내한성이 있는 다년초로 우리나라 중부지방에서도 월동이 가능하다. 높이 10~30cm로 자라며 전체에 짧은 털이 있고 근생잎은 많이 나오며 잎자루가 있고 질이 두텁고 유연하며 주름이 많으며 긴타원형으로 거치가 있다. 크기는 꽃줄기에서 나오는 잎의 3~5배나 된다. 뒷면은 자색을 띤다. 초여름에 긴 꽃대에 큰 꽃이 4~13송이 총상화서로 피는데 종 모양의 연한 홍자색 꽃이 핀다. 열매는 난원형의 삭과로 씨가 많이 들어있다. 뿌리는 굵고 땅속에서 옆으로 뻗어 자라는데 30cm에 이르며 밑으로 갈수록 굵어지며 끝부분은 다시 가늘어진다. 뿌리의 빛깔은 붉은 빛을 띤 담황백색이고 속은 유백색이다. 따뜻한 기후를 좋아하나 다습은 싫어하며 연작하면 수확량이 감소되고 병충해의 발생이 심하므로 3~4년씩 콩과식물과 윤작한다.

약효와 용도

뿌리에 스타치오스(Stachyose), 버바코스(Verbascose), 만노트리오스(Mannotriose), 라피노스(Raffinose), 수크로스(Sucrose), 갈락토스(Galactose), 비타민A, 레마닌(Rehmannin), 글루코스(Glucose), 시토스테놀(Sitosterol), 카탈폴(Catalpol) 등의 성분이 함유되어 있어서 지혈, 강심, 이뇨, 혈당강하 등의 약리작용이 있어 한방약재로 많이 이용된다. 지황에는 밭에서 캐낸 것을 생지황(生地黃)이라 하며 해열작용이 있어 민간약으로 많이 사용한다. 생지황을 대칼로 껍질을 벗기고 햇볕에 말려 회백색이나 회갈색이 된 것을 건지황(乾地黃)이라 하며 생약의 일반 지황이 이것이다. 건지황은 국내소비뿐 아니라 대부분이 수출용으로 쓰인다. 건지황은 혈당강하작용이 있어 당뇨병에 긴한 생약이며 해열작용이 있다. 건지황을 질이 좋은 술(약주)에 1주야 담갔다가 시루에 쪄서 햇볕에 말려 다시 술에 담갔다. 찌는 일을 아홉 번 되풀이하여 만든 까맣고 쫄깃쫄깃하며 단맛이 나는 것을 숙지황(熟地黃)이라 하는데 이것을 구증구폭(九蒸九曝)이라 한다. 숙지황은 국내 수요가 대부분이며 혈액증가작용이 있어 보혈강장제로 널리 쓰이며 빈혈치료, 토혈, 각혈, 코피, 산후의 출혈과다의 지혈, 부인과 질환 그밖에 급성신장염, 각종 심장질환 등에 쓰인다. 건지황은 다른 생약과 배합하여 고열의 구갈, 기관지염, 종기의 해독 및 비뇨기계의 염증, 지혈 등에 쓴다. 건지황 진액에는 혈압강하작용도 인정되고 있다. 생지황과 건지황은 체력이 있는 사람에게 쓰며 허약체질에는 부적당하고 숙지황은 허약체질인 사람의 보혈강장의 목적으로 사용한다.

재배법

① 적지 : 충남, 경북 이남이 가장 안전하다. 햇볕이 잘 들고 다소 경사진 따뜻하고 건조하며 통풍이 잘 되는 동남향이 이상적이다. 토질은 유기질이 많이 함유된 배수가 잘 되는 사질양토나 식질양토가 가장 좋으며 지하수가 높거나 배수가 잘 되지 않으면 뿌리가 썩기 쉽다.

② 번식 : 대개 뿌리줄기로 번식시킨다. 가을에 수확할 때에 갓난아기 손가락 굵기(8mm 정도)의 것을 골라 종근으로 삼는다. 종근은 너무 굵은 것은 추대 개화하여 건지황으로 조제할 때 품질이 떨어지고, 너무 가는 것은 생육이 부진하므로 1cm 이상 굵은 것은 40% 이상이 추대 개화한다고 보고 종근(種根) 선택에 주의한다. 종근은 왕겨나 모래와 섞어 건조한 곳에 묻어둔다.

심는 시기는 4월 하순~5월 초순경 묻어둔 종근을 꺼내어 머리 부분과 꼬리 부분을 제거하고 6cm 길이로 잘라 다시 흙에 묻어서 싹이 튼 다음에 심는다. 지황의 발아는 약 1개월 걸리므로 일찍 심는 것이 유리하다. 다비성 식물이므로 지난해 늦가을에 유기질 비료를 충분히 뿌리고 갈아엎어 두었다가 봄에 1m 너비의 두둑을 만들어 골 사이 30cm, 포기 사이 10~12cm에 3cm 깊이로 심는다. 심은 후 볏짚을 덮어 수분증발을 억제한다.

③ 관리 : 지황은 추대(꽃대)하면 꽃대를 잘라서 꽃피우지 말고 뿌리의 충실을 기한다. 대개 본잎이 4~5장 되면 꽃대가 나온다. 수시로 제거하며 제초에도 힘쓴다. 질소질비료를 과용하지 않도록 주의한다.

수 확 조 제

10월 중순~11월 중순 사이가 수확 적기다. 남부지방이면 11월 중·하순~3월 사이에 수확할 수 있다. 캐낸 생지황을 물에 씻어 흙을 제거하고 앞에 말한 대로 금속 아닌 대칼로 껍질을 벗겨 햇볕에 말려 건지황을 만든다.

과명 : 미나리과 **학명** : *Ligusticum chuanxiong Hort.* , *Cnidium officinale Makino.*(일천궁)
별명 : 궁궁이, 토천궁(土川芎) **생약명** : 川芎, 土川芎 **원산지** : 중국, 한국
이용 부위 : 괴근(토란같다)

내 력 우리나라 자생종 토천궁을 궁궁이라고도 하는데 중국천궁을 궁궁이라 하며 생약명 천궁
(川芎)인데 원산지가 중국사천성(四川省)이어서 천(川)자를 따 '川芎'이라 하게 되었다고
한다. 일반적으로 생약으로 이용할 때는 토천궁이라 하지 않고 천궁으로 통용된다. 이 식
물의 괴근을 생약으로 당귀와 함께 부인병에 많이 쓰이는 약초다.

천궁의 잎을 궁궁이라 하여 벽사의 뜻으로 5월 단오절에 창포탕에 머리감은 뒤 머리에
꽂고 다니는 풍습이 있다. 일본에도 천궁이 있는데 이것을 일천궁(日川芎)이라 하나 약효
가 토천궁만 못하다. 일본으로 수출하려면 일천궁을 재배하고 홍콩이나 대만으로 수출하
려면 토천궁을 재배하는 것이 유리하며 국내 수요는 토천궁(약효가 높아서)이 많다.

성 상 다년초로 내한성이 강하며 꽃은 피지만 결실되지 않는 것이 특징이다. 심은 종구(근경)에
몇 개의 싹눈이 생겨 잎이 나와 줄기가 70~100㎝쯤 자라며 원주형이다. 잎은 2~3회 갈
라지는 우상복엽이다. 꽃은 8월에 흰색 잔꽃이 복산형화서로 자라며 핀다. 꽃은 결실되
지 않는다. 대신 땅속에 심겨진 종근에서 8~9월에 뿌리(근경)의 윗부분을 흙으로 덮어주
면 흙에 묻힌 아랫부분 마디에 반지를 끼운 것과 같은 노두(蘆頭·중국에서는 영자라 함)
가 염주처럼 생긴다. 이 노두는 번식용으로 쓰인다.

약효와 용도

근경에 정유 크리디움락톤(Cnidiumlactone), 크니디움산(Cnidiumic acid), 세다노산(Sedanoic acid), 크니디라이드(Cnidilide), 리구스틸라이드(Ligustilide) 등의 성분들이 있어서 진정작용, 진경작용, 혈압강하작용, 혈관확장작용, 항균작용, 항진균작용, 비타민 E의 결핍증 치료작용 외에 면역부활작용과 혈소판응집저해작용도 인정되고 있다. 한방에서는 보혈, 강장, 진통, 진정 목적으로 빈혈증, 냉증, 월경불순, 생리통 등 부인병과 뇌익혈, 노혈전에 의한 반신불수, 고혈압이나 감기 등의 두통, 신경통, 관절 류마티스 등에 다른 약재와 배합해서 처방된다.

천궁은 한방요리에도 쓰이는데 1인분 2g을 다려서 건더기를 건져내고 카레요리에 넣으면 증혈(增血), 정혈(淨血) 효과가 있고 천궁향이 더해져서 좋다. 생선찌개 할 때도 생선과 동일량의 다린 즙을 넣으면 비린내도 없애고 약효도 얻을 수 있다.

재배법

① **적지** : 여름에는 서늘한 중북부지방의 해발 300m 이상의 준고랭지가 좋다. 여름의 최고기온이 28℃ 이하로 낮과 밤의 기온차가 큰 곳 서북향의 산간지대가 재배 적지다. 일천궁은 토천궁보다 추위에 약하므로 여름에는 서늘하고 햇볕이 너무 강하지 않은 곳이 좋으며 30℃ 이상 기온이 올라가는 곳에서는 말라죽는 현상이 생긴다.

토질은 비옥하면서도 배수가 잘 되면서 보수력이 있는 것이 중요하다. 유기질의 함량이 많은 사질양토나 식질토, 부엽토가 많은 땅이 좋다. 배수가 나쁜 점질토에서는 근경의 비대도 나쁠 뿐 아니라 장마 때 뿌리가 썩기 쉽고 사질토에서는 가뭄이 심할 때 소위 '불 맞는다' 고 하여 적고병(赤枯病)이 생기기 쉽다. 연작을 싫어하므로 5~6년간은 다른 작물을 심는 것이 좋다.

② **번식** : 근경 및 노두로 번식한다. 근경은 수확 후 선별하여 큰 것은 생약으로 이용하고 작은 근경을 번식용으로 쓴다. 분구(分球)는 눈을 2~3개 붙여서 쪼개어 이때 한개의 무게가 15~20g 정도가 알맞다. 쪼갠 근경 부위를 유황이나 재를 발라도 좋고 베노람수화제로 상처를 소독하여 심는다. 심는 시기는 10월 하순~11월 상순경이 좋다. 가을에 다소 일찍 심으면 새 뿌리가 약간 내린 후에 겨울을 넘기게 되므로 봄에 일찍부터 생육활동을 하게 된다. 봄에도 심을 수 있으나 얼음이 풀리면 바로 싹이 트고 생장이 시작되므로 싹이 올라오기 전에 빨리 심는 것이 좋다. 일천궁은 봄에 심는다. 노두번식은 9월 상순경 거루 밑에 흙을 북돋아 주면 흙에 묻힌 마디에서 생기는 노두를 충실한 것은 한 마디씩, 약한 것은 두 마디씩 잘라 심는다. 노두는 흙이 1~1.5cm 두께로 덮이게 심는다.

심는 요령은 너비 150cm의 두둑에 50cm 간격으로 6cm 깊이의 골을 판 다음 10cm 간격으로 싹눈이 위로 가게 하여 5cm 두께로 흙을 덮는다. 가을에 심은 것은 봄 3월 하순~4월 상순에 싹이 나오고 봄에 심은 것은 15~20일 후면 싹이 나온다. 건조에 약한 식물이므로 골 사이에 볏짚을 깔아 증발과 건조를 방지해준다. 가뭄이 심할 때는 관수해준다.

**수 확
조 제**

잎과 줄기가 누렇게 되는 10월 하순~11월 상순경에 맑은 날이 2~3일 계속된 뒤에 수확해야 뿌리에 붙은 흙이 잘 떨어진다. 잎이 달린 채 쇠스랑으로 캐내어 1~2일간 넓혀서 말려 줄기가 시들해지면 가져다 토천궁은 노두와 작은 근경은 곧바로 심든가 저장했다가 봄에 심는다. 큰 것은 약재로 조제 가공한다. 일천궁은 노두가 없으므로 작은 것만 골라 저장했다가 봄에 심는다. 약재로 쓰는 것은 괴근(근경)을 물에 깨끗이 씻어 잔뿌리를 제거하고 햇볕에 말린다. 생으로 건조시킨 것이 향기도 좋고 품질도 좋으나 저장 중에 충해를 받기 쉬우므로 65~75℃의 뜨거운 물에 15분간 담가 벌레나 벌레 알을 죽인 다음 완전히 건조시킨 것은 장기저장에 좋다. 건조시킬 때 수분이 남아있는 상태에서 추위를 만나 얼게 되면 썩기 쉽다. 천궁재배의 단점은 씨로 번식되는 것이 아니므로 종묘대가 많이 소요되는 점이다.

73
치자나무

과명 : 꼭두선이과
학명 : *Gardenia jasminoides Ellis.*
영명 : Gardenia, Cape jasmine
생약명 : 山梔子
원산지 : 중국, 일본, 대만, 베트남
이용 부위 : 열매, 꽃, 뿌리

내 력

치자나무의 주황색 열매를 치자라 하며 중국의 한나라(漢) 때부터 소염, 지혈의 약효가 알려져 있었다. 열탕에 다린 황색액은 염료로 귀히 쓰였는데 〈신농본초경〉에도 올라있는 역사가 오래된 식물이다. 중국에서 1500여 년 전에 우리나라에 들어와 우리도 약용 및 무독의 황색염료로 쓰여 왔다.

학명 *Gardenia*는 박물학자인 '알렉산더 가덴(Alexander Garden)' 씨를 기념하여 붙인 이름이며 종명 *Jasminoides*는 자스민과 같은 향기라 하여 붙인 것이다. 치자라 하는 것은 중국 이름이며 열매가 치라고 하는 중국의 술을 담는 그릇을 닮았는데 그것이 나무에 달렸다고 하여 梔子라 이름 붙였다고 한다. 일본에서는 열매가 익어도 입을 벌리지 않으므로 입이 없다는 뜻으로 '구찌나시(口無)'라 이름 붙였다. 19세기에 유럽에 전해져 약용 못지않게 유백색의 꽃잎은 두터워서 호박(琥珀)을 연상케 하고 짙으면서 맑은 향기는 매혹적이어서 '가데니아'라 하여 꽃이 크게 사랑받아 연인에게 첫 선물로 주는 꽃이 되어 있으며 '가데니아'라는 향수도 만들어져 인텔리들에게 코사지와 함께 사랑받고 있다. 특히 겹꽃(*G. jasminoides var. ovalifolia*)의 개량종은 코사지용 산업화를 이루기도 했다. 겹꽃종은 결실되지 않는 단점이 있다.

성 상

상록관목으로 반내한성(-5℃)으로 중부 이북에서는 밖에서 월동이 어려워 분화초로 다룬다. 높이 1~5m로 자라며 가지를 잘친다. 잎은 광택이 있는 짙은 녹색으로 긴 타원형으로 대생 또는 윤생한다. 7월에 엽액에 흰색(유백색) 향기로운 꽃이 한 송이씩 핀다. 열매는 도란형으로 6~7개의 모가 나있다. 길이 1.5~2.5cm 황홍색 액과로 끝이 가늘고 길다. 씨가 많다. 10~11월에 익는다.

약효와 용도

치자잎에는 갈데노사이드(Gardenoside)가 있고, 과육에는 황색소인 크로신(Crocin)이 있다. 크로세틴(Crocetin), 게니핀 등이 함유되어 있어서 소염, 이담, 지혈약으로서 황달, 혈변, 혈뇨, 토혈, 불면증, 해열, 진정제로 쓰이며 방광염, 월경과다, 불정자궁출혈, 안과와 이비인후과의 염증이나 화농 등에 치료제로도 쓰인다. 또 담즙분비촉진작용과 혈중콜레스테롤 저하작용, 위산분비억제작용, 진통작용으로도 쓰이며, 열매와 잎에는 혈압강하작용이 인정되고 있다. 열매와 뿌리에는 해독·해열작용이 있고, 중국에서는 간염과 인플루엔자의 치료에 쓴다. 민간에서 사약으로 치자를 가루로 만들어 밀가루와 계란흰자를 섞어 개어서 종기나, 타박상, 삔 데에 두껍게 붙여준다.

꽃에서 정유를 뽑아서 향수를 만들며 꽃을 말려서 중국에서는 차의 부향제로 쓴다. 열매는 치통과 두통의 치료제도 된다. 꽃은 달콤하고 향기로워서 날것으로 먹을 수도 있고 살짝 데쳐서 샐러드로도 먹고 화전도 만들어 먹는다. 잘 익은 열매는 물에 넣고 약한 불에 끓이면 노랑색 액체가 되는데 천을 염색하는 데도 쓰이고 단무지의 염료도 되며 무독하므로 떡의 노란색 염료로도 쓰인다. 우리뿐 아니라 일본이나 중국에서도 천연염료로 중요시하며 태국에서는 식품용 황색 착색료로 상품화하고 있다.

재배법

① **적지** : 직사광선이 강한 곳에서는 발육이 좋지 않다. 반 그늘진 곳이 좋으며 햇볕은 좋아하나 잎이 타는 직사광선은 피한다. 토질은 가리지 않으나 다소 습한 유기질이 많은 가벼운 흙이 좋다.

② **번식** : 열매치자는 씨로도 번식되며 겹치자는 꺾꽂이로 번식된다.

파종은 가을에 열매를 따서 씨를 발라내어 직파해도 되고 봄 3~4월에 뿌려도 된다.

꺾꽂이는 6~7월경 꽃이 진 후 새가지가 다소 굳어진 다음에 한다. 온실에서는 봄, 가을에도 할 수 있다. 삽수는 정아(頂芽)의 부분을 4~5마디씩 잘라 2마디의 밑쪽 잎을 따버리고 나머지는 잎의 반 정도 잘라 증발을 억제해 준다. 물에 1~2시간 담가 물올림 한 후에 발근 촉진제를 바른 후 진흙 경단을 붙여 여름에는 중사에 꽂고 봄, 가을에는 가는 모래에 꽂는다. 충분히 관수하고 반그늘에서 관리하면 활착율은 좋은 편이다. 남부지방에서 노지삽일 때는 다음해 봄까지 그 자리에 두고 엷은 액비를 주어 비배했다가 4월에 정식한다.

이식은 장마 때 새가지가 굳어지면 할 수 있다. 꺾꽂이 한 모종은 뿌리에 붙은 진흙 경단을 떼고 심는다. 분화초로 가꾸었을 때는 분 바꾸기를 3~4월에 한다.

③ **관리** : 치자는 철분과 망간의 결핍이 오면 잎이 누렇게 된다. 이런 때는 황산철(黃酸鐵)이나 황상망간을 물에 타서 잎에 뿌려주면 된다. 이 영양결핍증은 가을에서 겨울에 걸쳐 흔히 나타나는데 이것은 흙 속에 양분이 결핍되지 않아도 기온이 너무 낮아져서 양분 흡수가 불충분할 때에도 일어나게 된다. 이 양분을 잎에 뿌렸는 데도 회복되지 않으면 다른 곳에 원인이 있다.

전정은 할 필요 없으나 분화초로 심었을 때 키를 짧게 기르려면 곁눈을 남기고 중심의 가지를 전정한다. 치자는 봄에 자란 싹이 더워지면 생육을 중지하고 굳어져서 한꺼번에 끝에 곁눈 2~3개 자라서 꽃눈이 생겨 다음해 6월에 꽃피게 된다. 따라서 전정이나 솎을 때 그 시기를 잘못 택하면 새로 붙은 꽃눈을 자르는 결과가 되기 쉬우니 장마가 걷힐 때까지는 전정이나 가지솎음을 끝내도록 한다. 관수는 건조하지 않을 정도로 하고 겨울의 한해를 입지 않도록 한다.

**수 확
조 제**

10월 하순~11월까지 늦서리를 맞으면 검게 변하므로 수확기를 놓치지 않게 따서 햇볕에서 충분히 건조시킨다. 썩지 않게 잘 건조시킨다. 꽃은 개화기에 따서 말려두고 이용한다.

74
캐모마일

과명 : 국화과　**학명** : *Matricaria recutita(Chamomilla) L.*　**영명** : Camomile
원산지 : 유럽, 북아프리카, 북아시아　**이용 부위** : 꽃

내 력

'캐모마일' 은 '카모밀' 이라고도 하며 로마제국의 팽창과 함께 유럽 전역에 퍼진 역사가 오랜 약초 중 하나다. 유럽에서 가정상비약이라 하면 캐모마일을 연상할 만큼 보편화된 약초다. 감기기운이 있다든가 두통이 있을 때, 피로를 느낄 때 우선 캐모마일 차를 마실 정도로 애용되는 약초다. 고대 이집트인은 오한을 동반하는 학질에 잘 듣는 약효를 신성시하여 캐모마일을 태양신에 제물을 드리는 식물로서 신전에 바쳤다고 한다. 캐모마일은 사과 같은 향기가 나므로 고대 그리스인은 chamai(작은), melon(사과) 즉 '땅에서 나는 사과' 라는 뜻의 이름을 붙였다 한다. 스페인에서도 이 식물을 '작은 사과' 란 뜻의 manzilla라 하는데 이것으로 맛을 낸 셀리주를 manzanilla라 하여 '칼멘' 이 노래한 유명한 아리아의 한 구절에도 나온다.

프랑스, 벨지움, 영국 등에서 널리 재배되는데 영국의 밋참은 유명한 재배지로서 캐모마일의 꽃이 피는 7~8월은 학교도 휴교하여 남녀노소 할 것 없이 들로 나가서 이 꽃을 따는데 이 꽃에서 채취하는 에센셜 오일(精油)은 매우 비싼 값에 팔리기 때문에 많은 농가에서는 1년분의 수입을 이 한철에 올릴 수 있다. 서양에서는 식후나 취침 전에 습관적으로 이 차를 마실 정도로 수요가 많다고 한다.

캐모마일에는 1년초인 저맨캐모마일과 다년초인 로만캐모마일이 있는데 같은 국화과지만 저맨캐모마일은 *Matricaria* 속(屬)이고, 로만캐모마일은 *Anthemis* 속(屬)으로서 학

유망한 동·서양 약초재배기술

명 *Matricaria*는 *mater* 즉 어머니 자궁을 뜻한다. 부인병에 효과가 있다는 뜻으로서 캐모마일을 넣은 약탕(목욕탕)은 부인 히스테리를 진정시키는 탁월한 효과가 있다. *Anthemis*는 꽃이라는 뜻으로서 꽃이 태양을 연상시키듯 중심부(관상화)가 황금색이기 때문인데 약효는 둘 다 같다. 로만캐모마일은 옆으로 기듯 퍼지는 성질이 있어서 잔디처럼 심는데 "밟으면 밟을수록 더 잘 자란다."고 예부터 전해져 오고 있다. 세익스피어는 "캐모마일은 밟으면 밟을수록 잘 자라고 젊은이는 청춘을 낭비하면 할수록 빨리 소모된다."고 비유하고 있다.

캐모마일은 옛날에는 '식물의사' 라는 별명도 얻고 있었는데 병충해에 걸린 식물 가까이에 캐모마일을 심어두면 원기를 회복하여 소생한다는 것이다. 이 식물은 방충의 효과도 있다.

성 상 캐모마일은 잎이 호생하며 2회우상복엽으로 실 같은 녹색의 잎이 잘게 찢어진 새의 깃털을 연상시킬 만큼 부드럽다. 꽃은 5월에 줄기 끝에 피는 두상화로 흡사 쑥갓꽃 같다. 중심부의 관상화는 노란빛으로 모든 약효성분이 함유되어 있으며 흔히 꽃잎이라 하는 설상화는 흰색으로 낮에는 벌어지고 밤에는 악편에 붙듯이 오므려 닫힌다. 대개 일주일간 꽃 피어 있다. 이 꽃에서 사과 같은 달콤새콤한 향기가 난다. 내한성은 있으나 여름의 고온 건조에 약하다.

품 종 ① **저맨캐모마일(German chamomile)**은 학명을 *Matricaria recutita* 또는 *M. chamomilla L.*라 하며 1년초. 유럽, 북아시아가 원산지로 높이 50~100cm로 자라며 가는 줄기 끝에 노랑 관상화가 둥글게 튀어올라 있듯이 꽃이 피는데 며칠 지나면 흰 꽃잎이 뒤집히듯 밑으로 처지고 꽃술로 보이는 노란 관상화만 남는다. 이렇게 되기 전에 꽃을 따서 말려두고 차나, 에센셜 오일을 뽑아 약용한다. 가을에 다시 꽃핀다.

② **로만캐모마일(Roman chamomile)**은 학명을 *Anthemis nobilis* 또는 *Chamaemelum nobile*라 하는데 유럽이 원산지로 유럽에서는 주로 로만캐모마일을 많이 사용한다. 다년초로 높이 30cm 정도 자라며 줄기는 옆으로 포복하듯 퍼지는 성질이 있다. 곧게 서는 가는 줄기에 저맨캐모마일보다 다소 큰 흰꽃이 핀다. 저맨종과의 차이점은 꽃과 잎 모두에서 사과 같은 향이 난다. 잔디밭처럼 캐모마일 융단 밭을 만들어 밟으면 사과향이 나므로 영국의 고풍정원에서는 흔히 볼 수 있다. 포기 나누기가 가능하고 저맨종처럼 내한성도 강한 편이다. 캐모마일은 곤충이 싫어하여 꼬이지 않으므로 충해가 없다. 약효는 저맨종과 같다.

③ 다이야스캐모마일(Dyer's chamomile)은 학명을 *Anthemis tinctoria*라 하며 유럽이 원산지인 다년초다. 높이 50cm로 자라며 줄기 끝에 관상화나 설상화 모두 노란색 꽃이 피며 이 꽃은 염색용으로 쓰인다. 절화로서 건조화로 많이 이용되고 포기 나누기로 쉽게 번식시킬 수 있다.

④ 더블플라워캐모마일(Double-flowered chamomile)은 학명을 *Chamaemelum nobile plunem*이라 하며 다년초로 크림색의 흰 겹꽃이 피는 품종으로서 꽃과 잎에서 사과향이 난다. 꽃을 따서 로만종과 같이 약용하며 주로 허브티와 목욕제, 화장품 등에 쓰인다. 포푸리, 건조화, 염색 등에도 이용하며 포기 나누기로 번식이 가능하다.

⑤ 론캐모마일(Lawn chamomile)은 학명을 *Chamaemelum nobile treneague*라 하며 다년초로서 최대의 특징은 꽃이 피지 않는 캐모마일이라는 것이다. 이 품종은 잔디밭을 만드는 데 가장 적합하며 잎에서 사과향이 난다. 로만캐모마일처럼 잔디로 심었을 때 꽃을 따는 수고를 덜 수 있어서 환영받는다. 봄에 란나로 쉽게 포기 나누기 된다.

약효와 용도

캐모마일의 성분은 정유에 카마즈렌(chamazulene), 후라보노이드, 구마린(coumarin), 살질산 다당류, 코린, 아미노산, 타닌 등이 함유되어 있어서 항염증, 진정, 진통, 진경, 창상치유, 구풍, 건위, 소화촉진, 발한 등의 작용이 있다. 따라서 소화불량, 감기, 여성질환, 피부질환, 외상, 멍든 데, 구내염, 치근염, 신경통, 류마티스 등에 약용하며 부인 히스테리를 진정시키는 데는 탁월한 효과가 있다. 거친 살결을 매끄럽게 할 때는 스팀팩이나 목욕제로 쓰면 효과가 있다. 단 자궁수축작용이 있으므로 임신중에는 차(茶)로도 이용하는 것은 삼간다.

재배법

① **적지** : 내한성이 강하다. 해가 잘 들고 배수가 잘 되는 곳이 이상적이다. 토질은 별로 가리지 않으나 저맨캐모마일은 사질양토가 좋고 로만캐모마일은 배수가 잘 되면서도 보수력이 있는 땅이 좋다.

② **번식** : 씨가 잘기 때문에 파종상자나 묘상에 뿌렸다가 이식하도록 한다. 파종 시기는 봄 4월에 뿌리면 6월에 꽃이 피고 가을 9월 하순~10월 상순에 파종하면 5월 초에 꽃이 핀다. 파종은 씨가 날아가기 쉬우므로 엷게 흩어 뿌린 후 모래를 체로 살짝 치는 정도로 복토한다. 대개 미리 관수해 두어서 파종 후는 짚을 덮어 관수하지 않는다. 20℃에서 1주일이면 싹튼다. 파종 후 1개월이면 본잎이 2장 나오므로 밴 곳을 솎아 주고 본잎이 6~8장 때 30cm간격으로 정식한다. 심을 때는 깊이 심지 않도록 주의한다. 로만종은 20cm 간격으로 심고 봄에 나오는 곁눈을 쪼개어 포기 나누기 할 수 있다.

③ **관리** : 채광량이 부족할 때, 밀식될 때, 과습할 때, 질소과다가 될 때에는 포기가 연약해지기 쉬우므로 주의한다. 순을 적심하여 곁가지를 많이 치게 하면 1년에 여러 번 꽃피워서 수확할 수 있다.

꽃은 파종 후 8주가 경과하면 수확할 수 있게 된다. 가을에 파종한 것은 5~6월이 성화기이고 봄에 파종한 것은 다소 늦게 개화한다. 수확 적기는 꽃의 중심부(관상화)가 황금색이 되고 불룩하게 부풀어 오르며 흰색의 꽃잎(설상화)이 수평이 될 때가 가장 좋다. 설상화가 밑으로 처지게 되면 중심부의 노란빛도 퇴색한다. 이렇게 되면 건조 도중에 부서지고 수확량도 감소된다. 개화 후 2~3일 동안이 최적기다. 캐모마일은 꽃이 일제히 피지않으므로 소량일 때는 한 송이씩 따고 대량일 때는 70~80% 개화했을 때 맑은 날 오전중에 밑에서 잘라 훑개로 훑어서 꽃송이만 모아 햇볕에서 건조시킨다. 습기가 많은 날이나 흐린 날은 꽃에 함유된 정유성분이 반으로 감소되므로 될 수 있는 대로 건조한 맑은날에 수확한다. 건조시킬 때도 엷게 펴서 바람이 잘 통하는 서늘한 볕에서 단시간에 건조시킨다. 하루에 2~3회 뒤집어 가며 말리면 3일이면 완전히 건조된다. 35℃의 열을 가해서 건조시키는 방법도 있다. 건조된 것은 밀폐용기에 보관한다. 신선한 꽃이나 건조시킨것이나 약효는 같다. 캐모마일 차(Tea)는 과로하고 스트레스에 쌓인 수험생, 샐러리맨에게 피로를 씻어주는 가장 좋은 음료수이며 최면효과도 있으므로 취침 전에 마시고 자면숙면을 취할 수 있으므로 좋다.

75
쿠미스쿠칭

과명 : 자소과
학명 : *Orthosiphon aristatus MIQ.,
O. stamineus.*
영명 : Cat's whiskers, Java tea
별명 : 고양이의 수염, 자바티
말레이시아명 : Kumiskuching
원산지 : 인도, 말레이시아
이용 부위 : 전초(全草)

내 력   쿠미스쿠칭이라는 이름은 말레이시아어로서 '고양이의 수염'을 뜻한 것으로서 꽃에 길게 튀어나온 꽃술이 고양이의 수염을 닮았다 하여 붙여진 이름인데 통용명으로 쓰이고 있다. 유럽에서는 자바티(Java Tea)라는 이름으로 알려져 있는데 옛날부터 인도네시아나 말레이시아에서 '신장(腎臟)의 차'로 알려져 왔다. 쿠미스쿠칭은 식물 전체에 칼리염이 함유되어 있는 유용한 식물로서 부작용이 없는 음료수로 이뇨제나 신장염, 방광염, 수종(水腫) 등에 약용한다. 인도네시아에서는 유명한 민간약이다. 지금은 이 약의 진가를 높이 사서 수요가 증대되어 인도에서 동남아시아, 말레이시아, 호주 북부, 태평양의 여러 섬에서 재배하여 유럽으로 수출되고 있다.

성 상   자소과에 속한 1년초로서 온실에서는 다년초가 된다. 높이 30~60cm로 자라며 네모진 줄기는 잘 가지치기하여 덤불진다. 잎은 난형으로 대생~윤생하며 거친 털이 있다. 7~9월에 줄기 끝에 2.5cm 크기의 백색~연보라색의 잔 꽃이 총상화서로 피여 올라간다. 특성은 긴 꽃술이 뻗쳐 나와 있어 흡사 고양이의 수염처럼 보인다 하여 영명도 '고양이의 수염'이라 한다.

약효와 용도   쿠미스쿠칭의 잎에는 고미배당체인 Orthosiphonin을 함유하고 있는데 정유 0.02~0.06%, 지용성 플라본(Fravon) 0.2%, 칼륨염 3%을 함유하고 있어서 이뇨, 진경작용이 있다. 쿠미스쿠칭은 수분의 배설촉진뿐 아니라 고혈압의 원인이 되는 나트륨이나 염소(鹽素)와 통풍의 원인이 되는 뇨산 등의 질소화합물의 배설을 증가시키는 것이 알려져 있다. 또 체내에서 나트륨 배설을 촉진하는 미네랄로 알려져 있는 칼륨이 풍부한 것이 주목을 받고 있다. 적응증은 신장염, 방광염, 과민방광 등에 쓰며 뇨로의 세균성 감염증이나 염증성질환, 요로결석 등에 차로서 약용한다. 쿠미스쿠칭티는 말린 잎 2티스푼 수북이(2g)에 끓는 물 150mg(1컵)을 부어 뚜껑을 덮어 5~20분간 우려서 마신다. 1일 여러 번 마셔도 부작용이 없다.

재배법   ① **적지** : 고온을 좋아하며 해가 잘 들고 배수가 잘 되는 곳을 좋아한다. 단 한여름에는 반 그늘진 곳이 좋다.
② **번식** : 씨와 꺾꽂이, 포기 나누기로 한다.
파종은 4~5월에 파종한다.
꺾꽂이는 5~9월에 다소 굳어진 가지를 10cm 길이로 잘라 모래에 꽂으면 쉽게 활착한다.
포기 나누기는 4~6월과 9~10월에 할 수 있다. 온실에서는 다년초가 되므로 포기 나누기하여 가온하면 봄에 꽃을 피운다.

③ **관리** : 60cm 이상 자라면 바람이 분 다음에 쓰러지기 쉽다. 너무 키를 자라게 하는 것보다 야트막하게 재배하는 것이 유리하며 다비(多肥)가 되지 않게 덧거름은 질소질을 줄이는 것이 좋다.

**수 확
조 제**

차나 약용으로 수확할 때는 개화 직전에 줄기를 잘라 그늘에서 말려 보관한다. 또 잎은 자바티(Folia orthosiphonis)의 이름으로 이뇨약으로 상품화 하고 있다.

76 타임

과명 : 자소과 **학명** : *Thymus vulgaris L.* **영명** : Thyme **중국명** : 사향초(麝香草)
별명 : 백리향(百里香) **원산지** : 지중해 연안, 유럽 **이용 부위** : 포기 전체(잎, 꽃, 줄기)

내 력

타임은 사향초(麝香草)라고도 하며 향료 및 약용식물로서 오랜 역사를 지녔다. 타임은 서양요리에 널리 쓰이는 향미료인 만큼 식물은 생소해도 그 향기는 익히 알려져 있다. 근래에 보급되기 시작한 식물이다. 우리나라에도 타임과 같은 식물인 백리향(*Thymus quingue costatus var. ibukiemsis HARA*)과 섬백리향(*Thymus serpylium L.*)이 자생하고 있어서 타임류 특유의 고상한 향기를 지녔지만 천연기념물(울릉도 자생 섬백리향)로 지정 보호할 만큼 그리 흔하지 않다. 따라서 민간에서 발한 구풍 등의 약으로 이용했을 뿐 향료로는 쓰이지 않았으므로 타임처럼 알려지지 못했다(타임보다 다소 향이 떨어짐).

타임의 학명 *Thymus*는 그리스어의 thuo 즉 '소독한다'에서 비롯된 어원이라고 풀이하고 있다. 이 식물은 티몰(Thymol)이라는 살균력이 있는 정유를 함유하고 있어서 고대 그리스나 로마 사람들은 약용 외에 술이나 치즈의 맛을 내는데 부향제로 사용했으며 방부력도 있어서 보존제(保存劑)로도 쓰였다. 일설에는 고대 그리스에서 제단에 제물(祭物)을 드릴 때 타임 같은 방향성 식물을 태웠다고 하며 어원이 thumon 즉, '제물을 태우다'에서 비롯되었다고도 한다. 그래서 뱀이나 전갈은 이 풀의 향기를 싫어한다 하며 그 때문에 이 풀을 태우는 역설적인 경우도 많았다는 것이다.

또 고대 그리스에서는 목욕제로도 널리 이용하였는데 피부를 맑게 하고 신경을 진정시켜서 노인의 회춘을 돕는다고 믿어 어원인 Thymus를 용기(thumus)로 생각하여 용기, 활동력, 행동력 등의 상징으로 삼았다는 것이다. 중세기에 기사도가 전성기였을 시절에는 귀부인이 스카프에 타임과 꿀벌의 나는 모습을 수놓아서 기사에게 선물하는 격려의 풍습이 있었다. 이것은 용기의 어원에서 유래한 것이다. 그래서 '타임향기가 난다'라고 하는 말이 생겨나 유행했는데 이는 품위 있고 우아하며 용모가 수려하고 용기 있는 사람을 지칭하는 최고의 찬사로 쓰였다는 것이다.

타임은 고대 그리스의 산들을 그 맛있는 향기로 진동케 했다는데 그리스신화에는 트로이 전쟁의 원인이 된 절세 미녀 헬레나의 눈물에서 생겨난 꽃이라는 것이다. 고대 앗시리아에서는 간질병, 우울증, 악몽에 시달릴 때에 타임을 약용했으며 17세기에 와서는 타임을 달인 즙과 장미식초(비네거)를 머리에 발라서 악몽에 시달리는 것을 쫓는 부적으로 삼았다. 톡 쏘는 자극성이 짙은 풍미는 요리에 깊은 맛을 주는데 서양요리에는 없어서는 안될 대표적 향미료의 하나다.

성 상

내한성 강한 다년초로 줄기가 목질화되는 성질이 있어서 소관목으로 보기 쉽다. 타임은 많은 품종이 있으나 크게 나누면 융단처럼 땅에 기듯이 퍼지는 포복형과 30cm 정도 높이로 자라고 포기가 곧게 서는 형으로 나눈다. 잎은 1cm 미만으로 가늘고 육질의 짙은 녹색으로 대생하며 초여름에 줄기 끝에 작은 연분홍꽃이 윤생하여 밀생한다. 식물체 전체에 향기가 있으며 건조하면 향이 더 짙어지고 열을 가해도 향미가 변하지 않는 장점이 있다. 또 장기간 저장해도 향이 소실되지 않는다. 고온과 건조에는 강하나 과습에는 약하다. 병충해도 없다.

중요성분은 티몰(Thymol), 카바크롤(carvacrol), 페놀(phenol)인데 이 정유는 강력한 살균, 방부작용이 있으며 그람(Gram)양성균에도 항균작용이 있어서 감기나 기침, 기관지염 등 호흡기질환에 진해제와 거담제, 함수제로 효과가 있다. 또한 뛰어난 강장효과가 있어서 두통, 우울증 같은 신경성 질환이나 빈혈, 피로 등을 고칠 뿐 아니라 소화를 촉진하며 식욕을 증진시켜 위장기능을 강화하는 건위, 정장의 작용도 있다.

정유의 함량은 생초를 수증기 증류할 때 0.2~0.5%이고 건조한 것은 0.7~2.5%이다. 타임차(茶)는 옛날부터 약효가 뛰어난 음료로서 널리 이용된 것 중의 하나인데 악몽에 시달려 괴로워하는 사람은 취침 전에 타임차를 마시고 자면 좋다. 타임차는 소화불량에도 좋다.

영국의 엘리자베스 왕조 때는 마루바닥에 뿌려서 전염병이나 해충을 예방했다고도 한다. 건조시킨 꽃을 주머니에 넣어 장롱에 넣어두어 방충·방향제로 이용했으며 특히 모피제품이나 겨울용 모직물 의류를 간수하는 데 긴히 쓰인다. 또 치약이나 비누 등의 향료로도 쓰인다.

타임은 채소, 육류, 어패류, 계란 등 어느 것에나 잘 어울리므로 요리의 부향제로 이용되는데 톡 쏘는 자극성의 짙은 풍미는 요리의 깊은 맛을 준다. 또 방부 살균력이 있어 햄, 소시지, 치즈, 소스, 토마토케찹, 피클 같은 저장식품에도 보존제로 쓰며 스프, 스튜, 샐러드 등에도 흔히 이용된다. 프랑스의 타임 스프는 타임을 주 재료로 하고 맥주와 다른 향신료 등을 섞어 만든 것인데 '사람기피증'을 고치는 묘약으로 알려져 있다. 요리나 약용 외에 포푸리와 부케에도 쓴다.

① 코먼타임(Common thyme)은 학명을 *Thymus vulgaris L.*라 하며 일명 가든타임이라고도 하는데 유럽 남부가 원산지로 10~30cm로 곧게 자라며 가지를 많이 쳐서 총생한다. 잎은 선형이다. 톡 쏘면서도 달콤한 향미 때문에 요리에 가장 많이 이용된다.

② 레몬타임(Lemon thyme)은 학명을 *Thymus citriodorus*라 하며 잎이 피침형으로 잎자루가 있고 레몬향기가 난다. 내한성은 다소 약하다.

③ 크리핑타임(Creeping thyme)은 와일드타임(Wild thyme)이라고도 하며 학명은 *Thymus serpyllum*이라 하고 유럽, 아시아, 북아프리카가 원산지다. 포복형의 타임으로 가지가 땅에 기듯 퍼지며 마디에서 뿌리가 난다. 높이 10cm 정도로 밑쪽은 목질화한다. 잎은 장타원형이며 꽃은 연분홍으로 동그랗게 잔꽃이 밀생하여 개화기에는 잎이 안 보일 정도다. 향은 코먼타임만은 못하다. 많은 변종이 있는데 잎이 은록색인 실버타임(Silver thyme), 오렌지향이 나는 오렌지타임(Orange thyme), 잎에 노란 얼룩무늬가 있는 골든레몬타임(Golden lemon thyme), 캐러웨이 같은 향이 나는 캐러웨이타임

(Caraway thyme) 등이 있어 요리에 쓰인다.

재배법 ① **적지 :** 해가 잘 들고 다소 건조한 땅이 좋다. 산성화된 땅이나 과습한 토질은 싫어하므로 배수가 잘 되고 바람이 잘 통하는 것이 장마 때 무르지 않게 하는 요령이다. 더위와 추위에는 강하므로 우리나라 중부 이남이면 어디서나 재배가 가능하다.

② **번식 :** 씨와 꺾꽂이, 포기 나누기 등으로 쉽게 번식된다.

파종은 씨가 잘므로 파종상자에 뿌렸다가 이식하는 것이 좋다. 20℃에서 발아하므로 봄 4~6월과 가을 9~10월에 뿌릴 수 있다. 대개 1주일이면 싹이 튼다. 벤 곳은 솎아 주어 본 잎이 6~8장 나오면 20㎝ 간격으로 정식하는데 깊이 심지 말아야 한다. 꺾꽂이는 새로 나온 가지가 다소 굳어지는 6~7월과 가을에 8~10㎝ 길이로 잘라 꽃봉오리는 제거하고 밑쪽 잎을 따버리고 모래에 꽂으면 쉽게 활착한다. 포기 나누기는 봄이나 가을에 포기를 캐내어 3~4개로 칼로 잘라 손으로 잡아당겨 쪼개어 심으면 된다. 4~5년 된 묵은 포기는 노화하여 수세가 쇠퇴되므로 갱신을 겸해 포기 나누기 해준다.

③ **관리 :** 채광량의 부족과 과습은 웃자라는 원인이 되므로 주의한다. 비료는 1개월에 한 번 정도 복합비료를 덧거름으로 주며 질소과다가 되지 않도록 인산, 칼리비료를 많게 시비한다.

수 확 조 제 많은 가지가 나와서 탄탄한 포기가 되기 전에는 수확을 삼간다. 장마철이 지나면 포기에 30~50개의 가지가 무성해진다. 이때부터 가지를 솎듯이 수확한다. 완전히 자란 포기는 전체의 2/3 높이에서 포기째 베어서 바람이 잘 통하는 그늘에서 말린다. 이렇게 하면 곧 새순이 돋아나 가을에 다시 수확할 수 있게 된다. 건조시킨 잎은 잘 떨어져 버리므로 돗자리에 펴서 말린다.

과명 : 택사과
학명 : *Alisma
plantago-aquatica
Juzep.*(질경이 택사),
A. canaliculathum(택사),
A. orientale Juzep.(중국
택사)
영명 : Water plantain
생약명 : 澤瀉
원산지 : 한국, 중국, 일본의
북해도, 사할린, 동시베리아
등지의 연못가, 냇가 등의
습지자생
이용 부위 : 괴경(塊莖)

내 력

우리나라 전역의 연못이나 늪가 같은 습지에 자생하며 다른 한약재처럼 수요가 많은 약
초는 아니지만 널리 쓰이는 약초로 귀중시되며 수출도 되는 약초다. 재배 그해에 수확되
므로 자금회전이 빠른 이점이 있다.

성 상

얕은 물속이나 무논에 나는 다년초로 높이 70~80cm로 잎이 뿌리 쪽에서 총생한다. 잎은
육지에 나는 질경이 잎을 닮았으며 잎자루가 30cm나 되며 잎도 5~13cm로 크다. 꽃은
7~8월에 70~80cm의 긴 꽃대가 나와 끝쪽에 잔가지가 윤생하여 가지 끝에 백색의 잔꽃
이 핀다. 열매는 납작한 둥근 모양인데 갈색으로 2mm로 잘다. 뿌리는 근경은 짧고 괴경이
며 잔뿌리가 많다.

**약효와
용도**

택사의 괴경에는 알리솔(Alisol), 모노아세테이트(Monoacetate), 콜린(choline), 정유,
지방유, 전분, 단백질 등의 성분이 함유되어 있어서 이뇨작용, 콜레스테롤을 저하시키는
작용이 인정되고 있다. 신염, 비뇨기 계통의 결석증, 혈뇨, 뇨독증의 개선, 빈뇨, 구갈, 현
기증에 처방하며 지속적인 혈압 강하작용이 있어 동맥을 확장하여 혈류의 저항을 적게

하여 혈류량을 증가시켜 말초혈관은 확장시켜 혈압을 강하시킨다. 면역부활작용도 있고, 간지방의 축적억제작용도 한다.

재배법

① 적지 : 우리나라 전역에서 재배가 가능하다. 남부 지역에서는 벼 뒷그루재배를 하고 있다. 단작재배나 수확량에는 별 차이가 없다. 단, 물을 마음대로 조절할 수 있는 즉 관배수(灌排水)가 자유로운 곳이 유리하다. 배수가 안 되는 곳은 가을 수확 시에 노력이 많이 든다. 토질은 양토나 식양토의 비옥한 식질양토가 좋다. 그러나 너무 비옥한 토양에서는 잎, 줄기만 무성하고 뿌리(근경)의 비대가 잘 되지 않는다.

② 번식 : 씨로 번식한다. 묘판에서 육묘하였다가 묘가 자라면 정식한다. 파종은 4월 상순과 6월의 2회 할 수 있으며 벼답리작일 때는 7월~8월 상순에 정식할 수 있도록 6월 상순에 파종한다. 본포장 10a당 묘판면적은 72㎡(22평) 파종용 씨는 흩뿌림 할 때 0.7~0.9ℓ면 된다. 묘판은 못자리처럼 밑거름을 넣고 갈아엎어 편편하게 고른 후 폭 1m의 단책형 묘판을 만들고 30㎝ 정도의 통로 겸 배수로를 만든다. 물은 돌려댈 수 있는 곳이 좋다. 묘판을 고른 후 물을 빼고 씨의 10배 정도의 약간 습기 있는 모래(細砂)와 섞어서 1~2일 두었다가 아침 일찍이 흩뿌림 한다. 2~3일 지나서 물을 대고 고랑에서 흙탕물을 일으켜 파종한 씨 위로 복토 대신 뻘물이 덮이도록 한 후 물을 또 뺀다. 파종 후 2일간 그대로 두었다가 3일째부터 밤에만 통로에 물을 넣고 물이 묘상면까지 올라가지 않게 하고 낮에는 배수한다. 이렇게 6~7일간 계속하면 발아가 시작되며 10일이면 완전히 발아한다. 발아 후 처음에는 밤에 관수하고 낮에는 배수한다. 모종이 어느 정도 자라면 묘상면에 얕게 물을 댄다. 모종이 크면 묘상면에서 3~4㎝ 높이로 물을 대어준다. 파종 후 45~55일이면 본잎이 10~12장 정도 나오며 초장은 10~15㎝가 된다. 이때가 이식(정식) 적기다.

③ 정식 : 6월 상순~중순이 정식 적기이며 늦게 뿌린 것은 7월 하순~8월 상순이 적기다. 비옥한 땅이면 줄 사이 20㎝, 포기 사이 35㎝로 하여 장방형으로 줄을 맞추어 심는다. 묘판에서 묘를 뽑을 때 잔뿌리가 끊어지지 않도록 주의한다. 모종을 심을 때는 넘어지지 않을 정도로 얕게 심는다. 너무 깊게 심으면 뿌리의 발육이 좋지 않아 생육에 지장을 주므로 모종을 심는다기보다 모를 놓아간다는 기분으로 얕게 심는다. 모를 심을 때는 물을 얕게 대어 모가 물속에 묻히거나 물에 떠오르지 않게 한다. 심을 때 쓰러진 모종도 가는 뿌리만 흙 속에 묻혀 있으면 바로 일어선다. 정식 후 2~3일간은 물을 얕게 대어서 모가 물에 뜨지 않게 한다. 제초는 정식 2주 후에 큰 풀은 뽑고 자람에 따라 2, 3회 뽑아준다. 이때 호미를 쓰면 뿌리가 상하므로 손으로 뽑는다. 꽃대가 20~25㎝로 올라오면 굳어지기 전에 포기의 아랫부분에서 잘라주어 근경의 비대를 도모한다.

늦가을 11월경 잎, 줄기가 시들면 물을 빼고 논을 말려서 포기 주위를 둥글게 낫으로 새
근을 베고 흙이 붙은 채로 뽑는다. 흙을 털고 줄기와 실뿌리를 짧게 자른 뒤 물에 씻어 괴
경을 7일 정도 햇볕에 말려 약간 마른 것을 껍질을 깎아버리고 다시 햇볕에서 완전히 말
린다. 너무 날것을 깎아 말리면 색깔이 희지 않고 품질이 떨어진다. 반면 너무 마른 것은
단단하여 깎는 데 노력이 많이 든다.

78

터메릭

과명 : 생강과
학명 : *Curcuma domestica Valet.*
(C. longa L.)
영명 : Turmerick
생약명 : 鬱金
원산지 : 인도, 말레이시아, 인도네시아
이용 부위 : 뿌리

터메릭은 무해한 황색색소를 얻는 염료식물이다. 터메릭은 황색염료로 사용한 오랜 역사
를 지녔는데 고대 중앙아시아에는 태양을 숭배하는 아리안(Aryan)족이 있어서 황금색이
나 노랑색을 태양빛과 닮았다 하여 신성시 했다. 이 아리안이 동쪽으로 세력을 확장하면
서 B.C 2,000년경에 인도로 침입하여 터메릭을 발견하고 크게 기뻐했다 한다. 그들은 터
메릭으로 제사나 의식 때 쓰는 식품과 몸을 염색하는 염료로 썼으며 아주 귀중히 여겼다.

지금도 인도에서 그 영향 탓인지 결혼식 때 터메릭으로 노랗게 물들인 밥은 의식에서 뺄 수 없는 음식이며 신랑 신부는 팔에 터메릭으로 노랗게 물을 들여서 벽사의 주술로 이용하는 풍습이 있다. 또 말레이시아에서는 벼농사 의식에 흰색, 붉은색, 검은색, 노랑색의 4색밥을 준비하는데 흰쌀밥, 팥밥, 검은 콩밥은 되나 천연색으로는 노랑은 없기 때문에 터메릭 가루로 염색하여 4색반(4色飯)을 만든다고 한다. 이들이 유럽으로 퍼져 B.C 600년경의 앗시리아 식물지에도 황색착색 식물로 기록되어 있다.

학명 Curcuma는 이 식물의 인도명 kurkum에서 비롯되었다고 하는네 아랍어 karkom 즉 '황색'을 의미한다고 한다. 유태법전에 Karkoom은 염료와 치료의 목적에 쓰이는 것을 가리킨 말이라 한다. 그래서 중동 지역 여러 나라에서는 사프란의 황색염료가 고가이기 때문에 터메릭을 '인디안 사프란(Indian Saffron)'이라 불렀다. 지금도 고급 요리에 사프란 대용으로 쓰인다. 영명 터메릭(Turmeric)의 유래는 옛 이름이 타르마렛(Tarmaret)이었는데 라틴어 Terramerita로 흙에서 수확하는 것이라고 풀이하고 있다. 종명 domestica는 재배화되어 있다는 뜻이다.

중국 문헌에는 송나라 때(960~1279년) 인도네시아의 교역품 중에 울금이 있었다고 하며 1280년 마르코폴로는 중국 복건성 근처에서 이것을 보았다고 적고 있다. 중국에서도 예부터 염료로서 귀중시 했다. 태국에서는 불교신도의 외의(外衣)의 염료로 쓰인다.

인도나 인도네시아에서는 아득한 옛날부터 음식의 착색뿐 아니라 명주(Silk)나 무명을 노랗게 물들이는 데 쓰였다. 또 의약품으로서 갓난아기의 배꼽이 떨어지면 바르는 고약이나 여성들의 불필요한 곳에 나는 털을 억제하는 데 바르는 외용약으로도 쓰였으며 중국에서는 한방에서 울금(鬱金)이라 하여 지혈제로 토혈(吐血), 코피, 혈뇨 등에 달여 먹으면 지혈되므로 약용했다.

성 상

내한성이 없는 육질의 근경에서 싹이 나는 다년생초본으로서 근경이 비대하며 굵기가 지름 3~4cm에 길이 5~8cm로 가는 것(새로 난 것)도 손가락 굵기만 하다. 대개는 곧으나 약간 구부러진다. 표면은 밝은 갈색으로 가락지처럼 둥글게 마디가 있으며 근경이 속살은 밝은 오렌지색이며 향이 감미롭다. 색이 진한 것일수록 양질이다. 높이 50~100cm로 자라며 20~30cm의 잎자루에 30~70cm×15~20cm의 타원형의 큰잎이 7~8장씩 줄기를 감싸듯 두 줄로 호생한다. 잎의 표면은 선록색 뒷면은 백록색으로 매끄럽다. 8~9월에 잎 사이에서 20~30cm의 큰 수상화서가 나오는데 비늘 같은 포엽이 붙고 포엽 1개에 연노랑색의 꽃이 2~4송이씩 핀다. 포엽은 연록색이나 위로 올라가면서 흰색 또는 분홍색으로 피여 매우 아름답다. 관상용으로도 손색없다. 고온과 다습을 좋아하나 추위에 약하다.

성분은 황색색소인 쿠르쿠민(Curcumine)이 0.3%, 정유 5~7%, 텔펜(telpene), 전분 30%, 알부민 30%, 칼륨, 비타민C, 페쿠틴과 소량의 지방유가 함유되어 있다. 수렴, 진통, 이담, 건위, 지혈작용 등이 있어 간장염, 담도염, 담석증, 황달 등에 이담약으로 쓰며 특히 담즙분비촉진제로 유명하다. 이것은 지방의 소화흡수를 촉진하는 작용을 하므로 기름진 음식의 향신료로 쓰인다. 이밖에 방향성 건위제, 식욕증진, 강장약으로도 쓴다. 또 세균이나 곰팡이의 생육을 억제하는 항생물질 같은 역할을 하는 성분도 있어서 항균, 농양, 관절염에도 외용(外用)한다.

식용일 때 근경을 가루로 만들어 카레가루의 착색제로 쓰며 조미료로 과자의 노랑물을 드릴 때 쓴다. 식품에는 무독성 착색제로서 가치가 높다. 담황색~오렌지색으로 염색되나 물에서는 탈색, 변색되지 않지만 알칼리에서는 붉게 변색한다. 광선에서도 변색되기 쉽다. 매염제로 명반을 쓰면 색이 고정된다. 터메릭을 카레 외에 겨자의 착색제로도 쓰고, 단무지의 황색 착색제로도 쓰며 버터, 라면, 피클 등의 착색제로도 쓰인다.

① **적지** : 고온에 해가 잘 들고 강우량이 많은 기후를 좋아한다. 토질은 배수가 잘 되고 부식질이 많은 비옥한 사질양토가 좋다.

② **번식** : 근경을 심어서 근경을 수확하는 작물로서 종근은 근경의 전년생 부분을 잘라내어서 길이 5~8cm, 무게 20~30g쯤 되는 것 중에서 싹이 1~2개 붙어있는 것을 이용한다. 심는 요령은 4월 초순~5월 중순경 부식질(퇴비 등)을 많이 넣고 깊이 갈아엎은 뒤 이랑너비 60cm에 30cm 간격으로 1개씩 5cm 깊이로 심는다. 생육기간이 6~7개월로 길므로 지효성비료를 밑거름을 쓴다. 또 건조에는 약한 편이므로 볏짚을 덮어 가뭄에 건조하지 않게 관리한다.

인도에서는 심은 지 9~10개월 후에 수확한다지만 우리나라에서는 추위가 오므로 늦가을에 잎이 누렇게 될 때 파내어 근경을 모양별로 구분하여 잔뿌리와 흙을 제거한 후 가마솥에 넣고 근경이 무르도록 말랑하게 삶는다. 소량일 때는 껍질을 벗겨서 삶고 대량일 때는 그대로 삶은 뒤 햇볕에 넓게 펴서 말려 문지르거나 밟아서 껍질을 벗겨 특유의 광택을 낸다. 다음해에 쓸 종근은 생강이나 고구마처럼 얼지 않게 하우스 등의 땅(흙)에 묻어 보관 저장한다.

79 토목향

과명 : 국화과
학명 : *Inula helenium L.*
영명 : Elecampane, Yellow starwort, Scabwort
생약명 : 土木香
원산지 : 유럽~북아시아
이용 부위 : 근경

내 력 토목향은 유럽에서 '애리캠패인' 이라 하여 고대 그리스, 로마 시대부터 소화를 촉진하고 천식을 고친다고 프리니도 저술했으며 특히 결핵의 특효약이라 했다. 로마에서 중국을 거쳐 우리나라에 들어와 재배된 역사가 오랜 약초다. 그리스신화의 스파르타왕 메네라우스의 왕비인 절세미녀 헬레나가 파리즈에게 브리스기아로 끌려갈 때 손에 이 약초를 움켜쥐고 있었다는 설과 그때 그녀가 흘린 눈물에서 생겨났다는 설이 있다. 이것으로 인해 트로이전쟁의 발단이 되었다. 이 식물이 가장 잘 자라는 헤레네섬에 유래한다는 말도 있다. 헬레나와 관계된 유래가 많다.

성 상 대형의 다년초로 높이 2m로 자라며 근생잎은 45~80㎝나 되는 긴 타원형으로 밝은 녹색이며 뒷면에 솜털이 있어 회록색이다. 꽃은 5월 말부터 9월까지 피며 두상화로 한 줄기에 많은 꽃이 피는데 설상화가 황색이다. 씨는 비로드 같은 짧은 털이 달려있으며 갈색이다. 뿌리는 괴경(塊莖)으로 굵고 짙은 갈색이며 날것일 때는 익은 바나나 같은 향기가 나며 마르면 바이올렛 같은 향기가 난다. 맛은 쌉싸름하다.

성분은 이눌린(Inulin)이 44%, 스테롤지방과 정유가 1~2% 함유되어 있다. 정유의 성분은 알란토락톤(Alantolactone)과 이소알란토락톤(Isoalantolactone)이 함유되어 있어서 체내의 기생충을 구제하는데 '산토닌' 같은 작용을 하면서도 '산토닌' 같은 불쾌한 작용이 없는 것이 특색이다. 아울러 항균, 항진균제가 되는 것이 연구결과 판명되고 있다.

한방에서는 토목향을 건위제, 진토제(鎭吐劑), 발한제, 거담제, 이뇨제, 구충제로 쓰며 소화불량이나 기관지염에도 처방된다.

뿌리에서 뽑은 정유(에센셜 오일)는 방부 및 살균작용이 있어서 외과용 치료제로 옴뿐 아니라 헬페스, 여드름치료에도 효과 있다(뿌리 삶은 물로 씻는다).

뿌리에 함유된 이눌린은 단맛의 전분질과 익은 바나나 같은 향기가 있어 옛날에는 캔디를 만들어 후식으로 이용했는데 소화제 역할도 겸했다. 지금은 설탕절임도 만들고 캔디나 릭큐, 베르가모트 등의 부향제로 쓰며 건조시킨 뿌리를 포도주에 담가서 만든 약술은 기분을 밝게 해준다 하여 로마 시대부터 지금까지도 즐겨 애용하는 약술이다.

우리나라에도 이와 유사종인 금불초(*Inula Britannica L.*)가 있어서 쌉쌀한 맛이 나지만 어릴 때는 나물로 먹고 식물 전체를 토목향처럼 약용한다.

토목향은 가정약으로 체하여 토사, 복통 등이 있을 때나 위경련에는 가루로 만들어 따뜻한 술에 타서 마시면 자 듣는다.

① **적지** : 토목향은 성질이 강하여 기후와 토질을 가리지 않고 중부 이남이면 아무 데서나 잘 자라지만 해가 잘 들고 배수가 잘 되며 바람이 잘 통하는 곳이면 된다. 좋은 뿌리를 얻으려면 보수력이 있는 사질양토나 부식질양토의 건조지가 적지지만 표토가 깊은 땅이 좋다. 너무 비옥하고 과습하면 지상부만 도장하고 뿌리의 발육이 나빠진다.

② **번식** : 씨와 뿌리 나누기(分根法)로 한다.

파종은 대량재배 및 묵은 뿌리의 갱신재배 때 한다. 그러나 수확까지의 시일이 많이 소요되는 불편함이 있다. 파종 시기는 봄 3월 상순과 가을 10월 하순에 한다. 햇볕이 잘 들고 통풍이 잘 되는 비옥한 땅에 넓이 120cm의 묘판을 만들어 흩뿌림 한 후 널판지로 가볍게 눌러주고 재를 얇게 뿌려준 후 재가 보이지 않을 정도로 복토한다. 10a당 묘판소요 면적은 49.5㎡(15평) 정도 씨는 0.6ℓ 소요된다. 파종 후 짚을 덮어 마르지 않게 관수하면 15일이면 발아한다. 발아하면 짚을 벗기고 벤 곳을 2~3회 솎아주어 마지막 간격이 6~9cm 되게 해준다. 봄 3월 하순~4월 상순과 가을 10월 상순~중순까지 이랑너비 60cm, 포기 사이 30cm로 정식한다.

뿌리 나누기는 3월 하순과 10월 상순경에 어미포기에 싹이 붙어 있는 것을 조개면 된다.

뿌리나누기 한 것은 그해에 수확할 수 있다. 3, 4년 묵은 것은 발아력이 약하고 썩어 버리기 쉽다. 심을 때 봄이면 얕게 심고 가을이면 다소 두껍게 흙을 덮어 준다.

③ 관리 : 6월에 꽃대가 올라오면 채종주 외는 꽃대를 잘라주어 뿌리의 비대를 촉진한다.

수 확
조 제

파종한 것은 파종 후 3~4년째 가을에 수확하며 뿌리 나누기 한 것은 2년째 가을에 수확한다. 수확 시기는 10월~11월 중순경 잎, 줄기가 시들면 캐내어 줄기를 제거하고 수확하여 약용할 것과 다시 번식용으로 쓸 것을 선별하여 약용할 것은 근경을 물에 씻어 길이 9cm로 잘라 햇볕에서 될 수 있는 대로 단시일 내에 건조시킨다.

80 패츄리

과명 : 자소과
학명 : *Pogostemon cablin Bentham.*
영명 : Pathouli plant, Cablin patchouli
필리핀명 : Cablin
인도네시아명 : Nilam
생약명 : 廣藿香
중국명 : 藿香
원산지 : 필리핀, 동남아시아, 인도네시아
이용 부위 : 전초(全草)

내 력

패츄리는 100수십 년 전에 아시아에서 유럽으로 보내지는 인도 직물에 동양 특유의 향기가 있어 그 향기 때문에 다른 직물과 판이하게 식별되어 고가로 거래되었다고 하며 오랜 기간 그 향기의 정체를 알 수 없었으나 1844년에 패츄리의 건조된 잎이 런던에 선적되어 가서 그 신비한 향기의 정체가 알려졌다고 한다. 프랑스의 상인은 이것에서 자국 직물에 동양적인 향기를 옮겨서 동양직물처럼 속여 비싸게 팔았다는 일화도 남긴 독특한 향료식물이다.

패츄리에는 방충과 살균작용이 있어 인도에서는 옛적에 고급 캐시미어 직물을 유럽에 보낼 때 방충을 겸해서 건조시킨 잎이나 정유(精油)로 향기를 내어서 보냈다고 한다. 인도에서는 사리에 패츄리의 향을 옮겨 향기롭게 하는 풍습이 있다. 침투력 있는 정유는 시다의 향기가 있어 아시아에서는 널리 쓰인다.

우리나라에 자생하는 방아잎(*Agastache rugosa*)을 중국에서 곽향(藿香)이라 하며 생약일 때는 토곽향(土藿香), 천곽향(川藿香)이라 하여 구별하며 약효는 패츄리와 같다.

성 상

내한성이 없는 다년초로 높이 50~70cm로 자라며 원산지에서는 1m씩도 자란다. 줄기는 곧게 서며 네모지고 가는 털이 밀생한다. 위쪽에서 가지를 많이 친다. 잎은 대생하며 잎자루가 2~6cm, 난형이며 길이 2~6cm, 너비 1.5~4cm로 다소 두텁고 잎 가장자리에 고르지 않은 거치가 있다. 양면에 가는 털이 밀생한다. 꽃은 거의 개화하지 않는다.

생육적온은 20℃다. 생육은 왕성하나 겨울에는 실내에서 재배해야 한다.

약효와 용도

패츄리 잎에는 정유가 3~5% 함유되어 있는데 주성분은 패츄리 알코올(Patchouli Alcohol)로서 그밖에 세스커텔펜, 유게놀(Eugenol), 신나믹칼데히레(Cinnamicaldehyle) 등이 함유되어 있어서 잎을 그늘에서 건조시켜 수증기 증류하든가 또다시 건조시킨 잎을 발효시켜서 수증기 증류하여 정유를 추출하는데 이 정유를 패츄리 오일(Patchouli oil)이라 하여 동양적인 독특한 향기가 있어 비누나 화장품의 향료로 쓰며 향기의 휘발보류제(揮發保留劑)로 보류성이 강한 점을 이용하여 조합향료의 중요한 천연향료 중 하나로 쓴다.

패츄리의 전초를 약용하며 중국에서는 전초를 그늘에서 건조시킨 것을 광곽향(廣藿香)이라 한다. 패츄리의 지상부 전체에 살균, 흥분, 항울, 방충, 해열, 진통, 건위 등의 작용이 있어 위장병, 복통, 감기, 말라리아, 두통, 설사, 발열, 장내가스 찰 때, 더위 먹은 데, 매스꺼움 등에 치료제로 쓰이며 마늘 같은 구취에도 제거제로 쓰인다. 또 독사나 벌레에 물렸을 때도 치료약이 된다. 또 피부세포를 재생시키는 작용도 있으므로 아로마테라피에서 여드름, 습진, 피부 튼 데, 무좀 등의 치료제로도 쓰인다. 패츄리 전초를 물에 달여서 쓴다. 패츄리 특유의 향은 인도 최초의 먹과 중국의 인주에 부향제로 쓰였다. 말린 잎은 베갯속, 포푸리, 목욕제로도 쓰이며 말린 잎을 옷장의 옷 사이에 넣어 두면 좀 등 해충방지에 효과 있다.

재배법

① **적지** : 최저온도 5℃ 내외로 서리의 염려가 없는 곳이면 재배가능하다. 해가 잘 들고 보수력이 있는 사질양토나 양토가 좋다. 점토질이거나 점질양토는 부적당하다.

② **번식** : 꺾꽂이로 쉽게 번식된다. 삽수는 어미포기의 충실한 정아(頂芽) 5~6cm와 밑쪽은 줄기의 2~3마디를 잘라 묻힐 쪽 잎은 따고 물올림 한 후 모래나 부엽토 썩은 산흙을 상토로 하여 3×3cm 간격으로 꽂는다. 삽목 시기는 연중 가능하나 봄 3~4월에 지난해

의 포기를 보온 월동시켜 그 포기에서 싹트는 맹아를 이용한다. 삽목 후 관수하고 차광하여 직사광선을 피하고 많다 싶게 분무 관수하여 관리하면 4~5주면 성묘가 된다. 장마 때 60×60cm 간격으로 정식한다. 습기만 있으면 활착은 쉽다. 5월에 정식한 것은 80~90일이면 60cm로 자란다. 이때부터 잎을 수확한다.

수 확
조 제

원산지에서는 연 2~3회 수확한다지만 우리는 정아가 15~20cm 자라면 줄기와 잎을 베어서 바람이 잘 통하는 그늘에서 건조시킨다. 대략 10일 정도면 된다. 패츄리의 신선한 잎은 특징 있는 향기도 나지 않고 증류해도 수확량이 저하되므로 반드시 건조시켜야 한다. 건조시켜 다시 발효시킨 잎을 수증기 증류하면 좋은 향기의 정유가 얻어진다. 이것은 정유를 함유한 세포의 일부가 잎의 표면에 분포하고 있으나 잎 내부에도 있어 건조 발효에 의해 내부의 세포막이 침투하기 쉽게 되어 정유가 나오기 때문이다. 발효는 효소를 쓰든가 고온발효를 행하지 않고 콘크리트 바닥에 가마니를 깔고 마른 잎을 두께 80~100cm, 폭 150cm로 쌓아 올려 물을 뿌리고 가마니를 덮어 24~36시간 두면 되는데 이 기간 동안 2~3번 뒤집어 주면 된다. 발효온도는 여름이면 최고 45℃ 정도 된다. 이것을 수증기 증류하여 패츄리 오일을 뽑는다.

81

패
모

과명 : 백합과 **학명** : *Fritillaria ussuriensis Maxomowicz.* **영명** : Fritillaria Rhizoma
생약명 : 貝母 **원산지** : 중국, 우수리, 한국 북부, 인도 **이용 부위** : 인경

유망한 동·서양 약초재배기술

패모란 이름은 이 식물의 인경이 2개가 마주 붙어 구형을 이루는데 흡사 조개(貝)같다 하여 붙인 중국 이름이다. 흔히 쓰이는 패모는 중국의 절강성, 안휘성, 강소성 등에서 많이 재배되는 절패모(折貝母 · Fritillaria thunbergii MIQ)를 말하며 1970년대 초까지만 해도 한약재로 수입에 의존하던 약초였으나 70년대부터 구하기 어려운 종구(種球)를 구입하여 재배에 성공하여 역수출하기까지 이른 귀한 약초다. 패모는 관상용으로 '후리지라리아' 라 하여 사랑받는 원예식물도 있으나 약용하는 것은 몇 종에 지나지 않는다.

백합과의 숙근성 다년초로서 작은 인경을 심으면 줄기는 없고 잎만 나오지만 큰 인경을 심으면 2월 하순~3월 초순에 산속에서는 눈(雪) 밑에서도 싹이 터서 잎줄기가 자랄 만큼 내산성이 강하다. 줄기는 곧게 서며 30~60cm로 자라고 잎은 줄기의 아랫부분에서는 2장씩 대생하나 위쪽으로 올라가면서 3장씩 윤생하며 잎 모양이 좁고 길며 끝 쪽이 덩굴손처럼 구부러진다. 꽃은 5월에 줄기 끝 엽액에 종 모양을 한 연노랑색의 꽃이 밑을 향해 몇 송이씩 핀다. 꽃은 꽃잎(花被) 안쪽에 자주색 그물 같은 무늬가 있다. 꽃대의 높이는 80~100cm 되는 것도 있다. 꽃의 크기는 2.5~3cm로 화피가 6장이다.

열매는 삭과로 짧은 육각형이고 날개가 있고 2.5~3cm 크기다. 씨는 동글납작하나 보통 파종해도 발아하지 않으므로 번식용으로 쓰이지 않는다. 따라서 뿌리의 비대를 위해 꽃봉오리일 때나 개화 시에 따버린다. 5월 하순~6월 중순경에 잎줄기가 누렇게 변해 말라버린다. 뿌리는 인경(鱗莖)으로 외피는 연황갈색이며 속살은 유백색이다. 2개가 모여 공처럼 둥글며 2cm 크기로 인경 밑쪽에 실뿌리가 있다.

성분은 알칼로이드 프리틸린(Fritilline), 프리트라린(Fritillarine), 페이미노사이드(Peiminoside) 등이 함유되어 있어서 중추신경마비작용, 혈압강하작용, 진해작용, 진통작용, 해열작용, 이뇨작용, 거담작용, 배농(排膿)작용 등이 있어 한방에서는 폐렴, 진해거담제, 편도선염, 기관지염, 각종 화농증, 종기, 인후염, 조갈증, 독충에 물린 데 등에 쓰인다.

① **적지** : 내한성은 강하지만 따뜻하고 건조한 기후를 좋아한다. 해가 잘 들고 배수가 잘되고 토심이 깊은 비옥한 사질양토나 부식양토가 좋다. 배수가 나쁜 곳에서는 인경이 썩기 쉽다. 패모는 2~3년간 윤작하는 것이 수확량을 높이는 지혜라 할 수 있다.

② **번식** : 주로 인경으로 번식시킨다. 5월 중 · 하순경 캐 올려 대, 중, 소로 구분하여 큰 것(20g 이상)은 약용으로 조제 가공하고, 중간 것(10~20g)은 종자 패모로 정식용으로 저

장하며, 작은 것(9g 이하)은 모판에 심어 키운 후에 종자 패모로 쓴다. 캐낸 인경은 곧바로 뿌리(실뿌리)를 제거한 후 직사광선이 비치지 않는 그늘에서 1주일 정도 건조시켜 얕은 상자에 넣고 잘 마른 왕겨를 그 위에 덮어 서늘한 창고 같은 곳에 보관한다. 함석지붕 같은 고온인 장소나 직사광선이 들어오는 곳은 피한다. 종자 패모는 9~10월경에 정식하므로 그때까지 썩지 않고 또 마르지 않게 보존 관리하는 것이 중요하다. 어린 것(9g 이하)은 모판을 햇볕이 잘 들고 배수가 잘 되며 공기유통이 잘 되는 동남향의 보수력이 있는 사질양토나 부식질양토를 택한다. 밑거름을 고루 충분히 넣고 심기 10일 전까지 갈이엎은 뒤에 120~150cm 너비의 두둑을 만들어 15cm 간격으로 깊이 4~5cm의 골을 파고 6~9cm 간격으로 심은 후 흙을 편편하게 한다. 흙을 덮은 후 위에 왕겨나 볏짚을 덮어 수분증발과 동해를 방지한다. 심는 시기는 8월 하순~9월 중순이다.

인편(鱗片)삽목법도 있는데 다룰 때 떨어진 인편이나 대량 종묘가 필요할 때 할 수 있으나 쉬운 방법은 아니다. 삽목상은 깨끗한 모래와 산의 황토를 체로 쳐서 1:1의 비율로 섞어 삽목용토를 만들어 인편이나 비늘줄기를 쪼개어 비늘줄기의 뾰족한 쪽이 위로 가게 3cm 깊이로 꺾꽂이 한 후에 관수하고 볏짚을 덮어 관리하면 뿌리가 나고 자구가 생긴다. 이렇게 하여 얻은 자구를 다시 모판에서 1~2년 키워 종자 패모로 양성하여 밭에 정식한다.

③ 정식 : 9월부터 10월 초까지는 끝내야 한다. 패모는 밑거름으로 재배하는 것이 구근약초의 공통점인데 유기질비료, 지효성비료를 충분히 넣고 갈아엎은 뒤 포기 사이 15~20cm 간격으로 싹이 나오는 부분을 위로 가게 하여 5~6cm 깊이로 심는다. 싹은 다음해 봄에 트기 때문에 지효성비료가 필요하다.

덧거름으로 나무재 같은 것을 싹트기 전까지 보충하나 일단 싹튼 후에는 덧거름은 절대로 주어선 안 된다. 패모는 잎줄기가 어떤 비료에도 저항력이 약해 직접 비료가 닿으면 말라 죽고 만다. 패모의 꽃봉오리에 엽고병(葉枯病)이 발생하는데 그 원인은 배수가 불량한 땅이나 토질이 맞지 않을 때 발병한다. 보르도액을 뿌려 구제하며 꽃봉오리는 따버린다.

<table>
<tr><td>수 확
조 제</td><td>수확은 정식한 다음해 5월 하순~6월 중순 사이에 지상부가 누렇게 변하면 캐올린다. 수확 시기가 늦어지면 인경이 분리되기 쉬워 조제하는데 불리하므로 수확 적기를 지키도록 한다. 굴취는 2일 이상 맑은 날이 계속되는 날을 선택할 것, 인경을 손상시키지 않도록 주의할 것. 뿌리와 흙은 빨리(캐낸 즉시) 제거할 것, 비온 뒤 곧바로 수확한 것은 수분과잉으로 저장 중에 썩기 쉽다. 뿌리를 제거하지 않고 언제까지 그대로 두면 근부에서 부패균이 침입하게 된다.</td></tr>
</table>

캐낸 인경은 대, 중, 소로 구분하여 큰 것은 약용으로 조제 가공한다. 패모는 캐낸 그대로의

인경은 약용할 수 없다. 인경의 외피를 벗기고 석회처리 가공한 것이 생약 패모다. 가공법은 큰 그릇에 인경을 반쯤 넣고 굵은 모래와 물을 넣고 통나무로 20분 정도 저으면 껍질이 벗겨진다. 캐낸 즉시 거피하는 것이 단시간에 껍질을 벗길 수 있으나 시간이 경과된 후는 시간도 많이 소요되고 품질도 떨어진다. 껍질이 벗겨지면 맑은 물로 2~3회 씻은 뒤 물기를 제거하고 공업용 소석회 분말을 인경의 1/20 정도 양을 넣고 고루 섞어 빈틈없이 묻게 한 다음 30분쯤 그냥 두었다가 석회분이 인경에 완전히 흡수되면 3일간 멍석에 쌓아두었다가 햇볕에 5일쯤 건조시키면 완전 건조된다. 도중에 2일째에 훌훌 털어서 여분의 석회분을 털어내고 완전히 건조되면 다시 털어서 석회분을 제거하여 완제품을 만든다. 건조된 패모(약용)는 하얗고 단단하여 대글대글 소리가 난다. 가공에 실패한 것은 다갈색이 되어 약용에는 적합지 않은 하등품이다.

82 페누그리크

과명 : 콩과
학명 : *Trigonella foenum-graecum L.*
영명 : Fenugreek, Greek hay-seed, bird's foot.
생약명 : 胡蘆巴 향료일 때 靈香草, 靈淩香
원산지 : 서아시아, 프랑스 남부, 그리스
이용 부위 : 씨, 잎

페누그리크는 이집트, 인도, 중동 지역에서 수천 년에 걸쳐 의약품, 식품 또는 향신료로 쓰인 귀한 식물이다. 고대 이집트의 무덤에서도 발견되고 있어 이를 말해주고 있다. 종교적인 이유로 육류를 먹지 않는 사람이 많은 인도나 중·근동의 나라들에는 이 페누그리크의 씨(콩)를 귀중한 영양원으로 먹고 있다. 이 식물의 씨나 잎에는 독특한 향기와 쓴맛이 있어서 이것을 병마가 싫어하여 견디지 못하고 사람 몸에서 도망친다고 믿었다는 것이다. 그래서 '영향초(靈香草)' 또는 '영능향'이라 하여 향료의 원료로 쓴다. 이 향기는 콩이 날 것일 때는 별로 향기롭지 않으나 입에 넣으면 '세루리' 같은 향이 퍼진다. 씨(콩)를 볶으면 설탕을 태운 것 같은 강한 캬라멜 향기가 난다. 메이플시럽 같은 맛있는 향기다.

학명 *Trigonella Foenum-graecum*은 그리스어의 treis 즉 '3'과 'goia(뿔 모진 것)'을 뜻하는데 씨가 모난 것을 말하며 Foenum은 페널(향)을 뜻하고 graecus는 그리스가 원산지임을 말한다. 중국에는 송나라(1057년) 때 고대 페르샤(이란)에서 hulbat라 하여 약초로 다룬 것을 발음대로 huluba라 한 것이 호로파(胡蘆巴)가 되었다. 여기서 胡는 이란, 蘆巴는 무우라는 뜻이라 하며 씨의 모양이 무우 씨를 닮았기 때문에 붙인 이름이라 한다. 이때부터 중국의학에 소개되어 통풍, 완화, 강장제로 중요시한 약재의 하나다.

페누그리크는 인도나 중국, 동남아, 프랑스, 독일, 그리스, 이집트, 수단, 모로코, 파키스탄, 미국, 레바논, 아르헨티나 등에서 널리 재배되며 또 이용되는 식물로 약용 외에 씨에서 추출하는 진액은 가공식품 분야에서 널리 쓰이고 있다. 우리가 쉽게 접할 수 있는 것에는 시판되는 카레가루의 황색염료로서 첨가제로 쓰이고 있다. 소스의 제조 원료로도 쓰인다. 세계적으로 수요가 많은 식물로 우리도 수입하고 있으나 너무나도 생소한 이름이다. 유럽에서는 19세기경까지 약용식물로 재배하여 널리 이용했다.

내한성이 없는 콩과에 속한 1년 초로 높이 30~60cm 줄기는 곧게 선다. 잎은 호생하며 3장의 잔잎이 3출복엽으로 거치는 없다. 꽃은 6~8월에 엽액에 나비 모양의 흰 꽃이 1~2송이씩 피며 열매는 10~15cm 길이의 가느다란 콩꼬투리가 새 주둥이처럼 구부러진다. 꼬투리 속에 결명자 씨처럼 모가 진 씨가 10~20개 생기는데 익으면 황갈색의 육질의 단단하고 매끄러운 씨가 익는다. 페누그리크는 포기 전체에 향기가 있지만 특히 씨에 강한 향기가 있고 씨는 물에 젖으면 끈적인다.

중요 성분은 트리고네리네(Trigonaline) 0.13%, 코린(Corine) 0.05%, 불휘발유 8%, 점액 30%, 단백질 23~25%, 비타민A·B·C, 칼슘, 아미노산, 철, 후라보노이드, 기타 미네랄 등이 함유되어 있다. 따라서 구풍, 강장, 건위정장, 이뇨 등의 작용이 있고 중동에서는 예부터 월경통, 모유촉진에 효과가 있다고 했다. 의학적 사용은 열을 내리고 구강궤양의 치료, 기관지염, 만성의 기침, 입술 튼 데, 소화촉진, 암 치료에도 쓰인다. 씨를 가루로 만들어서 꿀과 버무려 류마티스나 종기에 붙이면 종독을 빨아내는 데 효과가 있고, 식초에 버무린 것은 궤양을 고치며 물약과 섞은 것은 탈모를 방지한다. 차(茶)는 인후염의 양치질 약으로 효과 있고 좌욕제로 쓰면 자궁내막염에 효과가 있다 한다. 신장질환, 각기, 헤루니아 임포텐스 외에 남성의 생식기관의 질환에도 쓰고 또 체내의 성호르몬과 닮은 '스테로이드사포닌'을 함유하고 있어 흥분작용이 있으며 또 미약으로도 평판이 있고 모유 분비를 증가시킨다는 것은 이러한 이유에서 설명된다.

중국에서는 남성 인포텐스에 처방하여 갱년기의 이상한 발한, 우울상태에도 추천 장려하고 있다. 인도에서는 어린 콩꼬투리를 식용하며 페누그리크는 콩나물처럼 연화하면 쓴맛이 없어 샐러드용으로도 쓰인다. 잎줄기는 채소로도 이용된다. 씨는 황색염료로 카레에 쓰일 뿐 아니라 볶아서 커피대용으로도 쓰인다. 담배의 부향제로도 쓰고 가축의 사료로도 훌륭하다. 화장품으로는 비누, 세제, 크림, 로션, 향수기제로 쓰이며 식품일 때는 카레가루, 스파이스로 쓴다. 주류, 비알콜음료, 냉동유제품, 캔디, 케이크, 제리, 푸딩, 소스, 스프, 스튜, 피클, 빵, 육류제품에 부향제로 쓰인다. 씨나 잎줄기 등 쓰다 남은 것은 건조시켜 주머니에 넣어서 곡식 속에 넣어두면 벌레가 생기지 않는다. 임신 중에는 자궁에 대한 자극작용이 있어 금한다.

재배법

① **적지** : 따뜻한 남부지방이 좋으며 토질은 배수가 잘 되는 사질양토가 좋다. 점질토양이나 지하수가 높은 곳은 좋지 않다. 석회질이 많은 땅이 좋고 연작은 싫어한다.

② **번식** : 씨로 번식하며 1년초이지만 가을에 파종하여 이듬해 수확하는 것이 유리하다. 따라서 2년 초로 다룬다. 씨는 잘 건조시킨 것이 4~5년간은 발아력이 있다. 파종 적기는 9월 하순이다. 이랑너비 60~75cm에 줄뿌림 한다. 대개 1주일이면 발아하므로 솎아서 포기 사이 20~30cm로 세운다. 겨울에 추위가 심할 때는 볏짚을 덮든지 나무를 태운 재를 뿌려주어 방한해 준다. 저온에 약하다. 파종 후 50~80일에 개화하고 그 후 60~80일에 씨가 익는다. 추운 곳에서는 포트에서 육묘하여 5월에 정식한다.

수 확 조 제

채종 목적일 때는 콩깍지가 누렇게 변하면 익는 것이므로 이때 쯤에 뽑거나 베어서 볕에 펴서 건조시킨다. 깍지 속의 씨가 굳어지면 털어서 다시 1~2일 볕에 말려서 습기를 제거한 후 건조한 곳에 보관한다. 연한 씨를 털면 부서져서 못 쓰게 되고 비를 맞으면 곰팡이가 생겨 품질이 저하되므로 주의한다. 수확한 씨는 살짝 볶아서 가루로 만들어 카레의 향미로 쓴다.

과명 : 미나리과 **학명** : *Foeniculum vulgare Mill.* **영명** : Fennel
생약명 : 茴香 **원산지** : 지중해 연안, 남유럽~서아시아 **이용 부위** : 씨, 잎, 줄기

내 력

유럽에서의 펜넬은 고대 이집트의 무덤에서 발견된 파피루스의 의서(醫書)에서도 볼 수 있는 역사가 오랜 재배식물로서 약초인 동시에 향신료로 쓰였다. 학명 *Foeniculum*은 라틴어의 foenum 즉 '마른 풀의 축소형' 이란 뜻이라는데 잎, 줄기 등이 연녹색을 띠며 실 같이 잘게 찢어진 잎들이 얼핏 보면 마른 풀 같이 보인다 하여 붙여진 이름이다.

고대 로마 시대에 펜넬은 강정, 장수의 효과가 있으며 시력을 높이는 효과가 있다 하여 즐겨 재배된 식물 중 하나다. 프리니는 〈박물지〉에 시력을 높이고 백내장에 든다고 기술하고 뱀은 탈피할 때 펜넬을 먹고 쇠약해진 시력을 회복한다고 적고 있다. 옛 풍습에는 갓난아기를 펜넬 끓인 물로 눈을 씻어 주었는데 지금도 시력이 약해지거나 염증이 생기면 세안 약으로 이용할 정도다. 고대 그리스에서는 marathron 이라 불렸는데 이것은 maraino라는 '여위다' 는 말에서 비롯된 것으로 펜넬이 감량(減量)에 효과가 있어서 붙여진 이름이다. 지금도 이뇨작용이 있어서 체중감량, 비만방지에 이용하고 있다. 중세에는 통증과 고통을 없애고 정력과 건강을 회복시키는 젊음의 비결이라 하여 목욕제로 이용한 풍습도 있었다.

펜넬은 딜처럼 미국에 이주한 청교도들이 손수건에 씨를 싸가지고 예배당에 가서 설교가 길어지면 입안에 넣고 씹어 먹어서 시장기를 면하고 지루함을 잊을 수 있었다 하여 '예배

유망한 동·서양 약초재배기술

의 씨(Meeting house seed)'라는 애칭도 얻고 있다. 그래서 옛날에는 가난한 사람은 펜넬의 씨를 먹고 허기(굶주림)를 잊을 수 있었다고 전하며 귀족들은 늙지 않는 비결이라 하여 즐겨 이용했다.

성 상

다년초로 높이 1.5~2m씩 자라며 새의 깃털같이 가늘고 섬세한 잎은 3~4회 우상복엽지며 작게 찢어진 잎은 실처럼 가늘고 가지를 많이 친다. 꽃은 6~8월에 꽃대가 나와 가지를 많이 친 가지 끝에 조그만 노란 꽃이 복산형화서로 우산을 편 듯한 모양으로 많이 핀다. 가을에 달콤하면서도 상큼한 맛을 가진 황갈색의 열매를 맺는다.

품 종

① **플로렌스 펜넬(Florence fennel)**이라 하여 유럽 원산의 1년~2년초는 펜넬보다 키가 작은데 30~68㎝ 정도로 잎의 생김새나 향기 등은 모두 같다. 잎줄기의 밑쪽이 넓고 비대하며 육질이 되어서 흡사 세루리를 연상시킨다. 주로 생채로서 샐러드나 오믈렛에 많이 쓰이며 플로렌스종을 이탈리아에서는 Finocchio라 한다.

② **브론즈 펜넬(Bronze fennel)**은 플로렌스종의 변종으로서 이름이 말해 주듯이 아름다운 관상용을 겸한 펜넬로서 개화 전에 잎이 적동색(Bronze)이 되기 때문이다. 이용법은 같다.

약효와 용도

펜넬은 중국명 회향(茴香)을 말하며 4~5세기에 서역(이란)에서 중국에 전해졌는데 중국에서는 어육(魚肉)의 향기를 회복한다 하여 茴香이라 했다 한다. 중국에서는 방향성 건위제, 구풍제로 위통, 위확장, 복통 등의 치료제로 쓰며 젖이 부족할 때 최유제로도 이용된다.

유럽에서는 다이어트에 이용할 뿐 아니라 통경약, 요로결석, 해독효과, 최유제 등 다양하게 쓰인다. 특히 과식의 소화촉진과 어린이의 복통약으로 쓰며 진해거담제, 감기에도 달여 먹는다. 펜넬의 씨에는 정유가 5%, 오레인산(Oleine acid), 리놀레인(Linolein), 아네톨(Anethole) 등 불휘발성 지방유가 함유되어있고 비타민류, 미네랄 등이 있다. 씨를 수증기로 증류하여 얻은 펜넬 오일은 어린이의 기관지염, 백일해의 거담제로 쓰이며 약용 외에 식용이나 향신료로서의 위치도 이에 못지않다. 소스, 빵, 카레, 피클, 릭큘, 진, 포도주 등의 부향제로 큰 비중을 차지하고 있으며 생선의 비린내, 육류의 누린내와 느끼함을 없애고 맛을 돋운다. 펜넬 씨로 건강 차(허브티)를 만들어 마시면 어린이의 선통, 어른의 소화불량에 효과가 있고 모유 분비를 촉진한다. '히포크라테스'나 '디오스코리테스'도 권장 추천한 약초다.

펜넬 오일에는 항 경련작용과 항균작용이 있다는 것도 밝혀져 있다. 화장품에도 부향제로도 쓰인다.

재배법 ① **적지 :** 해가 잘 들고 배수가 잘 되는 비옥한 땅이 좋다. 산성토양을 싫어하며 여름의 고온건조에는 다소 약한 편이다. 큰 포기로 자라므로 미리 퇴비나 부엽토, 석회 등을 넣어 깊이 갈아엎어 두었다가 파종한다.

② **번식 :** 펜넬이라 하는 스위트종은 다년생이므로 씨와 포기 나누기로 번식한다. 파종시기는 4~5월 초순과 9월에 직파하거나 지피포트에 뿌렸다가 이식한다. 포기 사이 50㎝ 이상 되게 3~4알씩 점뿌림 한다. 봄에 파종하면 10~14일이면 발아하고 가을에는 1주일이면 싹이 튼다. 본잎이 3~4장 때 솎아주며 지피포트에 파종한 것은 이때 정식한다.

다년생은 4~5년 지나면 늦가을에 포기가 누렇게 되어 지상부가 마르면 파내어 칼로 3~4갈래로 잘라 쪼개어서 포기 나누기하여 넓혀 심는다. 2년째부터 포기가 무성해지므로 약한 가지를 솎아서 채광과 통풍이 잘 되게 해야 개화결실이 잘 된다. 덧거름 주는 것도 잊지 말아야 한다. 과습하면 뿌리가 썩기 쉬우므로 장마 때는 배수에 힘쓴다.

수 확 조 제 줄기를 수확하는 플로렌스종은 파종 후 2개월쯤이면 수확이 가능하다. 밑쪽 잎의 바깥쪽에서 뿌리 쪽(줄기)으로 자른다. 비대해진 하얀 육질의 잎자루와 잎을 함께 수확한다. 채종이 목적일 때는 녹색의 열매가 누렇게 되어 갈색을 띠면 채종 적기다. 이때가 지나면 검게 익으면서 씨가 떨어져 버린다. 익은 송이마다 줄기째 잘라서 바람이 잘 통하는 그늘에서 건조시켜 씨를 털어서 밀폐용기에 보관한다. 잎은 냉동도 가능하므로 잘게 썰어서 보관한다. 펜넬 씨의 발아수명은 3~4년이다. 묵은 씨를 뿌려도 잘 발아한다. 딜 가까이에 심으면 교잡이 생겨서 씨의 향이 저하되므로 주의한다.

84 피버퓨

과명 : 국화과 **학명** : *Tanacetum parthenium* **영명** : Feverfew
원산지 : 서아시아, 발칸반도, 남유럽 **이용 부위** : 잎, 꽃, 줄기

내 력

피버퓨라는 영명은 라틴어의 febris 즉 '열병(熱病)' 과 '추방한다' 는 뜻의 fugure의 합성어로 febrifuga, '열을 내린다' 는 말의 사투리에서 비롯된 것이며 해열효과가 뛰어나기 때문에 붙여진 이름이다. 종명 *Parthenium*은 그리스 아테네의 파르테논신전 건축 때 한 노동자가 추락했는데 이 식물로서 그 생명을 구했다는 기록에서 비롯됐다. 한편으로는 그리스어의 pur 즉 '활활 타는 불꽃' 이라는 뜻에서 비롯되었다고도 하며 그것은 이 식물의 뿌리가 맵기 때문에 붙여졌다고도 한다.

피버퓨는 몇천 년 전 고대 그리스 시대부터 약초로 쓰였는데 편두통이나 생리통 같은 심한 통증을 완화하는 목적으로 잎을 달이든가 생잎을 씹어 먹는 방법으로 쓰였는데 큰 효과가 있어 '기적의 아스피린' 이라고 불렀다 한다. 이 정평이 나있어서 가정상비약으로 유럽에서는 긴히 쓰였으며 손목에 묶어주면 학질(말라리아)을 예방한다고도 했다.

피버퓨는 과학적 검증이 이루어진 몇 안 되는 약초 중 하나로 편두통의 치료효과와 예방 등이 1978년에 영국의 유명한 의학 잡지에 발표되어 주목을 끌었다. 지금도 '편두통으로 괴로워하는 사람들의 모임' 의 사람들이 이 약초를 매점해 버릴 만큼 잘 듣는 약초라는 것이다.

성 상 내한성 다년초로 흡사 국화(소국)를 닮았다. 높이 45~60㎝로 자라며 밑쪽에서 가지를 친다. 잎은 국화나 쑥갓 잎 모양같이 깊이 결각이 져 있고 비벼보면 향기가 난다. 꽃은 5~8월에 가지 끝에 산방화서로 두상화가 핀다. 꽃의 크기는 2㎝ 정도로 잘며 중심부의 관상화는 노란색이고 변두리의 꽃잎인 설상화는 흰색이다. 이 식물에는 강한 약내음 같은 향기와 쓴 맛이 있어서 꿀벌도 가까이하지 않을 정도다. 뿌리는 맵다. 이 특성을 이용하여 살충제 및 구충제로 주머니에 넣어 옷장 서랍에 넣어두기도 한다. 과학적으로 입증되어서 침출액을 정제(錠劑)나 캡슐로 상품화하기도 했고 가정에서 이용할 때는 잎을 매일 2~3장만 씹어 먹으면 편두통, 두통, 관절염 등이 치료될 뿐 아니라 예방도 된다는 것이다. 장일성식물이다.

약효와 용도 피버퓨의 성분은 개화기의 지상부에 정유가 함유되어 있는데 보르네올(Borneol), 캠폴(Camphol), 타닌(Tannin) 외에 꽃에 파르테노라이트가 함유되어 있어서 해열작용, 소염작용, 진통작용, 혈관확장작용, 항혈전작용, 살균작용, 강장작용 등이 있다. 따라서 열병, 두통, 편두통, 생리통과 임신 시의 고통, 유산, 치통, 위통, 소화불량, 구풍, 현기증, 이명(耳鳴), 관절염, 구토나 매스꺼움의 진정, 우울증, 불면증, 천식발작, 진정, 산후회복의 강장제 등으로 약용한다. 벌레에 쏘인 데에도 쓰며 살충제로도 쓴다.

특히 의사도 손을 드는 고질화된 편두통이나 관절염에는 기적적인 효과를 발휘하고 있다. 류마티스성 관절염에는 스테로이드(부신피질호르몬제)의 부작용이 전혀 없어 안심하고 사용할 수 있다. 주로 허브 차(tea)로 건조시킨 잎 5g을 1컵의 뜨거운 물에서 10분간 우려서 1일 3회 마시면 된다. 벌레 물린 데나 관절염의 부었을 때는 위의 침출액을 미지근하게 식혀서 거즈에 적셔 습포하면 효과가 있다. 두통, 냉증, 피로회복에는 건조시킨 잎을 목욕제로 쓰면 효과가 있다.

피버퓨는 '콤패니언플랜트'라 하여 장미 곁에 심어두면 장미의 진딧물을 예방할 수 있다(살충의 기피식물). 주의할 것은 임신 중인 부인과 2세 이하의 어린이와 국화 알레르기가 있는 사람은 사용해서는 안 된다. 아스피린과 병용하는 것은 피한다. 건조시켜서 방충용 포푸리나 베갯속으로도 쓰인다.

재배법 ① **적지** : 내한성이 있는 다년초로서 재배가 쉽다. 해가 잘 들고 배수가 잘 되는 곳이 좋으며 장마 때의 고온다습을 싫어한다. 토질은 가리지 않으나 다비로 재배하면 포기만 무성해지므로 비옥도가 중 정도 되는 땅이 좋다.
② **번식** : 씨와 꺾꽂이, 포기 나누기로 번식된다. 자연히 떨어진 씨가 싹틀 정도로 번식

이 잘 된다.

    ㉠ 파종은 묘상이나 포트에 뿌릴 때는 봄 2~3월에 뿌리고 가을 9~10월 상순에도 파종할 수 있다. 가을 파종은 가을에 싹터서 겨울에 월동한 후 봄 4월부터 꽃피어 9월까지 계속 꽃핀다. 봄 파종한 것은 4~6월까지 정식할 수 있다.

    노지에 직파할 때는 4월 이후 늦서리의 염려가 없어질 때 파종한다. 씨는 손끝으로 누르듯이 파종하여 엷게 복토하여 관수하지 않아도 싹이 잘 튼다. 파종 간격은 30㎝로 하여 점뿌림 한다.

    ㉡ 꺾꽂이는 한여름과 겨울만 제외하면 일 년내내 할 수 있다. 줄기의 다소 굳어진 것을 10㎝ 길이로 잘라 모래에 꽂으면 쉽게 활착한다.

    ㉢ 포기 나누기는 이른 봄과 가을에 포기를 파내어 싹을 3~4개 붙여 쪼개어 심으면 된다. 국화재배와 동일하게 다루면 된다. 온실에서는 겨울에도 재배할 수 있다.

    정식은 파종묘는 4~6월과 9월 중순~11월 상순까지 할 수 있고 꺾꽂이 묘는 뿌리가 완전히 내린 후 새싹이 나오면 정식한다.

③ 관리 : 장마 때 뿌리 주위와 줄기 등을 솎아 통풍이 잘 되게 하여 고온다습하지 않게 서늘하게 해 준다. 개화가 끝나면 지상에서 1/3 정도 남기고 베어서 건조시키면 다시 자라서 가을에 또 수확할 수 있다. 건조하면 응애가 발생하므로 주의하고 다비가 되어 웃자라지 않게 한다.

수 확
조 제

꽃이 피려 하는 6~7월에 잎과 꽃을 줄기째 잘라 그늘에서 거꾸로 매달아 건조시킨다. 잎은 냉동저장도 가능하므로 여름에 따서 냉동 보관하여 수시로 이용할 수 있고 겨울에 화분에 옮겨 심어서 실내에 들여 놓으면 겨울에도 잎을 따서 이용할 수 있다. 또 여름에 시럽을 만들어 놓으면 겨울에 감기나 기침 날 때 쓰인다. 시럽은 잎을 꿀에 재어서 만든다. 여름에 생잎을 삶아서 액을 방충액으로 쓴다.

85

한련

과명 : 금련화과 **학명** : *Tropaeolum majus L.* **영명** : Nastertium **별명** : Indian cress
한국명 : 한련(旱蓮) **원산지** : 페루, 콜롬비아, 브라질 **이용 부위** : 잎, 꽃, 열매

내 력
우리나라에서는 원예식물로 정착해 있는 꽃이 아름다운 1년초로서 연잎을 닮았으나 뭍에서 핀다 하여 '한련(旱蓮)'이라 한다. 그러나 일본에서는 황금빛 꽃이 피는 연잎을 닮은 꽃이라 하여 '금련화(金蓮花)'라 한다. 유럽에서는 나스터티움(Nasturtium)이라 하는데 '크렛손(물냉이 · water cress)'처럼 '코(nasus)'와 '비틀다(torgueo)'의 합성어로서 잎이나 줄기에 크렛손 같은 톡 쏘는 강한 매운맛이 있어 붙여졌다.

스페인이 황금과 향신료를 얻으려 많은 탐험대를 미대륙에 보냈는데 콜롬부스가 신대륙을 발견하고 그곳의 감자, 토마토, 옥수수, 해바라기, 한련(나스터티움) 등을 유럽에 보냈는데 그 속에서 강한 매운 맛의 향신료 중 하나인 나스터티움이 있었다. 그래서 당시에는 '인디언크레스(Indian cress)'라는 이름으로 알려져 있었다.

학명은 *Tropaelum majus*라 하는데 그리스어의 Tropaion 즉 전승기념물인 '트로피(Trophy)'를 뜻하며 트로이의 전사가 흘린 피에서 생겨났다고 하여 붙였다고 하나 이 식물의 생김새에서 유래했다는 말이 옳다. 이 식물은 1.5~2m씩 자라며 덩굴에 방패 모양을 닮은 잎과 꽃은 긴 거(距)가 있는 것이 엎어 놓고 보면 옛 병사가 쓰던 투구와 같이 생겼으므로 전투용 도구인 방패와 투구가 주렁주렁 매달려 피어 있다 하여 붙여졌다는 것이다. 이 학명은 라틴명으로 린네가 붙였다고 한다. 종명 *Major*는 '크다'는 뜻과 '5월 (may)'의 뜻으로 해석되는데 꽃이 식물에 비해 크기 때문이라고도 하고 한편으로는 개화기가 5월이기 때문이라는 설도 있다. 학명의 뜻을 새겨 월계수와 함께 경기의 승리자에게 씌우는 월계관을 장식하는데 쓴다고도 한다. 유럽에 전해진 나스터티움은 식용으로 샐러드나 차로 이용했고 비타민C가 많아서 괴혈병의 약으로도 중요시했다.

성 상   1년생 덩굴식물로 줄기는 1~2m씩 자란다. 여름의 무더위에 다소 약하며 서늘한 기후를 좋아한다. 이식은 좋아하는 편이 못 되며 온실에서는 다년생이 된다. 잎은 녹색이며 뒷면은 회록색으로 흡사 연잎을 작게 한 것 같으며 물이 묻지 않고 굴러간다. 잎은 매운맛과 향이 느껴진다.

6~9월에 잎 붙은 밑쪽에 긴 꽃대가 나와서 밑둥이 통으로 된 아름답고 큰 꽃이 핀다. 꽃빛은 노랑, 주황, 빨강 등 다양하며 개량된 원예종에는 겹꽃도 있고 왜성종도 있다. 한여름만 잠시 개화를 쉬었다가 서늘하면 다시 개화하여 11월까지 꽃피는 개화기가 긴 꽃이다. 꽃이 진 뒤에 콩만한 열매가 결실되는데 잔주름이 많은 것이 특색이다. 대개 셋으로 갈라져있다. 꽃은 독특한 향기가 있고 열매는 매운맛이 있다.

콤패니플랜트로서 라디시나 가베스, 잠두콩 등의 옆에 심어두면 모여드는 해충을 쫓아주고 진딧물 등은 유인하여 채소에 붙지 못하게 하는 작용이 있다.

약효와 용도   한련에는 비타민C, 철분, 유황 등이 함유되어 있고 씨에는 항균성분의 벤졸(Benzyl), 이소티오시아네이트(Isothiocyanate) 항생작용이 있는 글루코트로파에올린(Glucotropaeolin)이 있다. 꽃은 고농도의 인산화합물이 다량 함유되어 있어서 꽃의 중심부에서 섬광(閃光)을 발한다는 것도 밝혀졌다. 한련은 자연항생물질로 보통의 항생물질과는 달라 장내의 세균총에 손상을 주지 않고 잎의 침출액은 기관지염, 뇨생식기의 감염균을 죽인다. 또 이 식물은 적혈구의 형성을 촉진한다.

한련의 전초(全草)에는 회춘과 최음의 역할을 한다고 하며 머리카락과 두피의 강장약으로 린스용에도 쓰이며 잎과 꽃의 침출액은 기침, 감기, 비뇨기나 생식기 감염증의 치료에도 쓰인다(차로 마신다). 살균효과가 있으므로 즙을 내어 바르기도 하고 소화를 촉진하므로 강장제 및 혈액을 순환시키는 데도 쓰였다. 잎에 비타민C와 철분이 다량 함유되어 있어서 크렛손처럼 괴혈병의 예방에 효능이 있어서 즐겨 이용되었다.

꽃과 잎은 요리의 장식화로 먹을 수도 있고(허브 비빔밥) 샐러드에도 쓴다. 열매는 미숙과일 때에(녹색일 때) 따서 피클로 절임도 하고 고운 강판에 갈아서 향신료(와사비 맛과 같다)로 쓴다. 우리는 꽃과 잎, 열매를 김치를 담가 먹는데 이 김치를 한련저(旱蓮菹)라 했다. 고추장에 찍어먹는 강회도 만들고 살짝 데쳐서 나물로도 먹을 수 있고 생채로 샐러드 외에 샌드위치에 끼워 먹어도 맛있다. 씨는 후추처럼 갈아서 향신료로 이용한다.

재배법

① **적지** : 해가 잘 들고 배수가 잘 되며 다소 건조한 듯한 땅이 좋다. 너무 비옥하거나 질소질이 많은 땅은 잎만 무성하고 꽃이 피지 않는다.

② **번식** : 씨가 크기 때문에 직파한다. 발아율은 좋은 편이 못된다. 파종하기 전에 물에 씨를 담가서 불린 다음에 뿌리면 싹이 잘 튼다.

파종 시기는 3~4월경 늦서리의 염려가 없어지면 15~20cm 간격으로 2개씩 점뿌림 하든가 지피포트에 2~3씩 뿌렸다가 본잎이 나오면 15~20cm 간격으로 정식한다. 파종이 늦어지면 개화기가 한여름이 되어 무더위 때문에 꽃이 피지 못하고 잎만 무성하게 된다. 봄 파종은 50일이면 꽃이 핀다. 꺾꽂이도 가능하며 꽃봉오리나 꽃이 없는 새싹을 10cm 길이로 잘라 꽂으면(모래) 쉽게 뿌리내린다. 가을에 꺾꽂이하여 화분에 올려 겨울에 실내에서 꽃피울 수도 있다.

③ **관리** : 잎줄기가 연하고 수분증발의 면적이 많으므로 여름에는 관수를 충분히 한다. 꽃이 진 후 채종이 목적이 아닐 때는 꽃을 따서 결실시키지 않아야 포기의 쇠약을 막을 수 있다. 덧거름은 인산과 칼리질을 시비하고 질소질에 치우치지 않도록 주의한다. 재배는 쉬우나 서리를 맞으면 곧 말라 죽는다.

수 확 조 제

용도에 따라 수확기는 다르다. 약용일 때는 잎이 여문 것을 따고 요리용일 때는 어리고 연한 것을 수확한다. 꽃도 피기 시작할 때 채취한다. 열매는 녹색일 때가 미숙과이므로 피클용으로 수확하여 절임하고 완숙되면 겨자나 후추처럼 갈아서 쓸 수 있도록 수확한다.

86
향부자

과명 : 방동산이과
학명 : *Cyperus rotundus L.*
영명 : Coco grass, Nut grass
생약명 : 香附子
한국명 : 갯뿌리방동사니, 莎草
원산지 : 전 세계에 분포하는 잡초. 우리나라에는 제주도, 남부 지역 다도해 도서의 해안
이용 부위 : 근경

내 력

향부자는 생약명이며 흔히 사초 또는 '갯뿌리방동사니' 라 하는 잡초인데 밭에 들어가면 제거하기 힘든 해초(害草)가 된다. 밭이나 공원 등의 잡초로서 싫어하는 한편 한방에서는 중요한 약초의 하나로 식물세계의 아이러니를 보게 된다.

시페루스(*Cyperus*) 속에는 이집트의 파피루스나 왕골 같은 껍질섬유를 이용한 것도 있지만 약용하는 것은 갯뿌리방동사니(향부자)뿐이다. 이 잡초 같은 식물의 근경(비대한 것)을 약용한다.

성 상

다년초로 가늘고 굳은 지하경이 옆으로 길게 뻗어 번식한다. 줄기의 밑쪽에 길이 1㎝의 긴 공 모양의 괴경이 있다. 괴경의 껍질은 흑갈색이고 속살은 백색을 띠며 향기가 있다. 잎은 모여서 올라오며 가늘고 길며 표면은 짙은 녹색 뒷면은 회록색이다. 7~8월에 잎 사이에서 꽃줄기가 20~40㎝로 올라와 잔가지에 짙은 적갈색의 가는 이삭이 산형화서로 드문드문 핀다.

약효와 용도	향부자에는 정유와 시페롤(Cyperol) 40~49%, 시페렌(Cyperene) 30~40%, 녹말 등이 함유되어 있어서 진통작용, 자궁수축억제작용(자궁 이완작용)이 있어 월경불순과 생리통에 쓰며 항염증 효과도 있어 한방에서 다른 약과 배합해서 만성위염, 십이지장궤양, 신경성위염, 간장장해, 복통 등에 쓰는데 효과가 있다.

인도네시아에서는 Teki라 하여 월경불순, 부종, 요로결석, 손톱화농 등에 쓴다. 인도에서는 예부터 발한, 수렴제로 약용 외에 구황식물(녹말)로 쓰인 기록도 있다.

재배법

① 적지 : 향부자는 제주도나 전남 해안 지역에서 월동이 가능하므로 심은 다음해에 수확이 가능하나 중북부 지역에서는 얼어 죽게 되므로 매년 다시 심어야 한다. 따뜻한 기후를 좋아한다. 해가 잘 드는 곳이 좋다. 토질은 너무 걸지 않은 중 정도의 비옥도의 사질양토가 적당하다. 비옥한 땅에서는 잎줄기만 무성하고 근경의 비대가 좋지 않다. 자생지가 모래밭이므로 이것을 참작하여 적지를 선정한다.

② 번식 : 근경(괴경)으로 번식시킨다. 괴경은 추위에 매우 약하므로 마른 모래와 섞어 10℃의 땅속에 묻어 저장한다. 4월 중순~하순경 밑거름을 넣은 밭에 이랑너비 30㎝에 포기 사이 20㎝ 간격으로 골을 파고 4~5㎝ 깊이로 1개씩 놓고 흙을 덮은 뒤 3㎝ 정도 복토해준다. 이때 너무 깊이 심으면 발아하여 새싹이 올라오는데 늦어지므로 주의하며 반면 얕게 심으면 건조 피해가 발아를 저해하게 된다. 10a당 종근 소요량은 12kg 정도다. 대개 심은 지 20여 일 지나면 싹이 올라온다.

수확 조제

늦가을 서리가 내려서 잎과 줄기가 누렇게 변했을 때가 수확 적기다. 중부 지역은 10월 하순, 남부 지역은 11월 중순이 수확 적기다. 향부자의 잎, 줄기를 베어낸 다음 밭을 갈아 뿌리를 뒤집고 3~4일 그대로 건조시켜 흙이 잘 털릴 정도가 되도록 한다.

건조된 뿌리는 흙을 털고 모아서 햇볕에 건조시킨다. 어느 정도 건조되면 1.5㎝ 구멍의 철망에 올려놓고 불을 붙이면 잔뿌리는 타고 괴근은 땅에 떨어지게 된다. 이때 너무 타거나 잔뿌리가 남지 않도록 주의하며 다시 햇볕에서 건조시킨 후 절구에 넣고 겉이 매끈하고 반질하게 쓸어서 까부르거나 거피기로 껍질을 벗긴다. 향부자는 길이 1.5㎝, 지름 0.5㎝ 이상으로 향기가 강하고 털이 없으며 깎인 면이 엷은 황색을 띠는 것이 상품이다.

87 현삼

과명 : 현삼과
학명 : *Scrophularia Buergeriana Miquel.*
생약명 : 玄蔘
원산지 : 한국, 일본, 중국의 동북부~북부
이용 부위 : 뿌리

내 력 〈방약합편〉에도 올라있는 오랜 약초로서 성질은 차고 맛은 쓰며 상화(相火)를 맑게 하고 종기와 골증(骨蒸)을 없애고 신기를 보할 수 있다고 적혀 있다. 연주창의 치료약이었다. 일본에서는 잎의 생김이 깻잎 같다 하여 胡麻葉草(コマノハクザ)라 한다.

성 상 산야에 자생하는 다년초로 높이 1.5~2m에 이르고 줄기는 네모진다. 잎은 대생하며 잎자루가 있고 다소 두터우며 긴 타원형으로 잎가에 날카로운 거치가 있다. 가지는 별로 치지 않으며 곧게 자란다. 7~8월에 곧게 선 줄기 끝에 황록색의 6~7mm의 작은 항아리 모양의 꽃이 가늘고 긴 이삭처럼 많이 모여 꽃핀다. 열매는 삭과로 잘며 장타원형(5mm) 흑갈색에 씨가 많이 들어있다(양귀비 씨보다 약간 크다). 뿌리는 여러 갈래로 갈라지며 지름은 1cm 안팎이며 길이는 20~30cm이며 약간 눅진거리며 외면은 흑갈색 안쪽은 자갈색 띠를 이룬다. 살아있는 뿌리는 백색이고 상처가 나면 백색의 진이 나오고 이것을 말리면 흑색으로 변한다. 독특한 냄새가 나는 것이 특징이다.

성분은 P-메톡시시나믹산(P-Methoxy Cinnamic acid), 하파지드(Harpagid · 배당체) 등이 함유되어 있어 소염작용, 해열작용, 혈압강하작용 등이 있다. 한방에서는 청혈보혈탕에 처방하기도 하며 특히 연주창(결핵성이든가 아닌 것 등 목의 임파선 종양)의 치료제로 쓰며 성병약으로도 쓴다. 약의 성질은 차다.

① **적지** : 내한성이 강하므로 우리나라 전역에서 재배가 가능하다. 토질은 보수력이 있고 배수가 잘 되는 비옥한 사질양토나 양토가 좋다. 표토가 깊은 것이 뿌리발육에 유리하다.

② **번식** : 씨와 묘두 또는 묘근으로 번식시킨다. 파종은 직파와 모판에서 길러 이식하는 방법이 있다. 직파는 채종 즉시 뿌린다. 10월이 좋다. 1.5~1.8m의 두둑을 만들고 30~45cm 간격으로 얕은 골을 친 다음 씨를 10a당 0.9ℓ 뿌리고 씨가 보이지 않을 정도로 얇게 흙을 덮은 후 건조방지를 위해 짚을 덮어준다. 씨가 잘아서 건조하면 발아가 고르지 못하다. 가물 때는 관수한다. 봄 파종보다 가을 파종한 것이 발아율도 좋고 생육이 빠르다.

모판에 파종할 때는 10a당 모판 33~49㎡(10~15평)에 파종량(씨) 0.5ℓ 을 기준으로 한다. 1.2~1.5m의 두둑을 만들고 흩뿌림 하든가 직파처럼 줄뿌림 한다.

③ **묘두정식** : 가을 수확 시 괴근을 전부 떼어서 약재로 만들고 남은 묘두(苗頭)를 마르기 전에 땅에 묻어둔다. 가을에(10월 중) 바로 심어서 월동시켜도 좋고 이듬해 봄 3월 하순에 심는다. 심는 요령은 45~60cm 사이에 골을 파고 밑거름을 넣은 후 흙을 덮고 그 위에 20~25cm 간격으로 하나씩 세워서 묘두가 보이지 않을 정도로 흙을 덮어준다. 다음해 봄에 싹튼다.

④ **정식** : 가을에 파종한 것은 봄 3월 하순~4월 상순에 싹트고 봄 3월 하순~4월 초순에 파종한 것은 20일이면 발아하여 60일 후 즉 6월 중순쯤에는 30cm 내외로 자라 이식할 수 있다. 장마철이면 될 수 있는대로 빨리 이식하는 것이 본밭에서의 생육기간을 연장시킬 수 있어 이롭다. 이식거리는 이랑너비 30cm, 포기 사이 15~18cm로 심는다.

⑤ **관리** : 7~8월경 꽃대가 올라오면 채종주 외는 꽃대 밑부터 잘라주어 뿌리의 발육을 촉진한다. 제초할 때 북을 돋아준다. 현삼은 밑거름을 많이 요구하는 식물이므로 심기 전에 밑거름을 충분히 주는 것이 좋다. 덧거름을 2회 정도 시비한다.

늦가을에 잎이 시들면 캐내어 묘두를 제거하고 물에 깨끗이 씻은 후 2~3일 볕에 말린다. 살짝 찐 다음 다시 볕에서 건조시킨다.

과명 : 현호색과　**학명** : *Corydalis ternate Nakai.*　**생약명** : 玄胡索　**중국명** : 延胡索

원산지 : 한국, 중국, 일본　**이용 부위** : 괴경(塊莖)

내 력

현호색은 우리나라에 여러 종이 있는데 모두 작은 동그란 괴경이 생기며 이것을 약용한다. 중국에서는 연호색(延胡索·*C. yanhusuo*), 하천무(夏天無·*C. documbens*)를 동일하게 약용하며 일본에서는 연호색(延胡索)이라 하여 *C. turtschaninovii f. yanhusuo*를 동일하게 약용한다.

흔히 산기슭이나 논밭 근처에서 자라는 들현호색과 현호색, 빗살현호색은 괴경의 지름이 1~2cm이고 경기도 이북에서 자라는 애기현호색과 충북 이북에 자라는 왜현호색은 1.5cm 정도이며 울릉도에서 자라는 섬현호색은 2~3cm 정도로 굵으나 흔치 않다.

현호색이라 함은 중국 이름인데 진통효과가 뛰어나 이에 얽힌 전설이 여럿 있다. 중국에서 연호색(延胡索)이라고도 하는데 송나라 진종(眞宗)의 시호를 피하여 玄자를 延자로 고쳐 부른 것이라고 한다. 옛날 형목왕(荊穆王)의 왕비 호씨(胡氏)가 메밀 음식을 먹고 성낸 것이 원인이 되어 위병이 생겨 심히 고생하였는데 백약이 무효라 먹는 즉시 토해내고 3일을 변을 못 봤다고 한다. 마침 가슴이 아파 죽을 지경일 때 빨리 현호색을 먹으라는 것을 알아내어 현호색을 더운 술로 마셨더니 아픔이 씻은 듯이 멎었다는 고사다. 또 화노(華老)라는 사람은 나이 50세에 설사와 복통으로 고생하다 거의 죽게 되어 관까지 준비하고 있었다. 그런데 현호색의 약효를 전해 듣고 현호색 달인 물로 밥을 지어먹고 나니 차차 건강이 회복되어 평안을 얻고 더 장수했다는 이야기 등 모두 이 약초의 진통효과를 말해주는 일화들이다. 현호색은 그만큼 옛날부터 알려진 약재로서 한약재뿐 아니라 양약의 제재 수요도 많은 약초다.

성 상

산기슭같은 다소 습한 곳에 자생하는 다년초로 지하경이 땅속으로 뻗으면서 작고 동그란 괴경(塊莖)이 생기는 식물이다. 높이 20~30cm로 자라며 괴경에서 새싹이 나와 번식된다. 원줄기는 여러 대 나오며 잎은 호생하며 긴 잎자루가 있고 2회 3출잎으로 갈라지며 잔잎은 타원형이며 톱니가 있다. 꽃은 4월에 피며 홍자색으로 한쪽은 심형이고 반대쪽은 거(距)가 되는데 옆을 보고 10여 송이씩 핀다. 꽃의 크기는 2cm 내외로 여러 송이가 총상화서로 핀다. 열매는 삭과로 2cm 크기의 긴 타원형이다. 근경은 품종에 따라 조금씩 크기가 차이 있지만 동그랗고 속은 황색이다.

약효와 용도

주성분은 코리달린(Corydaline), 프로토핀(Protopin), 불보카프닌(Bulbocapnine) 등의 알칼로이드를 함유하고 있어 진통작용, 진경작용이 있어서 위통, 복통, 두통, 요통, 신경통, 월경통에도 효과 있다. 또 봄에 어린 잎은 나물로 데쳐서 우려 식용할 수도 있다.

재배법

① **적지** : 현호색은 매우 튼튼한 식물로서 토질은 별로 가리지 않는다. 임지나 밭둑, 논둑 같은 곳을 이용하여 재배해도 되고 올벼를 심었던 논에 답리작(이모작)으로 심어 다음 해 모내기 전에 수확할 수 있어 유리한 재배방법이 될 수 있다. 이때는 논의 비료분을 고려하여 밑거름에 유의하는 것이 벼농사를 위해 중요하다. 건조한 곳보다 다소 습한 땅이 좋다.

② **번식** : 씨와 알뿌리로 번식시킨다. 파종은 열매가 익는 5월에 따서 직파하든가 모래와 섞어 배수가 잘 되고 그늘진 곳에 가매장 하였다가 가을에 뿌린다.

③ **종근번식** : 알뿌리로 번식시킬 때는 5~6월경 괴경을 수확할 때 굵은 것은 상품화하고 잔 것은 그늘진 곳에 묻어 두었다가 늦가을에 줄심기한다. 이때 밑거름으로 퇴비나 깻묵, 재 등을 조금 넣고 흙을 덮은 위에 심으면 수확량을 높일 수 있다. 1.2m의 두둑을 만들고 10~12cm 깊이로 골을 쳐서 15cm 간격으로 줄심기한다. 심은 후 흙을 덮고 짚이나 마른 풀을 덮어 건조를 방지해준다.

수 확 조 제

6월 상순경 뿌리를 캐내어 큰 것으로 골라 물에 깨끗이 씻은 후 10분쯤 쪄서 햇볕에 건조시킨다. 또 다른 방법은 물에 씻어 껍질을 벗긴 후에 쪄서 말렸다가 술이나 식초 또는 소금에 볶아서 사용하는 법도 있다. 현호색은 우리나라에서 수출하는 생약으로 야생한 것을 채취할 때도 수확기는 5~6월이다. 수출용 생약 현호색은 쪄서 말리든가 물에 씻어 그냥 말린 것을 이용한다.

89 형개

과명 : 꿀풀과
학명 : *Nepeta japonica Maxim.,*
Schizonepeta tenuifolia Briq.
생약명 : 荊芥, 荊芥穗
원산지 : 중국~시베리아, 한국 북부
이용 부위 : 꽃이삭

내 력　형개는 네페테 헤르바(Nepetae Herba)라 하여 예부터 꽃 이삭을 말려 약용했는데 산후산전의 요약(要藥)으로 쓰인다.

성 상　꿀풀과의 1년초로 높이 60~70cm로 자라며 줄기는 네모지고 담녹자색이며 잎은 대생한다. 포기 전체에 잔털이 밀생한다. 잎은 깃털 모양으로 3~5갈래로 깊게 갈라진다. 갈라진 잎층으로 모두 피침형이며 중맥만 뚜렷하다. 꽃은 7~9월 사이에 원줄기와 가지 끝에 마디마디 층층으로 작은 꽃이 피는데 아래부터 위로 피어 올라간다. 총상화서를 이룬다. 꽃빛은 담자백색으로 종 모양 통꽃이며 꽃잎 끝은 5개로 갈라진다. 꽃대 길이는 5~25cm쯤 된다. 열매는 흑갈색의 수과(瘦果)로 장타원형으로 잘다. 형개는 강한 향기를 풍긴다.

약효와 용도	형개는 1~2%의 정유를 함유하고 있는데 주성분은 α-멘톤(α-menthone)이 18% 함유되어 있고 소량의 리모넨(Limonene) 성분을 함유하고 있어서 발한해열작용, 소염작용 및 지혈작용이 있다. 한방에서 감기로 열나며 온몸이 쑤시고 아플 때, 인후염, 종기, 토혈, 코피, 혈변 등에 쓰며 산후산전의 혈도증상(血道症狀)에 유효하다 하여 처방되고 있다. 진경작용, 소화작용, 억균작용(抑菌作用) 등을 나타내는 것이 밝혀졌다. 또 피하혈관의 혈액순환을 도와 어혈을 풀어준다. 형개는 맛은 맵고 쓰며 성질은 따뜻하다. 뿌리도 토혈, 치통 등에 쓴다.

<table>
<tr><td>재배법</td><td>

① 적지 : 형개는 생육기간이 길지 않아 우리나라 어디서나 재배가 가능하다. 단, 햇볕이 잘 들고 통풍이 잘 되는 곳이 좋으며 따뜻한 곳보다 서늘한 곳을 좋아한다. 토질은 배수가 잘 되면서도 보수력이 있는 사질양토가 좋다. 지나치게 건조하면 발아 생육이 불량하고 배수가 안 되면 장마철에 뿌리가 썩어 말라죽는다. 너무 비옥한 땅에서는 줄기와 잎만 무성하고 꽃대가 크게 자라지 않으므로 비옥도가 보통인 땅에서는 거름을 주지 않고 그대로 갈아엎어 재배한다.

② 파종 : 형개는 파종에서 수확까지의 기간이 4~5개월로 단기간에 속하므로 덧거름의 효과는 기대할 수 없으므로 척박한 땅이면 파종 전에 유기질이 풍부한 부엽토나 퇴비에 인산, 칼리를 섞어 전면에 뿌려 갈아엎은 뒤 50~120㎝의 두둑을 만들고 줄 사이 25㎝로 줄뿌림 하든가 흩뿌림 한다. 파종 시기는 3월 하순~4월 초순이 적기다. 파종량은 10a당 줄뿌림은 2.5ℓ, 흩뿌림은 3ℓ 다. 형개는 씨가 잘아서 복토가 두터우면 발아가 어려우므로 밭을 고른 후 가는 모래와 섞어 뿌리고 씨가 보이지 않을 정도로 부엽토를 체로 쳐서 덮은 후 태운 왕겨나 짚을 얇게 덮어준다. 발아하는 데 10~15일이면 싹튼다.

발아하면 덮은 짚을 걷어내고 본잎이 2~3장 때 밀식된 곳을 솎아주며 제초도 한다. 형개는 이삭이 많고 줄기가 굵지 않은 것이 우량품이므로 밀식상태로 기르는 것이 좋다. 장마를 대비해 두둑 사이에 깊이 30㎝의 통로 겸 배수로를 만드는 것을 잊지 말아야 한다. 최종 포기 사이는 15㎝로 세운다.

</td></tr>
<tr><td>수 확
조 제</td><td>

수확 적기는 파종 시기에 따라 다르므로 8월에 들어가면 꽃이 피기 시작하므로 개화가 끝날 무렵 즉, 반 정도 결실되었을 때 전체를 베어내어 곧바로 2~3일간 햇볕에 말린 후 가는 새끼나 노끈으로 엮어서 바람이 잘 통하는 그늘에 매달아 완전히 건조시킨다. 완전 건조된 형개는 몇 년이 지나도 충해의 발생이 없으므로 품질이 쉽게 변하지 않는 장점이 있다. 상등품은 회록색을 띤 꽃대이삭과 잎이 50% 이상인 것이다.

</td></tr>
</table>

과명 : 꿀풀과 **학명** : *Scutellaria baicalensis Georgi.* **영명** : Baical Skullcap
생약명 : 黃芩 **한국명** : 황금, 속 썩은 풀, 골무 꽃 **원산지** : 한국, 동부 시베리아~중국 북부
이용 부위 : 뿌리

내 력

황금은 예부터 잘 알려져 온 감기약에서는 없어서는 안 될 소염성 해열제로 약효가 인정
되어 온 약초다. 황금이라는 이름은 뿌리가 누렇기 때문인데 금(芩)이라 한다. 금(黔)이
라고도 하며 황흑색을 이르는 말로서 이 식물의 뿌리가 황갈색이므로 붙여진 중국 이름
이다. 그러나 이 식물의 오래 묵은 뿌리는 속이 썩어 비어있으므로 우리나라에서는 '속
썩은 풀'이라는 속명도 붙여져 있고 꽃이 골무 모양 같고 아름다워서 '골무꽃'이라고도
하나 생약일 때는 황금으로 통용된다.

성 상

다년초로 높이 50~70㎝로 자라며 줄기는 모난 사각형이며 밑쪽은 목질화된다. 가지를
친다. 원줄기에는 30~50개의 마디가 있고 마디에 잎이 대생하는데 좁은 피침형이다. 전
체에 까실한 털이 있다. 꽃은 8월에 마주보고 피며 줄기와 가지 끝에 총상화서로 심형화
가 핀다. 꽃빛은 붉은 보라색이다. 꽃이 아름다워 절화로도 쓰인다. 씨는 흑색을 띠나 광
택은 없고 잘다. 뿌리는 방추상으로 5~20㎝ 길이이며 코르크질의 껍질이 있다. 우수 약
제는 노화되지 않은 것이 좋다. 황금의 뿌리는 굳으면서도 부서지기 쉽고 냄새는 없으나

맛은 약간 쓰다.

성분은 후라보노이드에 의한 것으로 바이카린(Baicalin), 우고닌(Woogonin), β-시토스테롤(β-sitosterol) 등이 함유되어 있어서 해열작용, 이뇨작용, 항바이러스작용, 항균작용, 진정작용, 혈압강하작용, 혈당상승작용, 이담작용, 장관운동억제작용, 항알레르기, 활성산소제거, 과산화지질형성억제작용 등이 인정되고 있다. 간암 세포증식억제와 항종양효과도 기대되고 있다.

한방에서는 다른 생약과 배합해서 소염제로 감기 후에 오한발열이 되풀이 될 때 쓰면 잘 듣고 변비, 고혈압에 의한 흥분, 어깨걸림, 이명, 불면증, 불안초조에 쓰며 식용부진, 위염, 매스꺼움, 고미건위정장제로 복통, 설사, 각종 열병에 사용범위가 넓은 생약이다.

북미 원산인 버지니아 스칼잡(*Scutellaria laterifolia*)은 잎, 꽃, 줄기, 뿌리 모두를 약용하는데 차로 만들어 불안, 우울증, 신경쇠약, 월경전증후군, 류마티스, 신경통, 히스테리 등에 마시면 신경안정과 강장효과가 있다. 특히 지상부는 진정작용과 진경작용이 있어 옛날에는 간질병, 광견병의 치료제로 썼다. 신경안정제의 발비탈이나 바룸계 수면약과 금단증상 및 알코올의 금단증상을 경감시키며 다발성 경화증을 완화시키는 기능성도 갖고 있다.

① **적지** : 우리나라의 고랭지에서는 겨울에 간혹 뿌리가 어는 경우가 있으나 평지라면 전국에서 재배가 가능하다. 토질은 해가 잘 들고 배수가 잘 되면서도 보수력이 있는 표토가 깊은 비옥한 땅, 사질양토나 식질양토가 이상적이다. 여름의 건조에는 비교적 견디나 연작을 싫어하므로 3~4년씩 윤작한다.

② **번식** : 주로 씨로 번식시키나 묘두로도 번식시킬 수 있다. 채종은 2~3년 된 건전한 포기에서 채종한다. 수명은 2~3년이다. 2년이면 50% 발아한다.

파종은 봄, 가을 연 2회 할 수 있으며 직파하는 법과 묘상에서 육묘하여 이식하는 방법이 있다. 묘상은 포장 10a당 50~66㎡(15~20평)면 되고 씨는 0.5ℓ이 필요하다. 묘상에 120~150cm의 두둑을 만들고 잔골을 키고 줄뿌림 한다.

파종 시기는 봄 3월 하순~4월 상순과 가을의 10월 하순이 적기다. 가을 파종은 다음해 봄에 일찍 싹트므로 가을이면 수확할 수 있다. 파종 후 엷게 복토 한 후 위에 볏짚이나 왕겨를 덮어 건조를 방지해준다.

③ **정식** : 모종이 5~6cm 때 솎아주고 5~6월에 45~60cm 간격으로 골을 파고 15~18cm 간격으로 정식한다. 포기 사이가 넓으면 바람에 의해 뿌리가 흔들려 생육이 저해된다. 이

식은 비오기 직전에 심는 것이 이식탈이 적다. 비대성장을 위해 꽃대는 잘라 제거한다. 가을 정식은 10월 하순~11월 상순이 적기다. 직파재배도 파종요령은 같다.

수 확 조 제 대개 2~3년생을 수확한다. 시기는 11월에 잎과 줄기가 시들면 뿌리가 손상되지 않게 깊이 파서 캐낸다. 캐낸 포기의 줄기를 제거한 후 물에 씻어 대칼이나 플라스틱 솔로 문질러 껍질을 벗기고 햇볕에서 빨리 건조시킨다. 건조에 시일이 걸리면 뿌리의 색깔이 검어지며 품질이 떨어진다. 상품은 선황색으로 건조된 것이다. 갈색을 띤 것은 불량품이다. 늙은 뿌리는 속이 비어있어 못 쓴다.

91 황기

과명 : 콩과
학명 : *Astragalus membranaceus Bunge.*
영명 : Astragalus, milk-vetch root
생약명 : 黃芪
원산지 : 한국의 중북부, 중국의 동북부, 시베리아, 내몽고
이용 부위 : 뿌리

내 력 황기는 중국의 B.C 1세기의 농서 〈신농본초경〉에 약용식물로 올라있을 정도로 역사가 오랜 유명한 약초다. 중국에서는 황기가 소화기능 즉 생명력(한방에서 氣라 함)을 강화한다고 하여 소화기능이 쇠약해서 생기는 식욕부진이나 설사의 치료에 쓴다. 또 폐의 기능을 강화하여 면역계에 기능을 향상시킨다고 한다.

미국의 암학회 잡지 〈켄사〉에 황기를 복용한 환자는 높은 비율의 면역기능이 강화되었다고 보고하고 있다. 황기는 면역계를 활성화시켜 체내의 암에 대항하는 세포를 발생시킨다고 한다. 우리나라에서는 여름 더위에 지친 체력을 보강하기 위해 삼계탕을 즐겨 먹는데 그 속에 황기가 들어가 있는 것이 '익기(益氣)', '보기(補氣)'의 뜻이다.

성 상

다년초로 높이 70~120cm로 자라고 줄기는 녹색인데 가지를 많이 친다. 잎은 대생하며 6~10쌍의 기수우상복엽이다. 꽃은 7~8월에 엽액에서 꽃대가 나와 황색의 나비 같은 꽃이 총상화서로 핀다. 꽃이 진 후 협과가 생겨 콩꼬투리는 둥글납작하며 씨는 흑갈색이다. 뿌리는 직근성으로 가늘고 길며 뿌리갈림이 적다. 유연성이 있는 목질이며 껍질은 황갈색이고 속살은 유백색~연한 황백색이다.

약효와 용도

성분에 폴모노네틴(Formononetin), 베타인(Betain), 콜린(Choline), 포도당, 서당, 과당, 전분, 비타민A, 점액질이 함유되어 있어서 혈압강하작용, 강장작용, 이뇨작용, 항신염작용(抗腎炎作用), 항균작용, 간장보호작용, 면역부활작용, 항알레르기작용 등이 인증되고 있다. 폴모노네틴 등을 함유한 후라보노이드는 항산화작용이 있고 사포닌에는 항염증작용, 혈장 속의 호르몬에 의한 대사조절의 농도상승작용이 인정되고 있다.

한방에서는 강장제로 피로하기 쉽고 식은땀을 많이 흘리는 체질에 중용하는 보약 중 하나다. 산전산후의 부인들에게도 중용되며 소염, 해열, 충혈제거, 부종, 강심, 완하, 치한제(治汗劑)로 쓴다. 어린순은 나물로도 삶아 먹는다.

재배법

① **적지** : 우리나라 전역의 서늘한 산간 지방에서 특히 생육이 좋다. 여름에는 잎, 줄기가 무성하고 근경은 가을에 서늘해지면 비대해지므로 여름~가을에 걸쳐 고온다습한 지역은 피하는 것이 좋다. 또 연작도 생육에 나쁘다. 토질은 표토가 깊고 배수가 잘 되면서도 보수력이 있는 부식질양토가 가장 좋다. 모래땅에서는 잔뿌리가 많이 생기고 점질토에서는 배수가 나빠 뿌리가 썩기 쉽다.

② **번식** : 번식은 씨로 한다. 채종은 2~3년생의 건실한 포기에서 잘 여문 씨를 채종한다. 묵은 씨는 발아는 하지만 생육이 나빠 말라죽는다. 씨의 수명은 1년이다. 씨는 색깔이 검고 광택이 나며 무겁고 충실한 것이 좋은 씨다.

파종 시기는 가을의 채종 시 직파하는 법과 봄~3월에 하며 늦어도 곡우 전에는 파종을 끝내야 한다. 파종 요령은 직파법과 포트에 뿌렸다가 옮겨 심는 방법이 있다. 직파는 밭을 깊이 갈고 밑거름을 충분히 넣은 후 30cm×15cm 간격으로 줄뿌림 한다. 면적이 적을 때는 2~3알씩 10cm 간격으로 점뿌림 한다. 덮는 흙 두께는 0.5~1cm다. 다 덮은 위에 볏짚을 덮어 건조를 방지한다. 파종 시기는 늦가을 10월 하순~11월 상순경과 봄 3월 하순~4월 상순이 적기다. 가을에 직파한 것은 다음해 봄 4월 초순에 발아하고 봄에 뿌린 것은 2~3주일이면 발아한다. 가을에 너무 일찍 파종하면 연내에 발아하여 겨울 동안에 동해를 입기 쉬우므로 주의한다.

③ **관리** : 황기는 직근성 식물이므로 직파가 유리하다. 발아하면 덮은 짚을 걷어내고 9cm쯤 자라면 10cm 간격으로 세워 솎아준다. 너무 드물게 세우면 곁뿌리가 많아져서 품질이 떨어진다. 황기는 다소 배게 가꾸는 것이 곁뿌리 발생이 적어 좋은 품질의 상품이 된다. 지피포트에 파종한 것은 파종 30일 후면 이식할 수 있다. 6~8월에 적심하여 줄기와 잎의 무성함을 억제하여 수량을 높인다. 충해로 야도충, 굼벵이, 진딧물의 피해가 있으므로 심기 전에 석회질소를 10a당 45kg 정도 뿌려주고 2~3회 갈아엎었다가 심으면 이를 예방할 수 있다. 잎줄기에 진딧물이 발생하면 다이아지논, 말라치온, 니코틴 같은 것을 회석하여 뿌려주면 구제된다.

수 확
조 제

수확시기는 대개 2~3년생을 수확하나 중부 지역의 비옥한 땅에서는 그해에도 수확한다. 단, 당년생은 뿌리가 짧고 가늘며 약효도 적다. 10월 말경부터 11월 중순 사이에 잎과 줄기가 마르기 시작하면 낫으로 지상부를 베어버리고 곡괭이나 삽으로 깊이 뿌리가 상하지 않게 캐낸 후 물로 깨끗이 씻어 대칼이나 플라스틱 솔로 문질러 껍질을 벗긴 후 햇볕에서 건조시킨다. 뿌리가 건조되면 껍질이 잘 벗겨지지 않으므로 다량일 때는 땅에 묻어두고 하든가 물에 담가 두고 작업한다. 껍질 벗긴 뿌리는 단시일 안에 건조시키는 것이 희고 깨끗하다. 황기 건재는 굵고 부드러우며 단맛이 있고 황백색인 것이 우량품이고 쓴맛이 나고 황갈색인 것은 불량품이다. 황기 뿌리는 3~4년씩 묵히면 뿌리에 심이 생겨서 약재로서의 가치가 떨어지므로 2년째가 가장 좋다.

92 황련

과명 : 미나리아재비과
학명 : *Coptis chinensis Franch.,*
C. japonica Makino.
영명 : Goldthread.
생약명 : 黃蓮
원산지 : 중국, 일본
이용 부위 : 근경

내 력

황련은 우리나라에서는 자생종이 없지만 한방에서는 중요한 약초 중 하나다. 중국산을 호황련(胡黃蓮)이라 하고 일본산을 일황련(日黃蓮)이라 한다. 우리나라에서는 전량 수입에 의해 수요를 충당하고 있다. 1970년대 초반에 약초 붐이 일 때 재배가 시도 되었으나 재배에서 수확까지의 기간이 길어서(10~15년) 단기자금회전을 원하는 농민이 선뜻 시도하기 어려웠던 것을 기억한다. 그러나 인삼밭처럼 해가림하여 밭에서 재배하면 5~6년이면 수확할 수 있어 고가에 거래될 것이므로 결코 손해 보는 작물은 아니다.

성 상

고미건위제(苦味健胃劑)로 쓰이는 상록다년초로 반음지 식물이다. 근생잎은 잎자루가 있으며 1~3회 3출복엽으로 잎 가장자리에 결각이 있다. 꽃은 3~4월경에 10~25㎝의 꽃대가 나와 그 끝에 흰색의 잔꽃이 2~3송이 핀다. 뿌리는 지표 가까이에서 옆으로 뻗어가며 근경이 비대해지며 잔뿌리가 많고 두터운 코르크질 껍질에 덮여있고 속살은 선황색이다.
황련은 서늘하고 산악 지방의 북향~동북향의 그늘진 곳을 좋아한다. 단 알칼리성을 싫어하므로 석회나 재, 금비 등의 시비를 피하는 것이 좋다.

황련은 근경의 노란 부분이 매우 쓰나 알칼로이드가 주체로써 베르베린(Berberine), 코프디딘(Coptidine), 우레닌(Worenine), 팔마틴(Palmatine)이 함유되어 있다. 베르베린은 대장균, 티브스균, 콜레라균에 대하여 살균작용이 있고 황색포도구균, 임균(淋菌), 이질균 등에 대한 광범위한 항균작용을 나타내며 항염증작용 및 간장장애 개선작용도 있다. 알칼로이드는 중추억제작용이 인정되어 있어서 진정효과도 있다. 불면증, 고혈압, 정신불안, 신경성으로 오는 위경련 등에도 효과가 크다.

열로 추출한 진액은 소화효소의 활성화로 콜레스테롤 증상의 개선, 면역부활작용, 위장기능을 촉진시키는 작용 등이 있어 소화불량, 위궤양, 설사, 위통 등에 쓰이는데 이것은 타액, 위액, 췌액(膵液), 담즙 등의 분비를 촉진시켜 위, 장의 운동을 항진시켜 건위와 정장작용을 하는 것이다. 또 안면 및 두부(頭部) 즉 코, 귀, 입, 입술, 혀 등의 염증치료에도 쓰며 다린 즙을 바르거나 찜질하면 효과가 있다. 황련에 함유된 베르베린은 3~15%로 차가 많으나 절단면의 황색이 진한 것이 우량품이다. 이 황색은 노란색의 염료로도 쓰인다. 황련 이용 시 주의할 것은 허약체질이나 중환자에게는 사용해서는 안 된다.

① **적지** : 표고 30m 이상의 고랭지의 북~동북향의 경사 30° 이하의 산지(山地)가 좋다. 토질은 배수가 잘 되고 보수력이 있는 부식질이 많은 사질양토가 좋다. 점토질 또는 과습한 곳에서는 생육이 나쁘고 뿌리가 썩기 쉽다. 이상적인 곳은 조림한 나무 사이의 햇빛이 40~50% 정도 쬐는 곳이 좋다. 자람에 따라 햇볕을 많이 요구하게 되고 4~5년생은 60~70%의 채광량이 요구된다. 지금은 밭에서 재배하는 방법이 개량되어서 5~6년만 비배하면 수확할 수 있으므로 인삼처럼 해주고 토질은 임지의 경우와 같게 하면 수확기를 단축할 수 있다.

② **번식** : 씨로 한다. 씨 값이 비싼 편이므로 처음에는 소면적으로 시작하여 4년생에서 자가 채종하여 재배 면적을 넓히는 것이 바람직하다. 4월에 개화하여 5월에 포과(胞果)가 익어 오래두면 터져서 씨가 쏟아져 버리므로 포과 속의 씨가 누렇게 되면(미숙과는 담록색임) 따서 2배의 모래와 섞어 배수가 잘 되는 그늘에 가매장했다가 10월 하순에 파종한다.

③ **파종** : 산지재배의 경우 나무그늘 같은 반음지에 묘포를 만들어 육묘했다가 2년째 가을에 정식한다. 묘포는 식재면적 10a당 3a가 좋다. 묘포는 미리 잘 썩은 토비, 깻묵, 닭똥 등을 잘 섞어 썩혀서 고루 편 후 파종 직전에 갈아엎어 이랑너비 120cm의 둑을 만들어 11월에 더운 곳은 3월 중순경에 흩뿌림 한 후 체로 씨가 보이지 않을 정도로 복토한 후 잘 썩은 퇴비나 낙엽을 덮어준다. 파종량은 3a당 4~5ℓ 정도 필요하다.

밭 재배의 경우는 pH5 기준으로 하여 알칼리성 토양이 되지 않게 한다. 밑거름은 같고

금비는 금물이다. 120cm 이랑에 18~20cm간격으로 정식하려면 10a당 4~5ℓ 의 씨가 필요하다. 이때는 3a의 묘포에 파종했다가 만 2년째 가을에 정식한다. 파종한 다음해 봄에 발아하면 곧 해가림 시설을 해준다. 120~150cm 높이로 지주를 2m간격으로 세우고 가로나무를 묶어 경사지게 하여 발을 쳐서 40% 정도 햇볕이 들게 한다(즉 60~70% 차광). 년 2회 깻묵을 덧거름으로 시비한다.

④ **정식** : 9월 하순~10월 하순에 약간 높은 두둑을 만들어 40cm의 통로 겸 배수로를 만들고 큰 모종은 3~4개, 작은 모종은 7~8개를 심는데 깊이 심지 않도록 한다. 이랑너비는 24cm, 포기 사이는 18cm로 한다.

⑤ **관리** : 정식한 2년째는 차광(遮光)양을 반으로 줄이고 3년째는 20~30%로 줄여 채광량을 늘려준다. 덧거름으로 유기질비료를 시비한다. 이랑과 포기 사이에 짚이나 건초를 덮어준다.

수 확
조 제

4~6년생 근경(밭재배)을 수확한다. 수확 시기는 9월 하순~11월 상순이 좋다. 잎줄기를 잘라내고 뿌리를 캐낸다. 천근성이므로 작업은 쉽다. 흙을 털고 잔뿌리를 자르고 실뿌리는 불에 태워 제거한 후 근경에 붙어있는 흙이나 실뿌리를 깨끗이 떨어지도록 새끼뭉치나 솔로 문질러 제거한 후 햇볕에 말린다. 습기에 주의한다.

93

히
솝

과명 : 자소과 **학명** : *Hyssopus officinalis L.* **영명** : Hyssop
원산지 : 남유럽, 서아시아 **이용 부위** : 잎, 꽃, 줄기

예부터 알려져 온 약초 및 향신료인 히솝은 박하같은 상쾌한 향기와 쌉쌀한 맛이 있다. 히솝(Hyssop)이란 이름의 어원은 히브리어 ezob 즉 '지나가다' 라는 말에서 비롯된 것이라 하는데 '성스러운 향초(Holy herb)'를 가리키는 것이다. 이스라엘 사람들은 정결케 하는 의식에 이 향초의 묶음으로 물을 뿌려 재앙과 악귀를 물리쳤다는 것이다.

이스라엘 민족이 애굽을 탈출하기 전날 밤 하나님이 애굽인의 장자를 치실 때 모세에게 계시로 이스라엘인 집은 양을 잡아 그 피를 히솝(ezob) 묶음으로 문설주와 안방에 칠하면 죽음의 사자가 그 집은 건너뛰어 지나가서 재앙을 면할 수 있다 했다. 그리하여 이스라엘인을 제외한 전 애굽인 집에 장자가 죽자 바로왕이 이스라엘 사람들을 국외로 내어 보내주었던 출애굽기 12장 21~27절의 사건으로 유태인은 유월절에 히솝을 먹는 풍습이 있다.

성서식물학자의 고증에 의하여 성서의 ezob은 히솝(Hyssop)과는 다른 식물로서 히솝은 유럽 원산으로 이스라엘에는 나지 않았으며 성지에 나는 마조람(*Origanum Syriacum L.*)으로서 시리아히솝(Syrian Hyssop)이 성서의 ezob과 발음이 비슷해서 동일 식물처럼 굳어져 버렸다. 우리나라 성경에는 우설초로 전혀 다른 식물로 번역되어 있다.

학명 *Hyssopus*는 그리스어의 Hyssops에서 비롯되었다는데 그것은 히브리어에서 유래된 것이라 한다. 16세기 중반까지는 ysope, isope라고 했는데 여기에 H자가 붙어서 지금의 이름이 되었다고 하며 종명 *Officinalis*는 '약효가 있다' 는 뜻이다. 프랑스어는 Hysope, 이태리어에서는 Ossopo, 독일어에서는 Eisop, 스페인어는 Hisopo라 하며 아라비아에서는 azof라 한다. 아랍인은 아직도 시리아히솝(마조람)을 azaf라 하여 차와 향신료로 사용하며 사마리아인의 관습이 따라 향유를 전통적으로 유월절 성찬에 상용한다는 것이다.

A.D 1세기에 디오스코리데스는 약물지에 히솝주(Oinos Ussopites)의 양조법과 함께 이 술이 가슴과 옆구리, 폐병, 기침, 복통에 좋고 이뇨와 통경에도 좋다고 약효를 적고 있다. 히솝은 종명이 말해 주듯이 약효가 높이 평가되었는데 근래에 와서 히솝의 잎에 페니실린을 만드는 곰팡이가 생기는 것이 발견되어 〈성경〉의 레위기 14장 4절에 문둥병을 고치는 데 ezof이 쓰였다는 기록이 있어 동일한 식물인지 논의 되고 있다.

상록다년초로서 높이 40~60cm로 자라는 작은 관목처럼(목질화)되는 향기로운 식물이다. 가지를 많이 치며 잎은 대생하며 버들잎을 잘게 한 것처럼 좁고 갸름하며 윤기가 나고 잎 윗면에 많은 유점(油点)이 있다. 6~9월경 보라색의 잘다란 심형화가 총상화서로 꽃핀다. 꽃빛은 흰색, 핑크색 등도 있으나 약효는 보라색에만 있다. 열매는 삭과로 갈색의 씨가 결실된다.

히숍에도 정유(0.2~1%)에 히소핀(Hysopin)이 함유되어 있고 그 밖에 후라보노이드인 디오스민(Diosmin), 타닌(Tannine · 8%) 등이 함유되어 있어서 진통, 거담, 항균, 방부 등의 작용이 있어 기관지염, 기침, 거담제, 오한, 감기, 복통, 가스 찬 데, 소화불량, 이뇨 제, 진정제, 인플루엔자, 호흡기계통에 허브 차로 치료제로 쓰이며 외과용으로 타박상, 삔 데, 화상 등에 쓰며 인후통에는 양치질 약으로도 쓰인다. 베인 데, 찰과상에는 생잎을 비벼서 붙이면 되고 목욕제로도 진통효과가 있어 즐겨 쓰인다. 히숍 차(Tea)는 임신부나 고혈압 환자는 사용하지 말아야 한다.

유럽에서는 유행성감기에 걸리면 히숍과 허하운드를 섞어서 반드시 차로 먹이는 가정상 비약이 되어있다.

잎, 꽃, 줄기에서 수증기 증류한 정유는 향이 좋기로 이름나 있고 살균작용과 항바이러스 작용이 있어 향수와 오데코롱의 원료가 되며 릭큐르의 부향제로도 쓰인다. 잎은 지방질이 많은 육류 요리나 생선 요리에 쓰면 소화를 돕는다. 이밖에 샐러드, 소스, 치즈, 소시지, 파이 후르츠칵테일 등에 향미료로 쓰인다. 히숍 꽃에서 따는 꿀은 향기와 맛이 뛰어난 유 명한 밀원식물로 알려져 있다. 또 콤패니언플랜트로 가베스 근처에 심어두면 나비가 싫 어하여 오지 않기 때문에 심으며 프리니 시대에는 포도나무 주위에도 심었다는데 지금도 이용되고 있다.

① 적지 : 해가 잘 들고 배수가 잘 되며 공기 유통이 잘 되는 건조한 듯 한 곳의 중성~알 칼리성 토양을 좋아한다. 과습에는 약하다. 여름의 고온다습한 장마 때는 쇠약해지기 쉬 우므로 바람이 잘 통하게 한다.

② 번식 : 씨와 꺾꽂이로 번식 할 수 있다.

파종은 4~6월과 가을의 9~10월에 파종한다. 봄에 뿌린 것은 다음해 여름에 꽃이 피고 가을에 뿌린 것은 다음해 여름에 꽃이 피지만 신통치 않고 2~3년 후에 많이 핀다. 파종 요령은 씨가 깨알만하므로 직파해도 되고 묘상에 뿌렸다가 이식해도 된다. 엷게 고루 파 종한 후 5mm 두께로 흙을 덮은 뒤 관수해 두면 15~20℃ 때 1주일~10일이면 싹이 튼다. 벤 곳을 솎아주고 2~3번 이식했다가 본잎이 6~8장 때 20~30cm 간격으로 정식한다. 여 러 번 이식하면 잔뿌리가 많이 나와서 실하게 자라게 된다. 꺾꽂이는 여름에 꽃이 피지 않는 다소 굳어진 가지를 5cm 길이로 잘라 모래에 꽂으면 2주일이면 활착한다. 관목같이 되므로 봄에 포기 나누기로도 쉽게 번식시킬 수 있다. 갱신 겸 3년에 한 번씩 포기 나누 기한다.

③ 관리 : 가을에 파종한 모종은 겨울에 비닐터널을 씌워 보호한다. 장마 때 과습이 되지

않게 주의하고 여름의 직사광선은 차광하여 서늘하게 하여 포기 주위에 볏짚을 깔아서 건조를 방지한다. 장마 뒤에는 굳어진 지표를 중경해 주고 덧거름으로 복합비료를 준다. 과습하고 땅이 굳어져서 땅속에 공기 유통이 나빠져 산소가 결핍되면 곧 말라죽게 된다. 전정은 웃자란 가지, 가늘고 밀생한 가지를 전정해주면 정형되므로 생울타리로도 많이 이용할 수 있다. 단, 전정은 너무 깊이 자르지 말아야 한다. 꽃이 진 뒤에도 전정과 웃거름의 시비를 게을리 하지 않으면 다음해에는 큰 포기로 자라서 많은 꽃을 피우게 된다.

수 확
조 제

잎은 상록이기 때문에 수시로 수확할 수 있으나 6~9월까지가 적기다. 꽃은 6~8월 말까지 꽃이 피기 시작할 때 따서 건조시켜도 되고 이때 1/3쯤 남기고 줄기째 베어서 그늘에서 거꾸로 매달아 건조시킨다. 남은 떨기에서 다시 싹이 자라 가을에 수확할 수 있다.

찾아
보기

유망한 동·서양 약초재배기술

판 권 본 사 소 유

**유망한 동·서양
약초재배기술**

2014년 3월 5일 초판 2쇄 발행

저　자 : 최 영 전
발행인 : 김 중 영
발행처 : 오성출판사

서울시 영등포구 영등포6가 147-7
TEL (02) 2635-5667~8
FAX (02) 835-5550

출판등록 : 1973년 3월 2일 제 13-27호
www.osungbook.com

ISBN 978-89-7336-154-0